W0262944

Chemie der Pflanzenschutz- und Schädlingsbekämpfungsmittel

Herausgegeben von R. Wegler · Band 7

Chemie der Pflanzenschutz- und Schädlingsbekämpfungsmittel

Band 7

K. Naumann
Chemie der synthetischen Pyrethroid-Insektizide

Herausgegeben von R. Wegler

Springer-Verlag Berlin Heidelberg New York 1981

Professor Dr. Richard Wegler
Auf dem Forst 2, D-5090 Leverkusen 1

Dr. Klaus Naumann
Bayer AG, Sparte Pflanzenschutz, Chemische Forschung II
Friedrich-Ebert-Straße, D-5600 Wuppertal 1

CIP-Kurztitelaufnahme der Deutschen Bibliothek
Chemie der Pflanzenschutz- und Schädlingsbekämpfungsmittel/hrsg. von R. Wegler. –
Berlin; Heidelberg; New York: Springer.
NE: Wegler, Richard [Hrsg.]
Bd. 7. → Naumann, Klaus: Chemie der synthetischen Pyrethroid-Insektizide
Naumann, Klaus: Chemie der synthetischen Pyrethroid-Insektizide/K. Naumann. –
Berlin; Heidelberg; New York: Springer, 1981.
(Chemie der Pflanzenschutz- und Schädlingsbekämpfungsmittel; Bd. 7)

ISBN-13: 978-3-642-81556-0   e-ISBN-13: 978-3-642-81555-3
DOI: 10.1007/978-3-642-81555-3

Herstellung: Brühlsche Universitätsdruckerei, Gießen
2152/3140-543210

Vorwort

Dieser Band zeigt die sensationell anmutenden Fortschritte der Pyrethrum-Chemie, die für Forschung, Industrie und Anwender neue Aspekte eröffnet. Vor allem englische und japanische Chemiker haben in fast dreißigjähriger, intensiver Arbeit, ausgehend von den natürlich vorkommenden Insektiziden aus Pyrethrumpflanzen und bereits bekannten synthetischen Abwandlungsprodukten, wirksamere und beständigere Wirkstoffe gewinnen können. (Eine Übersicht des Forschungsstandes bis 1967 findet sich in Band I (Claussen).) Nach dem Bekanntwerden der ersten wesentlichen Erfolge durch Elliot in England ist die Forschung von fast allen großen Chemiefirmen und Forschungsinstituten aufgenommen worden.

Dr. K. Naumann (Bayer AG) hat gedrängt, doch möglichst vollständig die umfangreichen Forschungsergebnisse sowie die zahlreichen Versuchs- und Handelsprodukte zusammengestellt. Er zeigt, wie der Weg zu neuen Wirkstoffen über komplizierte Synthesen mit zahlreichen Zwischenstufen führt. Die höchstwirksamen Verbindungen lassen auch Vielstufen-Synthesen noch aussichtsreich erscheinen. Der Beitrag demonstriert nicht nur den hervorragenden Stand der chemischen Forschung, sondern auch den großen Aufwand, der dafür nötig ist. Nachteile früherer Verbindungen, wie die geringe Stabilität unter atmosphärischen Bedingungen, konnten ausgeschaltet werden, ohne daß Wirkung und rascher Wirkungseintritt verloren gingen. Leider mußte bei einigen Verbindungen eine höhere Toxizität in Kauf genommen werden, doch wegen der guten Abbaueigenschaften gibt es keine Rückstandsprobleme. Diese Übersicht macht deutlich, wie es der rein chemischen Insektizid-Forschung immer wieder gelingt, entscheidende Fortschritte zu erzielen.

Februar 1981 R. Wegler

Inhaltsverzeichnis

C. Faktensammlung

A. Allgemeiner Teil

I. Die natürlichen Pyrethrine [1]

Die Pyrethrine sind Inhaltsstoffe der margariten-ähnlichen Blumen *Chrysanthemum cinerafolis* und *Chrysanthemum coccineum.* Im Vergleich zu anderen Naturstoffen zeigen sie eine hohe, schnell eintretende insektizide Wirkung gegen viele Arten von Insekten. Gleichzeitig sind diese Substanzen unter den Anwendungsbedingungen für Mensch, Tier und Umwelt harmlos. Zusammen mit ihrer geringen ökologischen Stabilität weisen die Pyrethrine angesichts gewisser toxikologischer und ökologischer Bedenken gegen insektizide Phosphorester, Chlorkohlenwasserstoffe (wie DDT oder Toxaphen) und Carbamate (und deren z.T. unzureichende Wirkung) ein äußerst interessantes Bündel von hochwertigen Eigenschaften für den Einsatz als Insektizid auf. Leider ist ihre Stabilität auch gegen atmosphärische Einflüsse für einen ökonomisch sinnvollen Einsatz in der Landwirtschaft viel zu

Tabelle 1. Zusammensetzung des natürlichen Pyrethrum

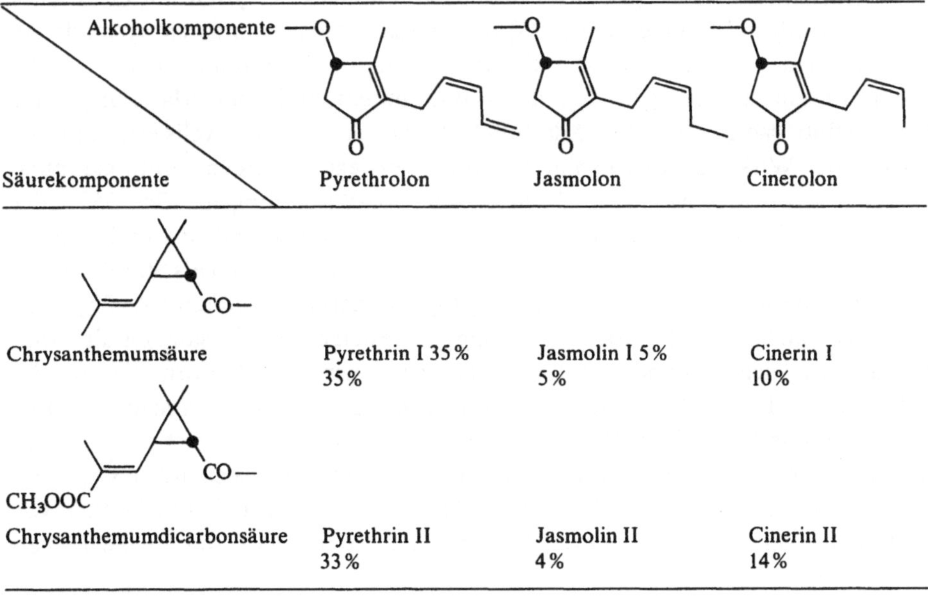

Säurekomponente	Pyrethrolon	Jasmolon	Cinerolon
Chrysanthemumsäure	Pyrethrin I 35% 35%	Jasmolin I 5% 5%	Cinerin I 10%
Chrysanthemumdicarbonsäure	Pyrethrin II 33%	Jasmolin II 4%	Cinerin II 14%

gering, so daß sie fast ausschließlich im Vorratsschutz und im Hygienebereich verwendet werden. Eine besondere Würdigung verdient der Beitrag des Pyrethrums zur Bekämpfung der Malariavektoren in geschlossenen Räumen.

Der Anbau der *Chrysanthemum cinerafolis* erfolgt hauptsächlich auf großen Plantagen in Kenia. Die Blüten, deren Pyrethrin-Gehalt in Kenia mindestens 1,3 % (ca. 2–3 mg pro Blume) beträgt, werden kurz nach dem Aufblühen [2] gepflückt, getrocknet oder gleich durch Extraktion [3–5] zu Pyrethrum aufgearbeitet. Die zu Staub verarbeiteten getrockneten Blüten stellen die ursprüngliche handelsübliche Ware dar. Als Extraktionsmittel sind Kombinationen von Methanol und Kerosin [6–10] aber auch Petroläther/Acetonitril [10] oder Petroläther/Nitromethan geeignet. Im letzten Fall befindet sich in der Nitromethan-Phase ein 90 % reines Gemisch der sechs Pyrethrine (Tabelle 1). Das sind die optisch aktiven Ester der Chrysanthemummmono- und -dicarbonsäure [11, 12] mit substituierten optisch aktiven Cyclopentenolen [12, 13], welche die absolute Konfiguration 1–R-trans [14, 15] sowie E im Säureteil, und S, sowie Z an der Doppelbindung im Alkohol-Teil aufweisen [16]:

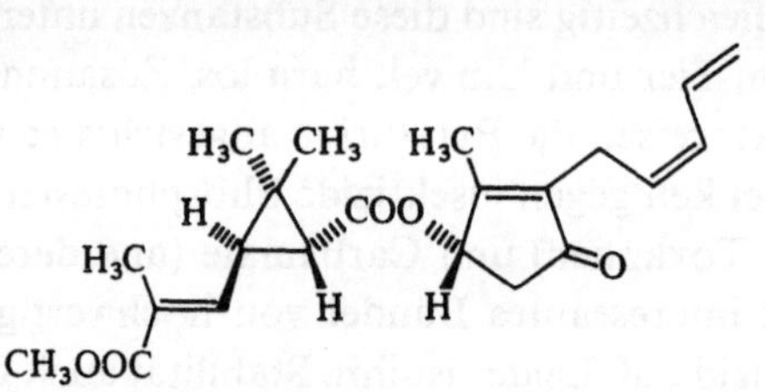

Absolute Konfiguration des Pyrethrin II

Der als Insektizid weitaus wirksamste Bestandteil des Pyrethrum-Gemisches [17] ist Pyrethrin I [18]. Es ist ca. 100 mal wirksamer als die anderen Bestandteile. Am schnellsten betäubend (knock-down-Wirkung) wirkt Pyrethrin II [19]. Pyrethrum ist ein wärme- [20–22], licht- und luftempfindliches Material. Unter Lichteinfluß racemisiert der Alkohol-Teil, die Seitenkette cyclisiert, und die insektizide Wirkung verschwindet [23]. Deswegen werden Antioxidantien [24–30], UV-Absorber [33], Zusätze wie Bor-Verbindungen [34, 35] oder Kieselgel [36] und andere anorganische Träger [37] dem Pyrethrum und anderen photo- und oxidationsempfindlichen synthetischen Pyrethroiden als Stabilisatoren zugesetzt. Stabilisierend sollen auch beigefügte Synergisten wirken [38, 39]. Eine besonders nachhaltige Photostabilisierung bei gesteigerter Wirksamkeit als Fraß- gift und zugleich verminderter Kontaktwirkung wird durch Formulierung des Allethrins (s. Tabelle S. 17) als 1:2 Clathrat mit Cyclodextrin erreicht, wodurch eine nützlingsschonende, selektive Bekämpfung von blattfressenden Schadinsekten möglich sein soll [40]. Durch Formulierungen mit hochsiedenden Ölen wie Glycerinester, Polysiloxanen, Cetylalkohol oder Squalen wird die Flüchtigkeit von bestimmten leicht verdampfbaren Pyrethroiden vermindert und so die Dauer- wirksamkeit erhöht [41].

2

II. Verbesserung der insektiziden Wirksamkeit von Pyrethrinen durch Synergisten

Durch Synergisten wird die Wirksamkeit der natürlichen Pyrethrine und von synthetischen Varianten, den Pyrethroiden, zumindest unter Laborverhältnissen und bei der Anwendung in geschlossenen Räumen nachhaltig gesteigert. Synergisten sind für sich allein gegen Insekten und Warmblüter untoxische Verbindungen, welche durch Hemmung der Oxidasen oder Cytochrom P 450 die metabolische Stabilität der eigentlichen Wirkstoffe verbessern, oder aber die Penetrierbarkeit der Zellmembranen stark erhöhen. Man kann durch Zugabe preiswerter Synergisten somit teures Pyrethrum oder synthetisches Pyrethroid einsparen und entstandene Insektizid-Resistenzen bei Insekten aufheben. Als Synergisten haben sich erwiesen:

Aus der Klasse der Methylendioxyphenyl-Derivate die Verbindungen

Piperonylbutoxid

Safroxan

Sesamex

Sesamin

[42]
Piperin

[43]

[44]

[45]

[46]

[47]

[47a]
Propylisome

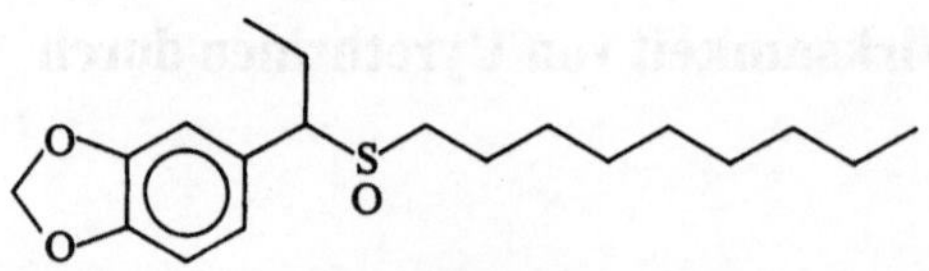

[48a]
Sulfoxid

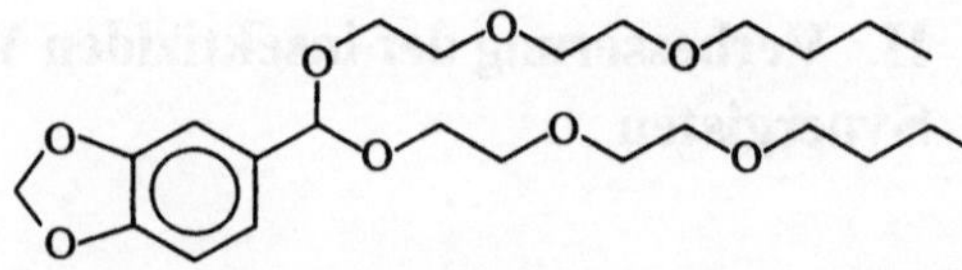

Tropital

von den Derivaten des Propargylalkohols die Verbindungen

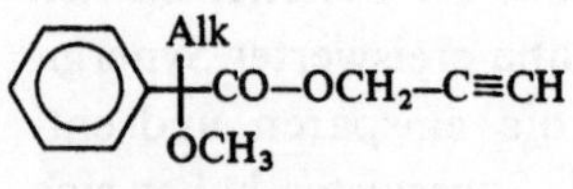

[48]

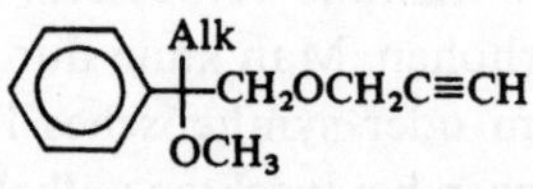

[49]

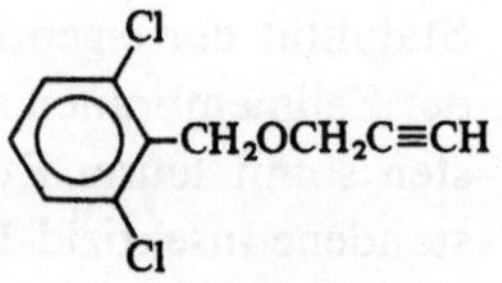

[49]

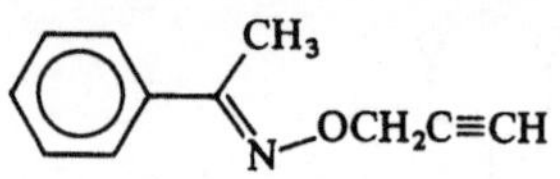

[50]

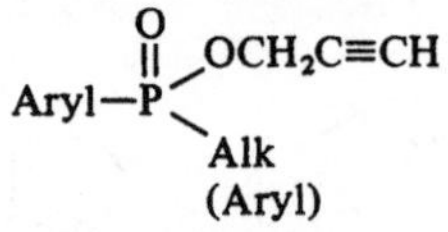

[51]

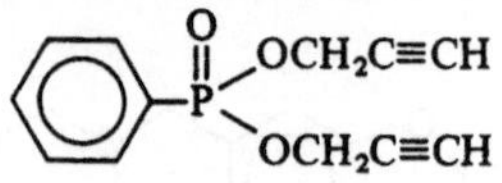

[52]

einige Äther wie z.B.

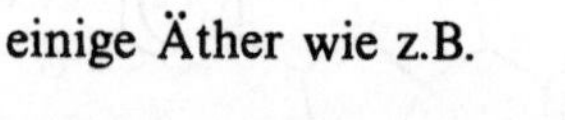

$CCl_3-CH_2-CHO-CHCH_2CCl_3$

[53]

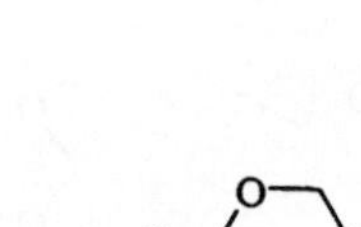

[54]

$CH_3O(CH_2)_2CH_2OH$

[55]

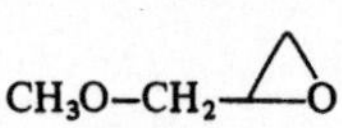

$CH_3O-CH_2\!-\!\!<\!O$
[55]

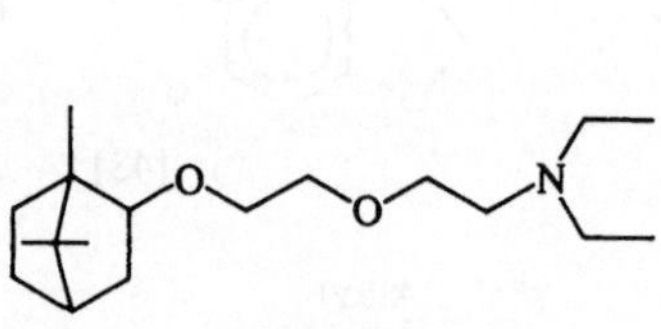

[56, 57]

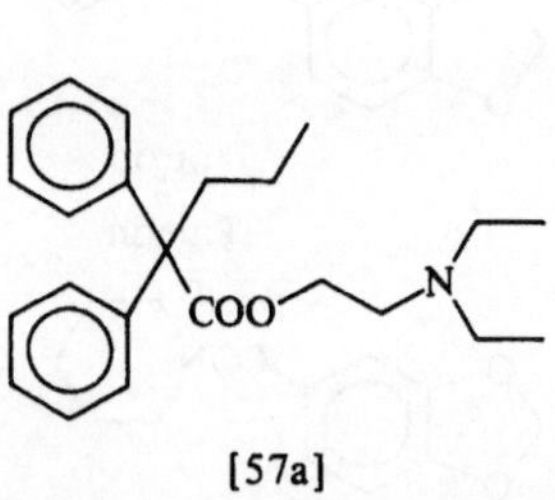

[57a]

oder auch die nicht insektiziden Phosphorester der Formeln

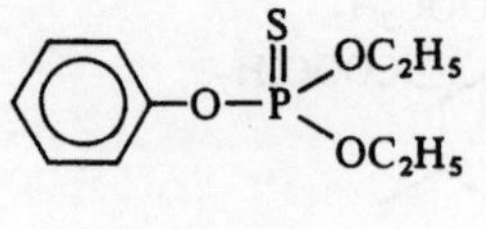

[58]

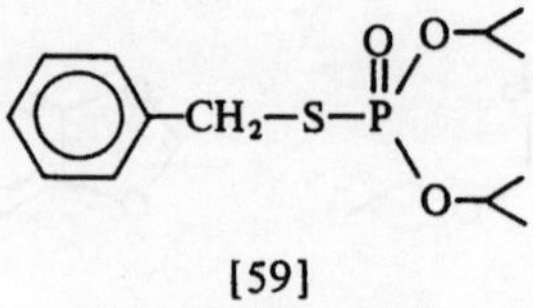

[59]
Kitazin (Fungizid)

sowie die substituierten Azol-Derivate

[47] [60] [77]

und andere Verbindungen, wie Pinonester

[61]

Dimethylformamid [63], Capryldiethylamid [63], Isopropylester von ungesättigten C_{12}- bis C_{18}-Carbonsäuren [64], Diarylamin [65]

oder die langkettigen cyclischen Imide

[65a]

MGK 264

und

[57a]

Synepirin 500.

Eine höhere Wirksamkeit als ihrem jeweiligen Anteil entsprechend sollen die Pyrethroide auch durch Zumischungen anderer Insektizide, ja selbst eines anderen oder mehrerer Pyrethroide [66] oder gar von formelgleichen Stereoisomeren erhalten. Die Nutzung dieser Potenzierung, in der Patentliteratur ebenfalls als Synergismus bezeichnet, wird für Mischungen mit Carbamaten [67], besonders aber für Mischungen verschiedener Pyrethroide [68], oder gar spezieller Isomerenverhältnisse [69] beansprucht. Zumindest in Laborversuchen erwies sich die Anwesenheit der insektizid unwirksamen oder nur schwach wirksamen Stereoisomeren der entsprechenden wirksamen Pyrethroid-Isomeren als antisynergistisch [70].

Von der Biosynthese der Pyrethrine ist immer noch wenig bekannt. Der Alkohol-Teil der Pyrethrine I und II, das Pyrethrolon, wird aus Acetat aufgebaut. Vermutet wird Mevalonsäure als eine der Zwischenstufen der Chrysanthemumsäure-Synthese [71–73], ebenso Chrysanthemolpyrophosphat [74]. Chrysanthemol selbst wird auch in *Artemisia ludoviciana* gefunden [75].

Auch heute noch ist das natürliche Pyrethrum ein sehr gefragtes und vergleichsweise teures Produkt. Kenia und Tansania produzieren mit ca. 23000 t Trockenblüten pro Jahr mehr als 90 % der Welternte an Pyrethrum [76]. Ein weiterer wichtiger Produzent ist Equador. Aber auch normale Landwirtschaftsgebiete versprechen neuerdings hohe Erträge [558].

III. Grundprinzipien der insektiziden Wirksamkeit von Pyrethroiden

1. Wirkungsweise der Pyrethroid-Insektizide

Die Wirkung der Pyrethroide beruht auf einer Störung der Nervenfunktion, nachdem das Insekt den Wirkstoff mit der Nahrung aufgenommen hat oder auch nur damit in Kontakt gekommen ist.

Am isolierten Nervenaxon von Krebsen, Schaben oder anderen Insekten wird eine Blockade der Funktion des Natrium-Kanals in der Nervenmembran nach Einwirkung von Pyrethroiden beobachtet [548]. Es gelang nicht, die Fülle neurophysiologischer Meßergebnisse mit der lethalen Wirkung zu korrelieren [70], vielleicht auch deshalb, weil die meisten Untersuchungen mit den Gemischen der sich physiologisch sehr unterschiedlich verhaltenden Stereoisomeren durchgeführt wurden. Diese Isomeren können einander in ihrer Wirkung beeinflussen. Einige stark insektizide Isomeren sind kaum am isolierten Axon wirksam, während andererseits schwach insektizid wirksame Isomere gefunden wurden, welche in hohem Maße die Nervenmembran erregen [79]. Zusammen mit dem Befund, daß die lethale Konzentration des Insektizides für das lebendige Insekt geringer ist, als die für eine Aktion an dem isolierten Axon erforderliche [80], hat man also ein eher verwirrendes Bild des insektiziden Wirkmechanismus vor sich. Interessant ist deshalb der Hinweis auf eine synaptische Wirkung [81, 82] der Pyrethroide in Verbindung mit noch unbekannten Neutrotransmittern. Pyrethroide sind bei tiefen Temperaturen wirksamer als bei höheren [78]. Nur das intakte Gesamtmolekül kommt zur Aktion, die Ester-Komponenten für sich sind unwirksam. In

6

hohem Maße ist die Wirkung von einer Gesamtmolekülform abhängig [83]. Veränderungen der durch die Natur vorgegebenen absoluten Konfiguration der chiralen Zentren in Säure- und Alkoholteil führt zu einem weitgehenden oder totalen Verlust der Wirkung [84]. Das Molekülgerüst des Pyrethrin I ist konsequent abgewandelt, und die Molekülteile und Variationen auf ihre Bedeutung für die Insektizidwirkung des gesamten Moleküls hin untersucht worden [85].

2. Insektizide Wirkung und strukturelle Variationsfähigkeit von Pyrethroiden

Für die insektizide Wirksamkeit ist, neben einer ganz spezifischen Molekülform, ein definiertes hohes Maß an Lipophilie notwendig [86], obwohl keinerlei Korrelationen von Toxizität mit den Lipophilienparametern besteht [87]. Jedoch haben die etwas polaren Verbindungen, z. B. Pyrethrin II oder Tetramethrin (S. 17) eine viel schnellere, hauptsächlich betäubende und weniger lethale Wirkung.

Die ersten insektiziden Abwandlungen des Naturstoffes wurden schon vor siebzig Jahren von Staudinger und Ruzicka vorgenommen, nachdem sie die Struktur der Chrysanthemumsäure aufgeklärt und sie auch synthetisiert hatten [88]. Sie konnten zeigen, daß auch andere Alkohole, wie einige substituierte Benzylalkohole, und längerkettige ungesättigte aliphatische Alkohole Chrysanthemate mit einer allerdings viel schwächeren insektiziden Wirkung geben [89]. Das gilt auch für die von Harville 1939 hergestellten Ester von geradkettigen gesättigten C_{12} bis C_{14} Alkoholen [90]. Die erste ökonomisch verwertbare vereinfachte Abwandlung des Naturstoffes von Schechter und LaForge [91] ergab das Allethrin mit einer Vinyl-Gruppe anstelle der cis-Butadienyl-Gruppe in der Seitenkette des Alkohols im Pyrethrin I. Auch heute noch werden bei der Firma Sumitomo/Japan ca. 200 t des racemischen Allethrins pro Jahr produziert.

Mit dem Wiederaufgreifen der Staudingerschen Benzylchrysanthemate durch Synerholm im Jahre 1949 [92] und Mitte der 50er Jahre durch Barthel [93], und daran anschließend durch Elliott, war ein breites Tor aufgestoßen zu einer intensiven Suche nach substituierten Aryl- bzw. Heteroarylmethylestern der Chrysanthemumsäure. Gleichzeitig wurde die erste Säurevariation, Ersatz der Dimethylvinyl-Seitenkette durch eine Dichlorvinyl-Seitenkette von Farkas und Šorm [94] vorgenommen. Diese für die Zukunft der Pyrethroide entscheidende Variation griff Elliott im Rahmen einer konsequenten schrittweisen Optimierung 1972 wieder auf und entwickelte auf dieser Basis die Pyrethroide weiter bis hin zum Dekamethrin. Das ist eine Verbindung, die mit einer um Größenordnungen höheren insektiziden Wirkung, als sie die Natur mit den Pyrethrinen vorgibt, das weitaus wirksamste Insektizid überhaupt darstellt [95].

Pyrethroide lassen sich durch die allgemeine Formel schematisieren:

$$\text{X—Y—Z—}\overset{\displaystyle R}{\overset{|}{\text{CH}}}\text{—}\pi.$$

Die wichtigsten Strukturnotwendigkeiten werden durch die Teile Y und π gegeben. Y ist eine Gruppierung von der Raumerfüllung, absoluten Konfiguration und Lipophilie der Teilstrukturen

wobei die zur Estergruppe cis-ständige Methyl-Gruppe für die insektizide Wirkung unerläßlich ist [162].

π ist ein lipophiles substituiertes π-System (Aryl, Heteroaryl, Olefin), jedoch auch die Dicarbonsäureimid-Gruppierung. Ein frei beweglicher Substituent mit einem weiteren π-System (wie Aryl, substituiertes Vinyl oder Äthinyl), verbunden über die Gelenkgruppe O, S oder CH_2, wie man es auch im Naturstoff findet, bringt in bestimmten Fällen eine besonders gute Wirkung. Z ist eine zweiatomige Brücke, welche optimal die Esterbindung ist, aber auch die Oxim-Teilstruktur, oder sogar, allerdings mit großem Wirkungsverlust, auch andere Verknüpfungsmöglichkeiten [262] darstellen kann. X ist optimal ein weiteres lipophiles zwei- und mehratomiges π-System, wie eine substituierte Vinyl-Gruppe, die Aryl- oder Oxim-Gruppierung, aber auch ein Atom mit freien Elektronenpaaren wie z.B. ein Äthersauerstoff. Jedoch auch eine Häufung von Wasserstoffatomen auf engstem Raum in Gestalt von niedrigen Alkyl-Gruppen, z.B. als geminale Methyl-Gruppen oder als gespannte Alkylspirogruppierung am Dreiring, oder Halogen (als geminales Halogen am Dreiring) oder Polyhalogenalkyl bewahren die insektizide Wirkung mehr oder weniger. Im Fall des m-Phenoxybenzylalkohols, kann der Rest R = Cyan oder Äthinyl eine Steigerung oder wenigstens einen Erhalt der Wirksamkeit nur bei den entsprechenden Enontiomeren mit der absoluten Konfiguration S am α-C-Atom [539] bringen (s. Biologische Daten im Anhang). Die nachstehenden Verbindungen sind insektizide Variationen ein und derselben Pyrethroid-Grundstruktur (s. Wirkstoffpatente im Anhang):

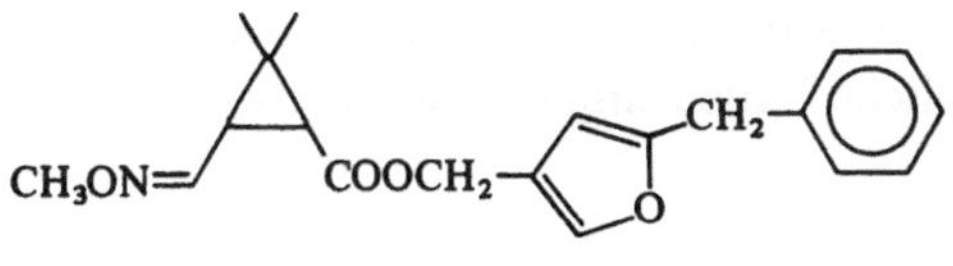

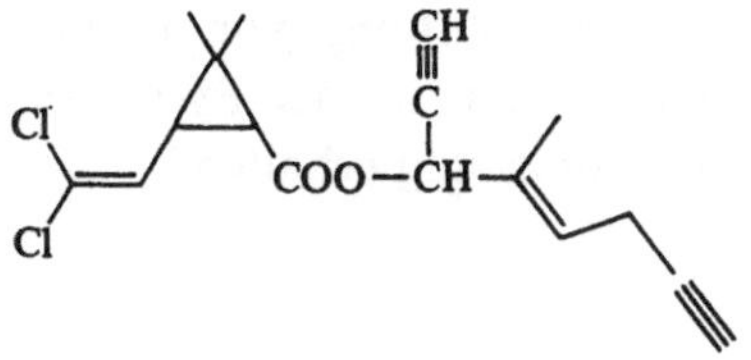

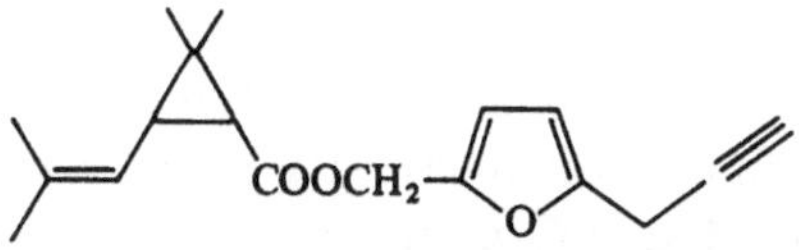

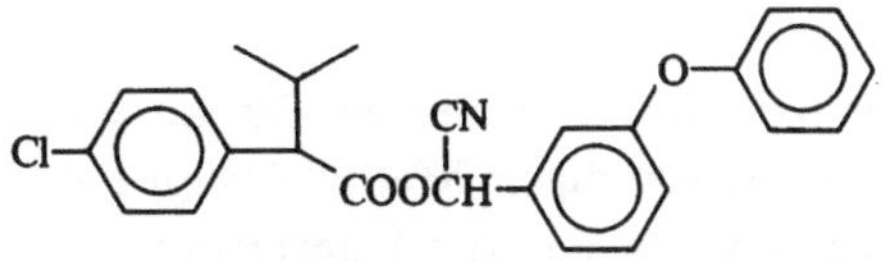

Der Übergang zu unwirksamen Strukturen erfolgt jedoch abrupt oft schon durch geringe Variationen gewisser Molekülteile. So weisen die Cyclobutan-Analogen der Chrysanthemumester keine [97] oder nur noch sehr geringe [98] Wirkung auf. Detaillierte qualitative Struktur-Wirkungs-Betrachtungen wurden besonders von Elliott et al. publiziert [99, 83, 85], aber auch quantitative Versuche wurden unternommen [82, 87].

IV. Andere biologische Effekte von Pyrethroiden

Neben der nichtsystemischen (der Wirkstoff verteilt sich nicht innerhalb der Pflanze), starken Kontakt- und Fraßgiftwirkung (sowie Repellent-Eigenschaften [101]) gegen fast alle Insekten (Ausnahme Schildläuse, Milben und bodenbürtige Insekten), weisen Pyrethroide auch toxische Eigenschaften gegen Crustaceen und Fische auf. Einige Vertreter, beispielsweise manche Ester der 1–R-cis isomeren Cyclopropancarbonsäure-Derivate, sowie der S-konfigurierten α-Phenylisovaleriansäuren, sind bei oraler Verabreichung auch toxisch gegen Warmblüter (s. Anhang). Die entsprechenden trans-Isomeren sind weniger toxisch. Bei intravenöser Gabe sind alle Pyrethroide sogar hochtoxisch gegen Tiere aller Art.

Aber auch andere Organismen können durch Pyrethroide beeinflußt werden. So wurden fungizide [103], nematizide [102] und herbizide [104] Eigenschaften gefunden. Die nicht insektiziden Diastereomeren des Fenvalerates sind durch einen chlorotischen Effekt phytotoxisch [105]. Allethrin erwies sich an isolierten Chloroplasten als starker Hemmstoff der Hill-Reaktion in der Photosynthese [106]. Cypermethrin, Fenvalerat und Fenpropanat (s. Tabelle S. 19, 20) steigern die pflanzenwuchsdämpfende Wirksamkeit von quartären Ammoniumsalzen [107]. Manche Pyrethroide greifen allein schon regulierend, z. B. durch Wuchsstimulation [108] oder Blühinduktion [109], in das physiologische Geschehen von Pflanzen ein.

Bei einem allerdings nur sehr schwach insektiziden Pyrethroid wurde bei Warmblütern eine den Herzschlag regelnde, ataraktische Eigenschaft beobachtet

[110]. Die Wirkung von Dekamethrin auf Ratten ist studiert worden [111]. Möglicherweise werden Pyrethroide erhebliche Bedeutung für die neurophysiologische Forschung erhalten.

V. Metabolismus und ökologisches Verhalten von Pyrethroiden

Der oxidativ-metabolische Abbau setzt bei Chrysanthemumestern bevorzugt an der trans-ständigen Methyl-Gruppe der ungesättigten Seitenkette des Säureteils [112] und an der zur Estergruppe cis-ständigen Methyl-Gruppe des Dreiringes [113] ein und ist bei den cis-Estern gegenüber dem hydrolytischen Abbau stark bevorzugt. Die substituierten Benzylester-Pyrethroide werden in verschiedener Weise am Phenyl-Kern hydroxyliert [113]. Bei den trans-konfigurierten Estern ist auch die Verseifung ein wichtiger Abbauweg [114].

Durch Lichteinwirkung werden alle Pyrethroide mehr oder weniger stark verändert. Ein erster Schritt ist die Isomerisierung von Asymmetrienzentren. Vor allem Cassida hat die Photochemie bearbeitet [114], und sich auch den metabolischen und ökologischen Fragen gewidmet [116], wie auch Leakey [116a]. Ein für die ökologische [117] und metabolische Chemie von Pflanzenschutzmitteln neuartiges Problem ist die stereochemische Analyse von geringen Rückstandsmengen optisch aktiver Wirkstoffe. Ein erfolgversprechender Lösungsvorschlag ist die Anwendung der Radioimmuntechnik [118].

VI. Zur Geschichte der Pyrethroide bis 1978

Das Naturprodukt Pyrethrum kam zu Beginn des 19. Jahrhunderts in Europa als für Warmblüter unschädliches, hochwirksames Mittel gegen Insekten-Ungeziefer zur Anwendung. Dieses „Insektenpulver" („Dalmatinisches-" oder auch „Persisches Pulver") besteht aus den pulverisierten Blüten der *Chrysanthemum cinerafolis* bzw. *Chrysanthemum coccineum*, welche das Gemisch der insektiziden Pyrethrine enthält. Im Kaukasus wußte man aber schon vorher um diese Verwendungsfähigkeit und machte ein Geheimnis aus der Herkunft des Pulvers. Der Anbau der Blumen erfolgte in großem Maße zunächst in Dalmatien, später in Japan. 1909 erkannte Fujitani (Japan) die Ester-Natur der Pyrethrine. Während des 1. Weltkrieges klärten Ruzicka und Staudinger die Struktur der chemischen Bestandteile weitgehend auf und stellten auch die ersten insektiziden synthetischen Varianten (Pyrethroide) her. Unabhängig von diesen Arbeiten klärte Yamamoto 1923 in Japan die Struktur der Chrysanthemumsäure auf. Die noch vorhandenen Unklarheiten bezüglich der richtigen Strukturformel für das Pyrethrolon konnte LaForge (USA) 1947 beseitigen. Die stereochemischen Fragen der Chrysanthemumsäure beantwortete Harper (England) 1954, während Crombie 1972 die Stereochemie der natürlichen Alkohol-Komponente klärte. So vergingen zwischen den ersten chemischen Untersuchungen bis zur völligen Aufklärung der Strukturen der verschiedenen Pyrethrine 70 Jahre. In den zwanziger Jahren erfolgte die Anlegung der großen Pyrethrum-Plantagen in Kenia, wo ideale Bedingungen die höchsten Pyrethrin-Gehalte ergeben. Damals wurden auch Ölformulierungen der Pyrethrine als erste Kontaktinsektizide zum effizienten Schutz von Getreide in Silos eingesetzt. Im 2. Weltkrieg kam Pyrethrum in Form von Aerosolbomben zur Malariabekämpfung aus der Luft zum Einsatz. Gleichzeitig wurden erneut die synthetischen Bemühungen um diese mindertoxischen Insektizide besonders im Boyce-Thomson-Institut (USA) aufgenommen. LaForge und Schechter ermöglichten hier 1947 mit der Synthese des Allethrolons erstmals einen technisch verwendbaren Weg zu verschiedenen Cyclopentenolonen und damit zu nahen Variationen der natürlichen Pyrethrine.

Allethrin

Barthrin

Barthel (USA) zeigte 1957, daß Ester der Chrysanthemumsäure auch mit substituierten Benzylalkoholen (Barthrin) die insektizide Wirkungshöhe des natürlichen Pyrethrum sogar übertreffen können. Farkas und Šorm (CSR) variierten als erste 1957 den Säureanteil, indem sie die Dimethylvinyl-Seitenkette der Chrysanthemumsäure durch die Dichlorvinyl-Seitenkette ersetzten, deren Allethronylester

bei verminderter knock-down-Wirkung eine 3-fach gesteigerte lethale Wirksamkeit gegenüber dem Allethrin aufwies. Dieser Fund geriet in Vergessenheit. 1962 fand Kato bei Sumitomo (Japan), daß die gänzlich anders gearteten N-Hydroxymethylphthalimid-Derivate ebenfalls Insektizide mit schneller Wirkung ergeben (Tetramethrin).

Tetramethrin

Resmethrin

Inzwischen hatten Elliott und Janes in Rothamsted (England) durch planmäßige Struktur-Aktivitätsarbeiten den Allethrolon-Teil unter steter Steigerung der Aktivität schrittweise zum 5-Benzyl-3-furyl-carbinol (Resmethrin) abgewandelt (1965), und damit eine Komponente gefunden, deren Pyrethroidester in seiner insektiziden Potenz auch heute noch zu den wirksamsten Insektiziden gehören. In den 60er Jahren haben sich neben der Forschungsgruppe in Rothamsted und bei Roussel-Uclaf (Frankreich) vorwiegend japanische Forscher an Universitäten und bei den Firmen Sankyo, Dainippon, Yoshitomi, Taisho und besonders bei Sumitomo um besser wirksame, aber auch photostabile Pyrethroide bemüht. 1966 wurde von Kitahara gefunden, daß die Tetramethyl-cyclopropancarbonsäure

Terallethrin   Phenothrin

mit Alletrolon und anderen Pyrethroid-Alkoholen Insektizide ergibt (Terallethrin). 1968 führte Itaya bei Sumitomo die hochinteressante, weil gut wirksame und photostabile Alkohol-Komponente m-Phenoxybenzylalkohol in die Pyrethroid-Chemie ein (Phenothrin). Es zeigte sich, daß jede der zahlreichen Substitutionen in den Kernen dieses Diphenyläthers die Wirksamkeit stark verringerte. Weitere Ergebnisse der japanischen Bemühungen war das Insektizid Kikuthrin, gefunden von Nakanishi 1967 bei Yoshitomi, sowie die insektiziden Ester des 4-Phenyl-3-chlor-2-trans-butenols von Sota bei Taisho 1969.

Kikuthrin

In den Pflanzenschutzlaboratorien der Firma Shell wurde durch Searle 1971 und parallel dazu von Matsuo (Sumitomo) der starke Wirkungszuwachs der m-Phenoxybenzyl-chrysanthemate durch Einführung einer Cyan-Gruppe in die α-Stellung dieses Alkohols entdeckt. Zur gleichen Zeit bemühten sich Elliott und Mitarbeiter in Rothamsted um eine Stabilisierung der Chrysanthemumsäure. Da die trans-ständige Methyl-Gruppe der Isopropyliden-Gruppe der Seitenkette besonders anfällig für metabolische Oxidation ist, wurde schrittweise unter Weglassung dieser Methyl-Gruppe die andere Methyl-Gruppe variiert, bis mit der cis-3-

Butadienyl-Seitenkette der 2,2-Dimethyl-cyclopropancarbonsäure eine Komponente gefunden wurde,

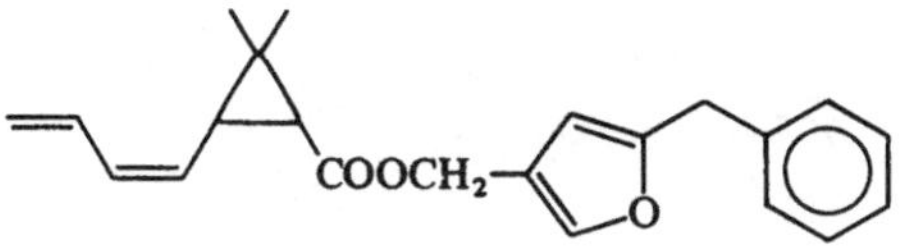

die mit den damals bekannten Pyrethroid-Alkoholen die weitaus wirksamsten Insektizide ergab, nur waren diese in hohem Maße photo- und auch sonst labil. In Verfolgung des gleichen Zieles ersetzte Elliott zunächst die metabolisch reaktive, und dann die andere Methyl-Gruppe durch Chlor und entdeckte konsequent schließlich so erneut die schon 15 Jahre früher synthetisierte Säure (Permethrinsäure), deren Ester mit m-Phenoxybenzylalkohol das erste wirklich photostabile und damit für landwirtschaftliche Großkulturen geeignete hochaktive Pyrethroid-Insektizid war:

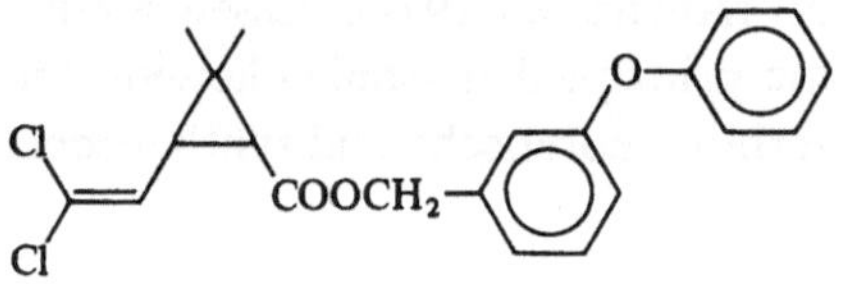

Permethrin

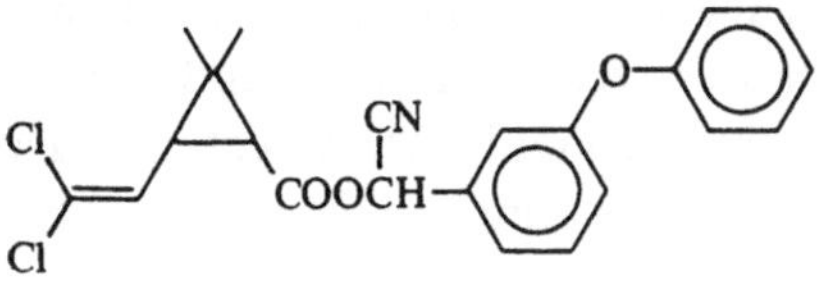

(±) *cis/trans-*Cypermethrin

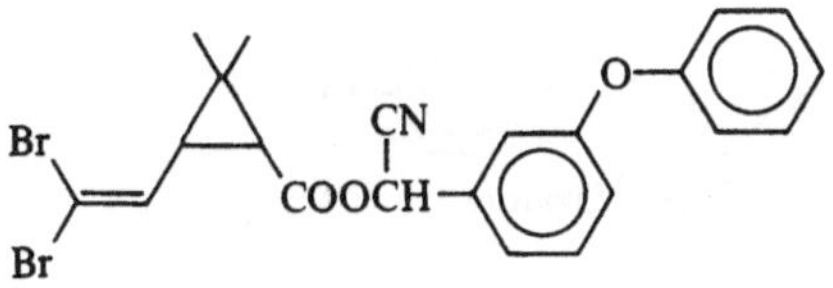

1–R-*cis*-α-S-Dekamethrin

Die Anwendung der Shell-Ergebnisse ermöglichte Elliott mit der Reindarstellung des Dekamethrin, des wirksamsten der beiden insektiziden (von acht möglichen) Diastereomeren, *die Herstellung des bislang überhaupt potentesten Insektizides* mit einer neuen Größenordnung der Wirksamkeit. Dieser Wirkstoff ist mit einer LD_{50} von 0,01 mg/kg gegen viele Insekten und einer landwirtschaftlichen Aufwandmenge von ca. 10 bis 20 g/ha ungefähr 25- bis 50mal wirksamer als die herkömmlichen Insektizide. Später fand er, daß das einzelne 1–R-cis-α-S-Isomere der entsprechenden Dichlorvinyl-Verbindung (Permethrinsäure) in etwa die gleiche hohe Wirksamkeit aufweist. Elliotts und seiner Mitarbeiter Erfindungen wurden von der britischen „National Research and Development Corporation" (NRDC) patentiert.

Derweilen hatte Ohno 1972 bei Sumitomo gefunden, daß die chemisch einfacheren, sterisch äquivalenten, photostabilen α-(4-Chlor-phenyl)-isovaleriansäuren die bislang als unverzichtbar angesehenen Chrysanthemumsäu-

13

re-Analogen voll ersetzen können. Mit der Synthese des Fenvalerats durch Yoshioka

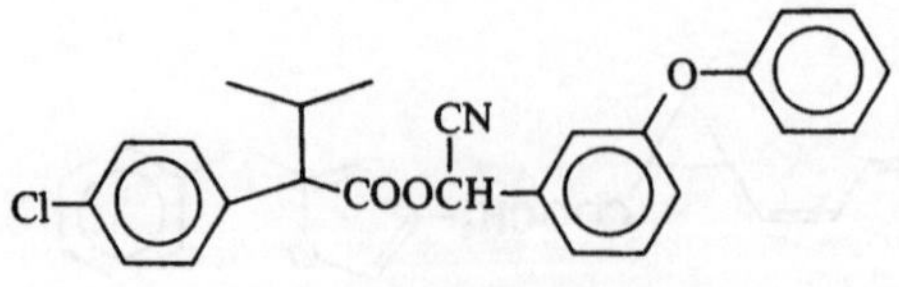

$$\text{Fenvalerat}$$

Fenvalerat

wurde der Variationsspielraum für Pyrethroid-Strukturen stark erweitert, obwohl auch weiterhin gewisse minimale chemische Veränderungen zu starkem oder gar völligem Wirkungsverlust führten. Mit Bekanntwerden der photostabilen hochwirksamen NRDC- und Sumitomo-Pyrethroide begann nun sehr schnell auch in vielen anderen Forschungsinstituten, besonders in der Industrie, die intensive Suche nach weiteren, auf breiter Ebene ökonomisch nutzbaren Pyrethroid-Insektiziden. Eine Erweiterung erfuhr das Gebiet der Pyrethroide auch durch die vom DDT herkommenden Arbeiten von Holan (Australien 1974), dessen Kreuzung aus DDT-Varianten und Pyrethroiden die prinzipiellen Ähnlichkeiten von Pyrethroiden und DDT belegten und auch weiterhin theoretische und synthetische Aktivitäten stimulieren werden:

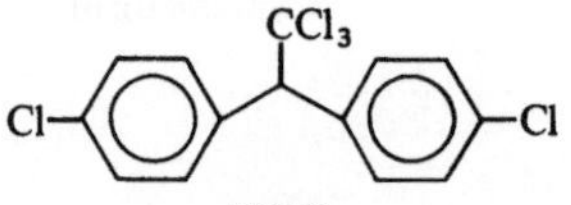

DDT

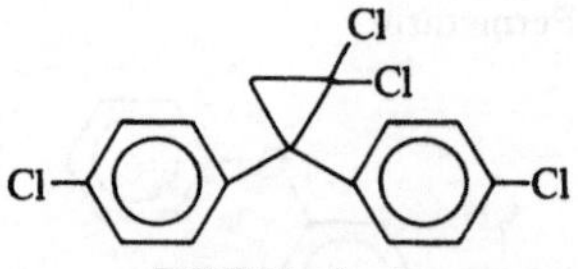

DDT-Variante

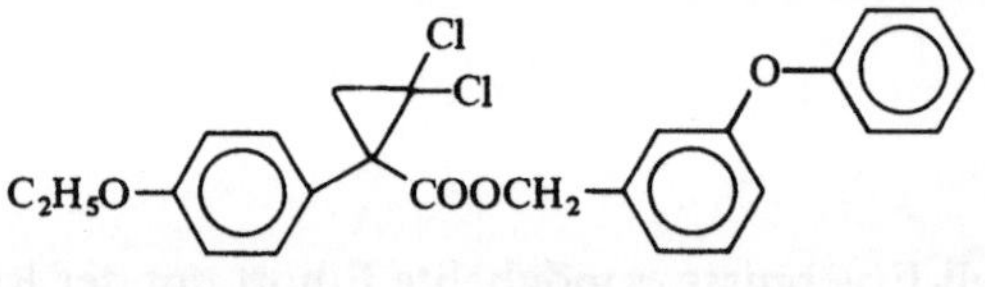

Holan-Ester

Im gleichen Jahr melden Kondo und Mitarbeiter (Sagami, Japan) die inzwischen technisch hochbedeutsame Synthese der Permethrinsäure aus Dimethyl-allylalkohol, Orthoessigsäureester und Tetrachlorkohlenstoff zum Patent an. Nach kurzer Zeit wurde bei der Firma FMC (USA) die Produktion nach diesem Verfahren aufgenommen. Seither ist, wie dem chemischen Teil zu entnehmen ist, eine große Zahl von präparativen Alternativlösungen, Verbesserungen und neuen Teilschritten vorgeschlagen worden.

Mit der ernsthaften technischen Beschäftigung mit der Pyrethroid-Chemie und der Produktion der vor einigen Jahren noch für kaum herstellbar erachteten Pyrethroide durch vielstufige Synthesen ist auch auf chemisch-technologischem Gebiet ein neues Kapitel der industriellen Wirkstoffchemie aufgeschlagen worden.

Trotz des hohen investiven und forscherischen Aufwands zahlreicher Chemiefirmen ist die Zahl der ökonomisch interessanten Pyrethroide bisher nicht sehr viel größer geworden. Nachdem bei Procter und Gamble 1971 (USA) die Indenspirocarbonsäure als Pyrethroidsäure gefunden worden war, wurde

Cypothrin

durch Brown bei American-Cyanamid (USA) und kurz darauf auch bei Ciba-Geigy (Schweiz) durch Veresterung mit dem α-Cyan-m-phenoxybenzylalkohol erst die innewohnende interessante insektizide Potenz aufgedeckt, die sich besonders durch ein ökonomisch bedeutungsvolles Wirkungsspektrum (Zecken) auszeichnet (Cypothrin).

Eine Steigerung der vorgegebenen Wirkung des Fenvalerats gelang Forschern American-Cyanamid durch Ersatz des Chlor durch die Trifluormethoxy- bzw. Difluormethoxy-Gruppe, wobei im letzten Fall die kommerzielle Entwicklung gleich mit dem Ester der S-enantiomeren Säure vorangetrieben wird:

Eine weitere strukturmäßige Ausweitung erfuhren die Pyrethroid-Insektizide durch Nishioka 1973 bei Sumitomo, der mit Pyrethroidsäureester von hochungesättigten, nicht cyclischen Alkoholen wie 3-Hydroxy-4-methyl-oct-4-en-1,7-diin schnell wirkende Insektizide fand:

Im Rahmen der in Deutschland bei Bayer aufgegriffenen Pyrethroid-Aktivitäten stellte Naumann 1976 mit dem Permethrinsäureester des Pentafluor-benzylalkohols das bisher am schnellsten überhaupt wirkende Insektizid her, während Fuchs 1976 durch Einführung des Fluors in die p-Stellung des Phenoxybenzylal-

15

kohols die intrinsisch hohe Aktivität dieser Komponente maßgeblich steigern
konnte:

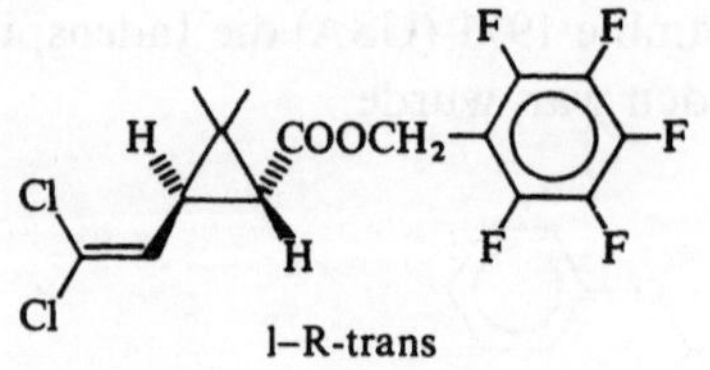

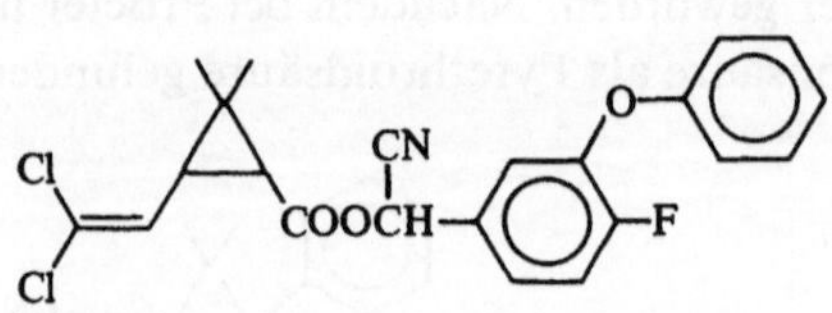

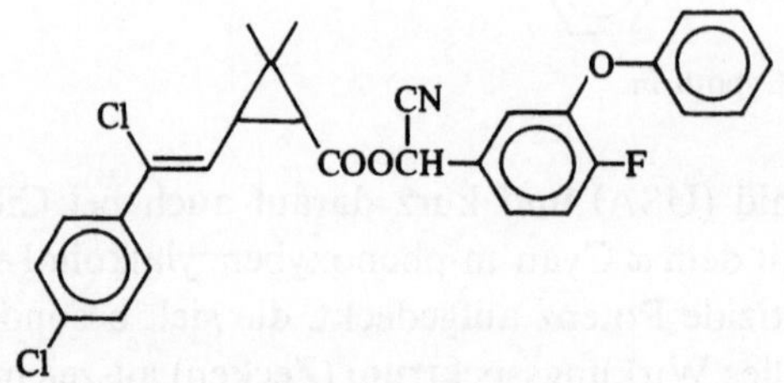

1-R-trans

Diese Alkoholkomponente ermöglichte es Fuchs nun auch, durch Veresterung mit
einer so ähnlich bei FMC gefundenen Säure, welche sich durch den Ersatz eines
Chlors durch die p-Chlorphenyl-Gruppe von der Permethrinsäure unterscheidet,
ein exceptionell wirksames Mittel gegen Rinderzecken zu synthetisieren, gegen
welche Pyrethroide in der Regel eine geringe Wirksamkeit aufweisen.

Der erste probeweise Einsatz der neuen photostabilen Pyrethroide (Permethrin, Cypermethrin und Fenvalerate), in den Großkulturen (z.B. Baumwolle)
erfolgte 1977 durch ICI und Shell. In kurzer Zeit haben sie bis zum Jahre 1980
einen bedeutsamen Anteil am Insektizidweltmarkt von ca. 30% erringen können.

VII. Ökonomisch oder wissenschaftlich bedeutende synthetische Pyrethroid-Insektizide (Toxizitäten mg/kg)[119]

Formel	Stereochemie	Common-name	Code-Nr.	Handels-name	Erfinder-institution	Hersteller	Ratte p.o.	Ratte i.V.	Maus	Haus-fliege	Senf-käfer
	1 R trans, S	Pyrethrin I				Natur	260 –420	5	410	30	0,3
	(±)cis/trans, RS	Allethrin		Pynamin	Boyce-Thomson-Inst.	Sumitomo	320				
	1 R trans, RS					McLaughlin-Gormley-King	–1320				
	1 R trans S	Bioallethrin		Esbiol		McLaughlin-G. K. Procida Roussel-Uclaf	680 –1000	4		6	12
	(±)cis/trans	Barthrin				Boyce-Thomson-Institut					
	(±)cis/trans	Tetramethrin		Neopynamin Phthalthrin	Sumitomo	Sumitomo	>20000				
	(±)cis/trans	Kikuthrin Propathrin				Yoshitomi	14000		8000		

VII. Ökonomisch oder wissenschaftlich bedeutende synthetische Pyrethroid-Insektizide

Formel	Stereochemie	Common-name	Code-Nr.	Handels-name	Erfinder-institution	Hersteller	Ratte p.o.	Ratte i.V.	Maus	Haus-fliege	Senf-käfer
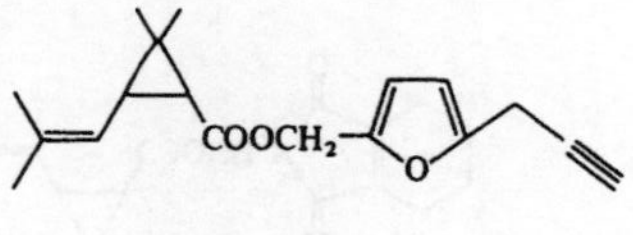 (structure, $COOCH_2$)	(±)cis/trans	Furamethrin			Dainippon					3000 –5900	
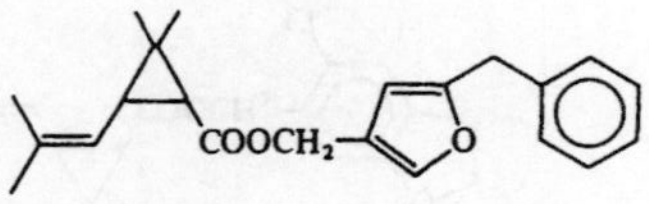 (structure, $COOCH_2$)	(±)cis/trans	Resmethrin	NRDC 104	Chryson	Rothamsted	Fairfield American Pennick	4000				
			SBP 1382	Synthrin							
	1 R trans	Bioresmethrin	NRDC 107				8000	340		0,6	0,5
	1 R cis	Cismethrin	NRDC 119				100	7			
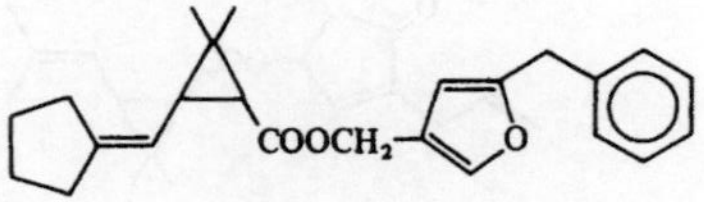 (structure, $COOCH_2$)	1 R trans	Bioethano-methrin	RU 11679	K'Othrin	Roussel-Uclaf	Roussel-Uclaf	100	5–10			
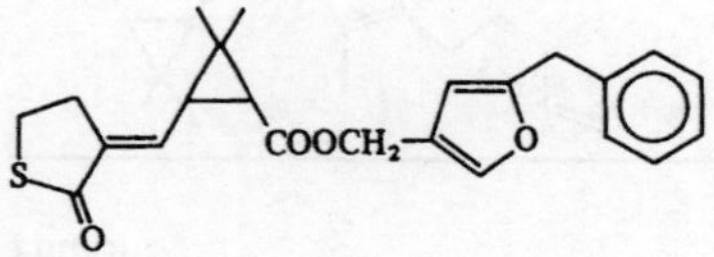 (structure, $COOCH_2$)	1 R cis, E	Kadethrin	RU 15525		Roussel-Uclaf						
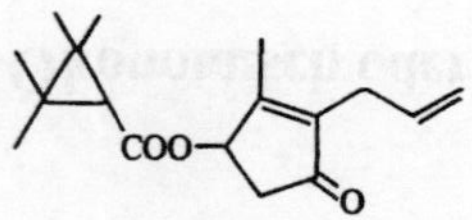 (structure, COO)	(±)	Terallethrin			Sumitomo						

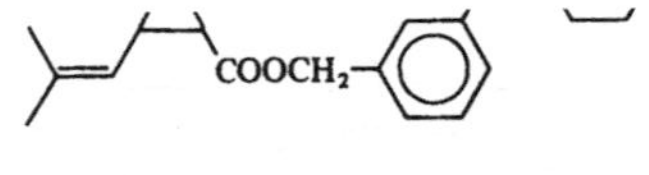

(±)cis/trans	Phenothrin	S 2539		Sumitomo			
1 R trans	α-Phenothrin	S 2539-Forte	Sumithrin	Sumitomo	Sumitomo	>10000	
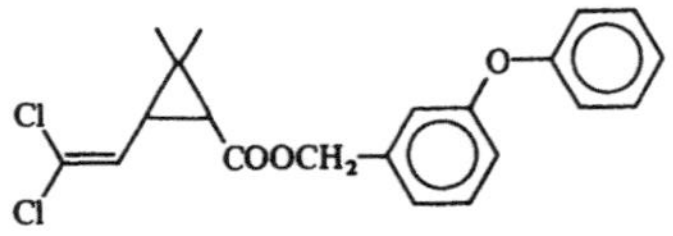 (±)cis/trans	Permethrin	NRDC 143 SBP 1513 FMC 33297 PP 557	Ambush Stockade Outflank Stomoxin Pounce Talcord Ectiban	Rothamsted	Shell Wellcome ICI FMC Pennick	430 1 500 –2000 4000 10000	
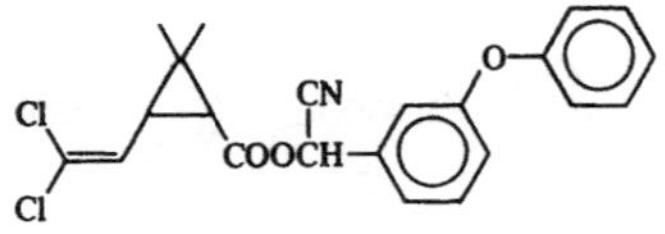 (±)cis/trans, RS	Cypermethrin	NRDC 149	Ripcord Baricade	Rothamsted	Shell	250	
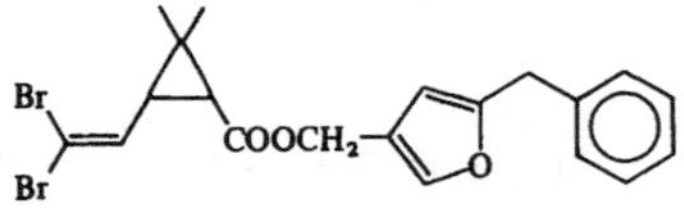 (±)trans	Bromethrin			Brown			
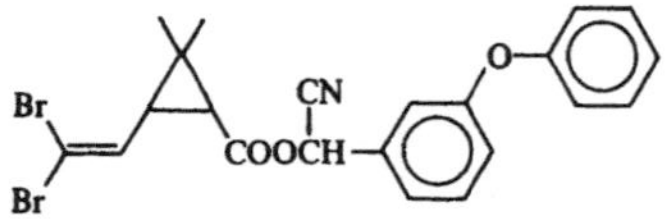 1 R cis, S	Dekamethrin Deltamethrin	NRDC 161	Decis Slop	Rothamsted	Roussel- Uclaf Wellcome	25 –60	2,5	0,01
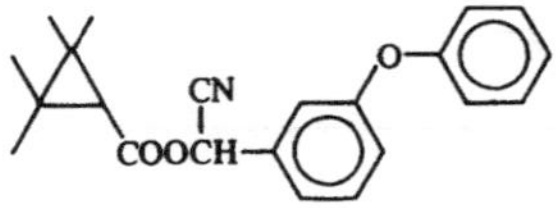 (±)	Fenpropanat Fenpro- pathrin	SD 41706 S 3206	Rhody	Shell	Shell		

19

Formel	Stereochemie	Common-name	Code-Nr.	Handels-name	Erfinder-institution	Hersteller	Ratte p.o.	Ratte i.V.	Maus	Haus-fliege	Senf-käfer
	(±)	Fenvalerat	SD 43775 S 5602	Sumicidin Sumifly Bellmark Sanmarton Pydrin	Sumitomo	Sumitomo Shell	75 100 −450				
	(±)	Fluvalinate			Zoecon						
	(±) (−)		GH 380 GH 401		CSIRO						
	(±)cis/trans	Cypothrin		Panecto	American Cyanamid						
	S; RS		ACC 222705		American Cyanamid		67 −80				

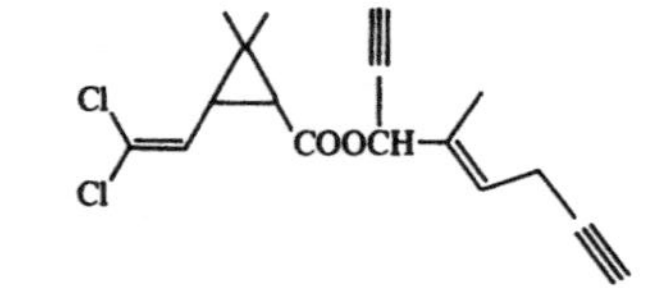 (±)cis/trans, RS	S 3243		Sumitomo
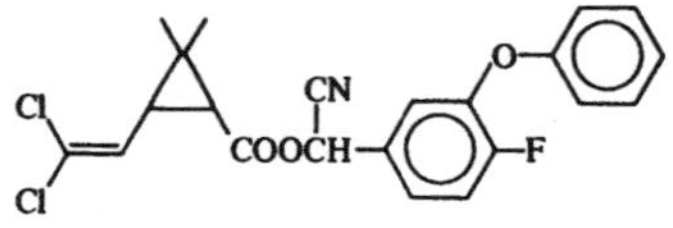 (±)cis/trans, RS	FCR 1272	Baythroid	Bayer · Bayer
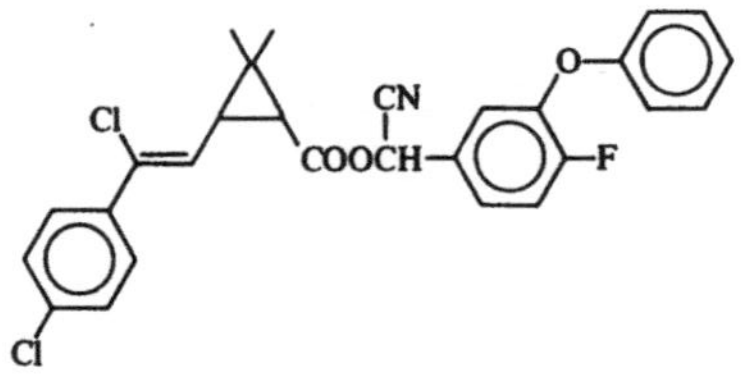 (±)trans, Z, RS	FCR 1622		Bayer · Bayer
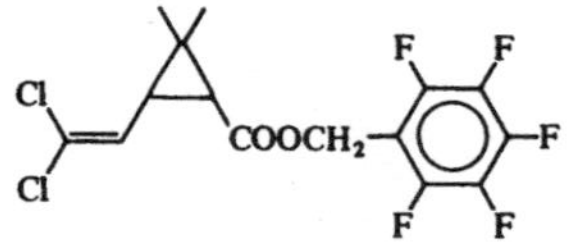 (−)1-R-trans	NAK 1654		Bayer
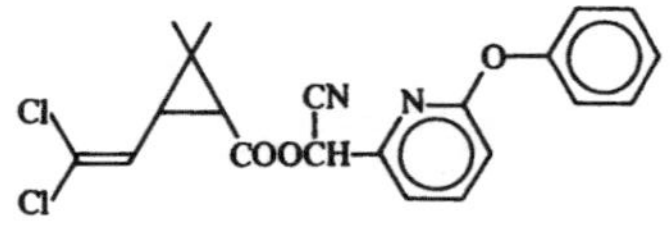 (±)cis/trans	DOW 417		DOW

B. Chemischer Teil

Im folgenden Kapitel werden wichtige und interessante Synthesewege und Bildungsweisen der Komponenten von Pyrethroid-Estern, geordnet nach der Art der jeweiligen Schlüsselreaktionen, erläutert. Hierbei kommt der Chemie der Chrysanthemumsäure aus ökonomischem, aber auch akademischem Interesse, sowie der Chemie der Permethrinsäure aus ökonomischer Notwendigkeit und technischer Problematik ein besonderes Gewicht in der wissenschaftlichen und Patentliteratur zu.

Im Rahmen der Forschung sind in den Industrielabors auf der Suche nach weiteren Pyrethroid-Wirkstoffen Reaktionen gefunden oder angewendet worden, die in der wissenschaftlichen Literatur nicht stets Erwähnung finden konnten. Wegen der Stereospezifität der insektiziden Wirkung der Pyrethroidester haben präparativ-stereochemische Aspekte größere Aufmerksamkeit gefunden. Technisch bedeutungsvoll wurde allerdings nur ein geringer Teil der Forschungsergebnisse.

I. Synthese von Pyrethroid-Säurekomponenten

1. Synthese der Chrysanthemumsäure

Den Synthesen der Chrysanthemumsäure als Stereoisomerengemisch, als Racemat der reinen Stereoisomeren bzw. als einzelnes optisch aktives Isomeres, kam auch schon vor dem Auffinden der synthetischen photostabilen Pyrethroide große Bedeutung zu. Wegen der bewährten und besonders günstigen Eigenschaften des Naturstoffes Pyrethrin I als weitgehend untoxisches, schnell wirkendes Kontaktinsektizid ist nicht nur das natürliche Pyrethrum-Gemisch auch weiterhin für vielerlei Anwendungen im Haushalts- und Vorratsschutzbereich gefragt. Deswegen haben preiswerte totalsynthetische Methoden, besonders des reinen chiralen Naturstoffes oder seiner geringfügigen Varianten, auch heute noch Interesse. Eine Fülle von interessanten Umlagerungs-, Eliminierungs- und Additionsreaktionen wurden zur Bildung dieser Cyclopropancarbonsäure angewendet.

Syntheseziel Chrysanthemumsäure:

1.1. Schlüsselreaktion: Carben-Addition an Olefine

Als Methode zur Einführung des C-Atoms 1 bot sich die leicht durchführbare Diazoester-Synthese an. Schon die erste Synthese überhaupt [127] bediente sich dieser klassischen Reaktion zur Bildung des cis-trans-Gemisches der Chrysanthemumsäure-äthylester (Reaktion 1).

Reaktion 1

Das 1,1,4,4-Tetramethylbutadien *1* wird aus Aceton und Acetylen oder aus Methallylchlorid und Magnesium und anschließende katalytische Isomerisierung [384] erhalten [128]. Jedoch sind auch petrochemische Verfahren aus Isobutylen und Methallylchlorid vorgeschlagen worden [129] (Reaktion 2).

Reaktion 2

Das Diazoester-Verfahren wurde seither von Harper [130], Stauffer [131], BASF [132], Sumitomo und Roussel-Uclaf verbessert zu einem nunmehr auch technischen, und prinzipiell preiswerten, Verfahren mit hohen Ausbeuten, das aber wegen eines aus der Laborpraxis abgeleiteten Vorurteils (Explosivität und mögliche carcinogene Wirkung des Diazoesters) keine breite Anwendung gefunden hat, und nur von der Firma Stauffer in USA und Roussel-Uclaf in Frankreich ausgeübt wird. Die Diazoester-Zersetzung wird besser als durch Kupferverbindungen durch Palladiumacetat [133] oder Rhodiumacetat [134] schon bei Raumtemperatur katalysiert. Unter Verwendung sterisch gehinderter Ester wird erwartungsgemäß der trans-Anteil im Produkt der Diazoester-Reaktion stark erhöht [135].

Die Verwendung von Diazoacetonitril führt ebenfalls zum trans-Isomeren [136]. Intramolekulare Zersetzung geeigneter ungesättigter Diazoester ergibt

Vorstufen für die cis-Chrysanthemumsäuren [137]. Substituierte Diazoessigsäure-furfurylester ergeben gleich die Insektizide [138].

Die Einführung des C-Atoms Nr. 2 gelingt weniger gut nach der Diazo-Methode [140] (Reaktion 3):

11–17%   38–49%

Reaktion 3

Ebenso die Einführung des C-Atoms 3 [141] (Reaktion 4):

Ra–Nickel

cis/trans

Reaktion 4

Eine ganz andere Carben-Quelle wurde zur Einführung der Seitenketteneinheit empfohlen [142]: Aus Wolframcarbonylcarben-Komplexen 2 addiert sich der Carben-Teil an aktivierte Olefine (Reaktion 5):

Reaktion 5

Ausgehend von leicht zugänglichen Vorstufen, läßt sich C-Atom 3 über ein Allencarben einführen [143] durch Addition auf Prenol *3* (Reaktion 6).

Reaktion 6

Eine andere, allerdings unergiebige Carbenoid-Quelle ist auch die Simmons-Smith-Reaktion mit Dijodessigester/Zinkkupfer [144].

1.2. Schlüsselreaktion: Carbanion-Addition an aktivierte Olefine zur Einführung der C-Atome 2 oder 3

Diese Reaktionen führen vorzugsweise zu den thermodynamisch begünstigten trans-Isomeren, wie z.B. der Addition des Anions von substituierten Allylphenyl-sulfon-Anionen *4* [145–147] an Seneciosäureester *5* nach Martel, wobei Arylsulfi-nat abgespalten wird (Reaktion 7) oder ähnlich nach Julia auf die noch stärker aktivierten ungesättigten Ester *6* (Reaktion 8).

Reaktion 7

Reaktion 8

Die Verwendung von Yliden spielt in der Pyrethroid-Chemie oft eine entscheidende Rolle. So läßt sich 5-Methylsorbinester *7* mit dem allerdings schwer zugänglichen Diphenyl-isopropylidensulfuran *8* als Dimethyl-methylen-Spender leicht cyclopropanieren [148, 149] (Reaktion 9, 10). Auch Phenyl-isopropylsulfoximin-Anionen *9* sind geeignete Reagentien dieser Art [150].

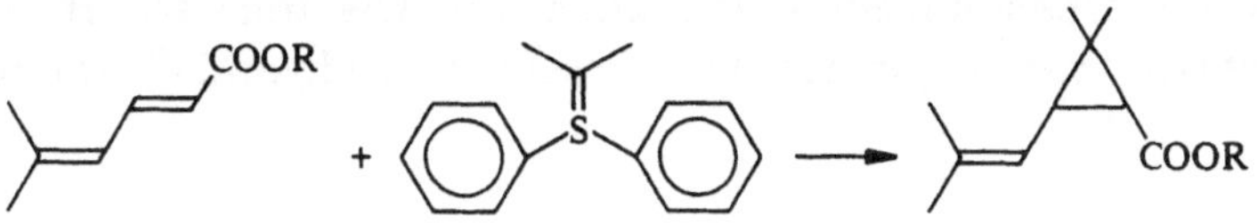

Reaktion 9

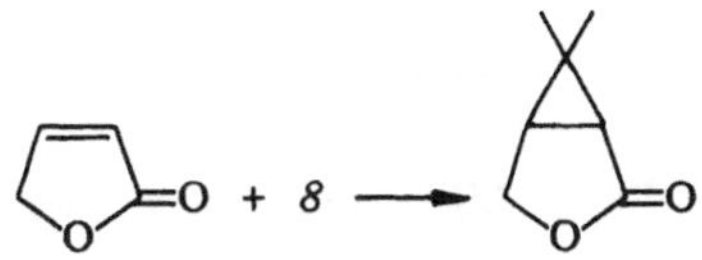

Reaktion 10

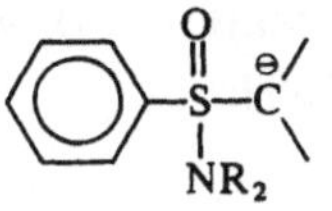

Eine besonders elegante Reaktionssequenz in Verbindung mit einer Wittig-Reaktion erlaubt der Einsatz des analogen Triphenyl-isopropylidenphosphorans *10* [151, 152]. Hierdurch baute Krief in nur einer Stufe aus Maleinaldehydsäure *11* Chrysanthemumsäure auf (Reaktion 11).

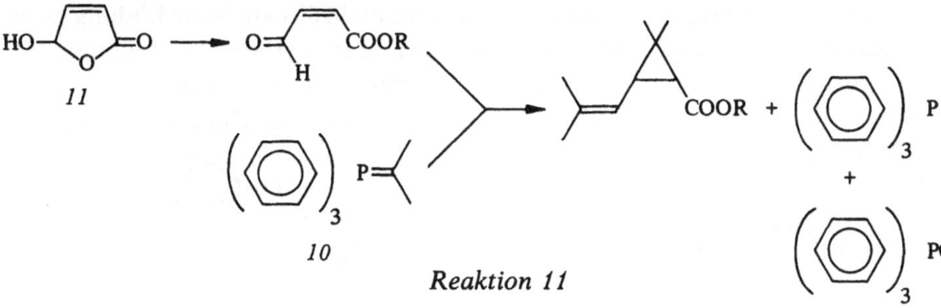

Reaktion 11

Der Diester der anderen natürlich vorkommenden Pyrethrumsäure, der Pyrethrinsäure *12*, läßt sich aus Caronaldehyd *13* nach der Horner-Wittig-Reaktion gewinnen [154]. Aber auch durch einfache Kondensation von Caronaldehydsäure mit Propionsäureestern erhält man diese Verbindung [155] (Reaktion 12).

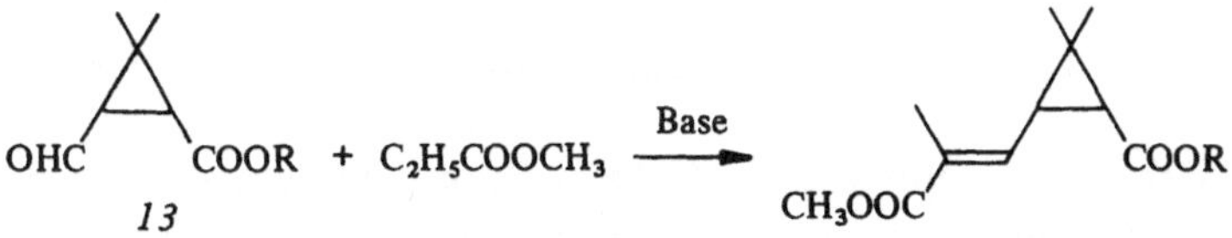

Reaktion 12

Die Phosphorylide addieren sich cyclopropanierend auch auf andere elektronenarme Doppelbindungen, z.B. auf Malein- und Fumarester zu cis oder trans-Cyclopropan-dicarbonsäureestern (Reaktion *13*). Die trans-Dicarbonsäure *14* (R = H) läßt sich thermisch in das entsprechende cis-Anhydrid überführen [157]:

Reaktion 13

Die ungesättigte Seitenkette läßt sich unter gleichzeitiger Addition und 3-Ringbildung zum Chrysanthemum-Derivat mittels eines Dimethyl-Vinyl-Grignard-Reagenzes *18* auf eine aktivierte Doppelbindung des Alkylidenmalonesters mit allyl-ständigem Brom *19* addieren (Reaktion *14*), wobei der Addition eine cyclisierende 1,3-Eliminierung nachgeht [159]:

Reaktion 14

Dieser Additionstyp führt in einem anderen Fall [160] auch zur Bildung eines der wichtigsten Chrysanthemumsäure-Vorstufen, dem Pyrocin *20* (Reaktion 15). Dieses Butyrolacton entsteht auch beim thermischen Abbau des natürlichen Pyrethrum [161] sowie bei der thermischen Ringöffnung der Chrysanthemumsäure (14) (Reaktion 16):

Reaktion 15

Reaktion 16

Eine direkte auf Isopren und Methallylchlorid basierende stereospezifische Synthese der cis-Chrysanthemumsäure nutzt die Reaktivität der Doppelbindung im 3,3-Dimethylcyclopropen [163–166] aus. So addieren sich metallorganische

Verbindungen z. B. *22*, welche dann stereospezifisch zur cis-Chrysanthemumsäure carbonisiert werden können (Reaktion 17):

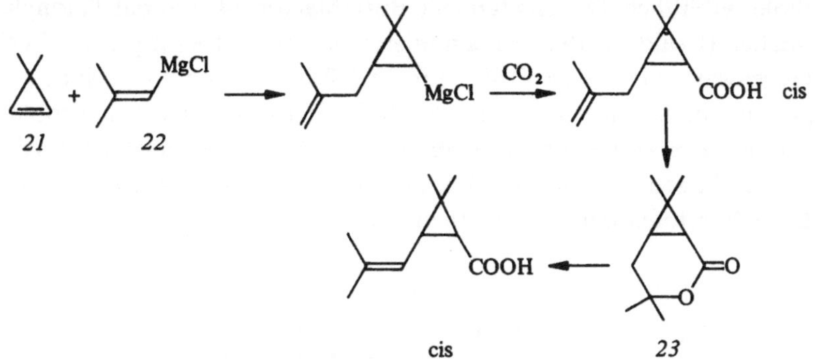

Reaktion 17

Die Überführung des entstehenden Chrysanthemolactons *23* zur Chrysanthemumsäure gelingt über eine Umesterung mit nachfolgender Verseifung [167].

1.3. Schlüsselreaktion: Claisen-Umlagerung zur Herstellung des Grundgerüstes für eine cyclisierende 1,3-Eliminierung

Als einer der ersten wandte Julia 1962 [168] diese für die Pyrethroid-Chemie wichtige thermisch bewirkte Umlagerung von Enolallyläthern zu einer Synthese der Chrysanthemumsäure aus Levulinsäure und Methallylalkohol an (Reaktion 18). Die Schlüsselverbindung ist hier das Isopyrocin *24*:

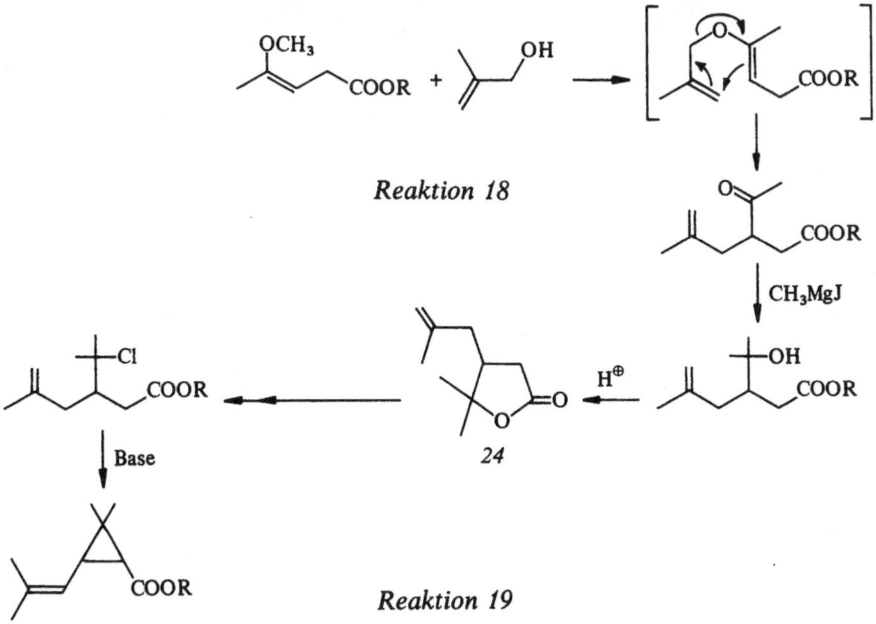

Reaktion 18

Reaktion 19

Die Enolether sind durch sauer katalysierte Umesterung bzw. Umetherung aus anderen Enolethern, Orthoestern, Ketonacetalen und ähnliche Vorstufen mit Allylalkoholen erhältlich. Das entstandene Butyrolacton *24* wird mit Thionylchlorid aufgespalten (Reaktion 19). Die eliminierende 1,3-Cyclisierung von *25* erfolgt glatt in Gegenwart von Basen [169]. Eine 1,2-Eliminierung spielt dabei, wenn überhaupt, nur eine sehr geringe Rolle. Auch das Pyrocin läßt sich so problemlos wieder in trans-Chrysanthemumsäure überführen [170]. Die verschiedenartigsten Ausgangsstufen lassen sich zu formal analogen Synthesesequenzen zum Pyrocin oder anderen Vorstufen der Chrysanthemumsäuren verwenden (Reaktionen 20, 21, 22):

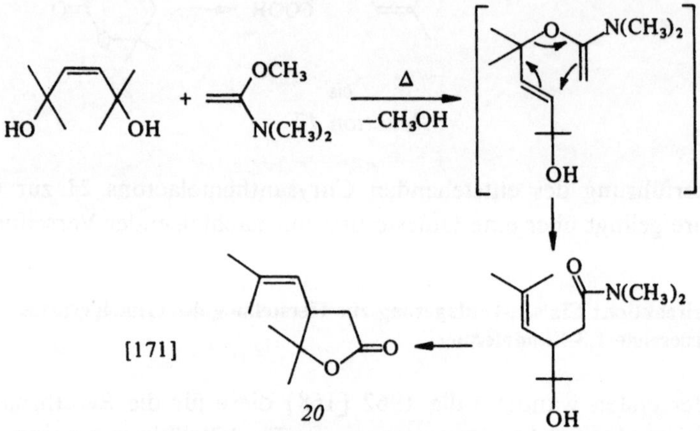

Reaktion 20 [171]

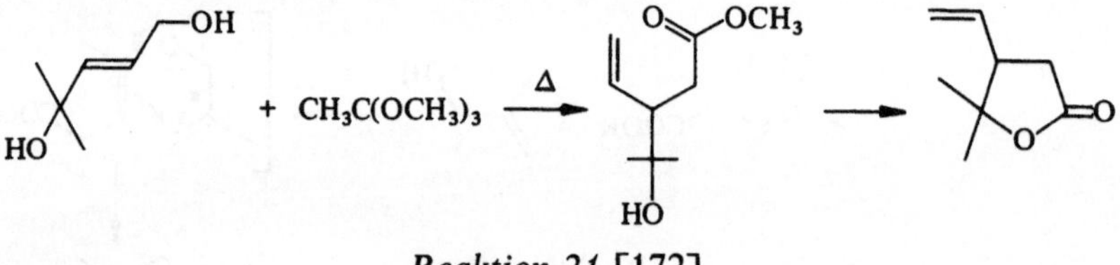

Reaktion 21 [172]

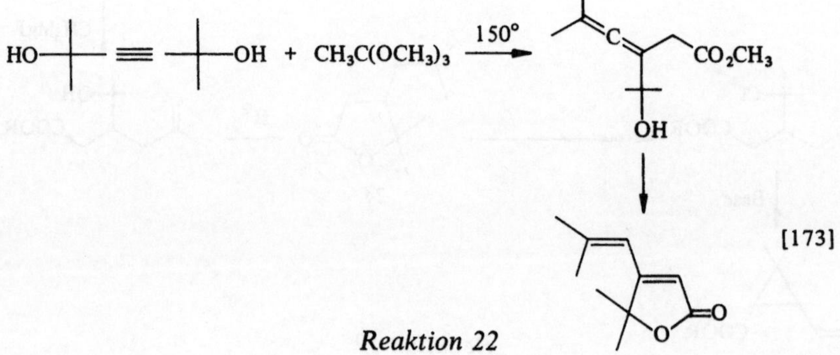

Reaktion 22

30

Reaktion 23

Bei der letzten Stufe (Reaktion 23) gelang die zersetzungsfreie Dehydratisierung nicht.

Pyrocin *20* läßt sich auch auf klassische Weise im Sinne einer Lehmann-Traube-Synthese aus dem Epoxid *26* mit guten Ausbeuten herstellen [175] (Reaktion 24):

Reaktion 24

Mit einer ganz anderen cyclisierenden 1,3-Eliminierung auf zinn-organischer Basis *27a* nach Addition des Acyl-Kations mit Acetylfluoborates und nachfolgender Eliminierung eines Elektrophils zu *27* läßt sich ebenfalls Chrysanthemumester erhalten [176] (Reaktion 25):

Reaktion 25

31

1.4. Schlüsselreaktion: Darstellung des Dreiringes durch Verengung größerer Ringe

Die klassische Ringverengung von α-Halogen-cyclobutanonen *28* zu Cyclopro-pancarbonsäuren nach Faworski hat im Rahmen der Nutzung der 2,2-Cycloaddi-tions-Reaktionen von Keten-Derivaten mit Olefinen auch für die Pyrethroid-Chemie bedeutsame Anwendung gefunden [177] (Reaktion 26):

Reaktion 26

Auf Ringkontraktionen mit unterschiedlichen Umlagerungsmechanismen be-ruhen auch die folgenden Einstiege zur Chrysanthemumsäure. So läßt sich aus Eucarvon *29* leicht in guter Ausbeute eine Vorstufe *30* für die cis- bzw. trans-Chrysanthemumsäure herstellen [178] (Reaktion 27), aus der nach Ozonspaltung, Enolisierung zum Enolphosphat *31* und Reduktion letztlich Chrysanthemumsäu-re erhalten wird (Reaktion 28):

Das gleiche Carenon *30* entsteht auch durch photochemische Umlagerung des Tetramethyl-cycloheptadienons *32* (Reaktion 29) [179, 180]. Die durch radikalische Addition eines Enolradikals aus Mangan(III)-Salzen und Acetessigester auf Olefine

erhältlichen Dihydrofuranderivate *33* lagern sich unter Lichteinfluß und Ringverengung zur Chrysanthemumsäure um [181] (Reaktion 30):

Reaktion 30

1.5. Schlüsselreaktion: Chrysanthemumsäure durch Di-π-Methan-Umlagerung und andere Umlagerungen

Die Umlagerung von *32* (Reaktion 29) läßt sich formal auch mit einer Di-π-
Methan-Umlagerung beschreiben, welche auch direkt zum Aufbau von Chrysanthemumsäure Anwendung fand [182] (Reaktion 31):

Reaktion 31

Hierbei bildet sich aus dem Alkylidenmalonsäure-Derivat *34* nach Umlagerung zum Dreiring *35* und Ringöffnung das Pyrocin *20*. Die Ringöffnung zum
Lacton bleibt beim Einsatz der Ester an Stelle der freien substituierten Methylen-
malonsäure aus [183]. Eine C–C-Fragmentierung unter der Bedingung der
Beckmann-Umlagerung [184] führt bei dem Oxim *36*

Reaktion 32

direkt zum Nitril der Chrysanthemumsäure *37* (Reaktion 32).

1.6. Optisch aktive Chrysanthemumsäuren

1.6.1. Racematspaltungen und Isomerisierungen der Chrysanthemumsäuren

Alle bisher beschriebenen Synthesen ergaben die Racemate der Chrysanthemumsäure. Von den verschiedenen Isomeren führen aber nur die 1-R-konfigurierten isomeren Säuren zu insektiziden Estern. Die 1-R-Isomeren sind entweder aus den racemischen cis/trans-Gemischen durch optisch aktive Amine wie *38* [186] als optisch aktive 1-R-cis/trans-Gemische abtrennbar oder als 1-R-trans-Chrysanthemumsäure [187] mit dem optisch aktiven Amin des Chloramphenicols *39* erhältlich. Zur Abtrennung der 1-R-trans-Säure aus reinem trans-Racemat wurden z.B. verschiedene aromatisch-aliphatische Amine verwendet:

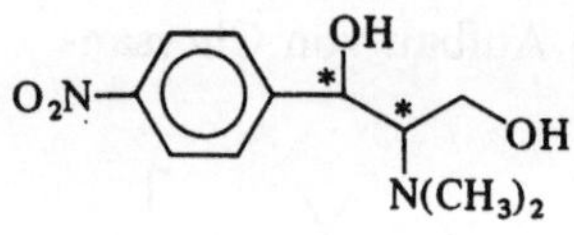

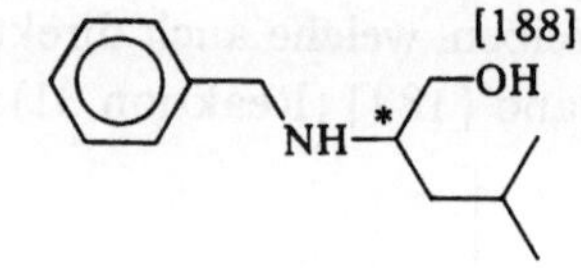

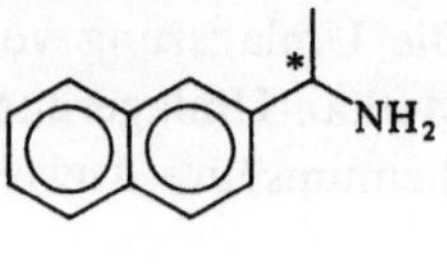

Chinin [130, 191]

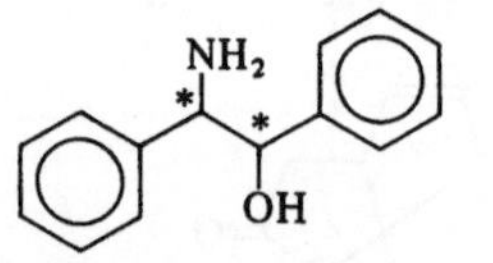

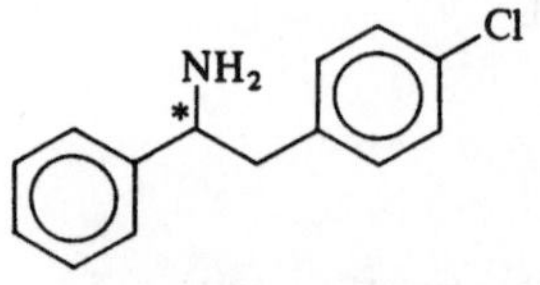

Die 1-R-cis-Chrysanthemumsäure *40* kann gewonnen werden, indem man die für Insektizide ungeeignete 1-S-trans-Säure *41* mit *38* abtrennt [192], den Methylester dieser optisch aktiven Säure sauer hydratisiert und basisch zum 1-R-cis-Derivat epimerisiert [193] (Reaktion 33):

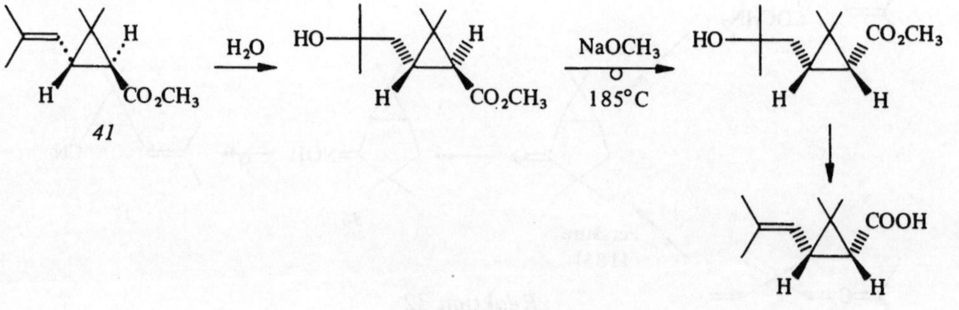

Reaktion 33

Die Racematspaltung der racemischen cis-Chrysanthemumsäure gelingt mit α-Tolylbenzylamin [194] oder Chinin [195]. Geringste Unterschiede in der Konstitution der Amine verhindern häufig den Erfolg der Racematspaltung. Zur Überführung eines Enontionmeren in sein Spiegelbild sind bei den Chrysanthemumsäuren zwei Asymmetriezentren zu invertieren, welches nur unter völliger Stereoisomerisierung und reversiblem Bruch einer C–C-Bindung des Dreiringes möglich ist. Das gelingt radikalisch entweder durch thermische Behandlung der Ester bei 320 °C [196], bzw. 180 °C bei Säuren, durch Licht [197] oder aber ionisch durch Einwirkung von Lewis-Säuren wie Bortrichlorid auf Chrysanthemumsäure-chlorid bei tieferen Temperaturen, wobei die trans-Racemate [198] entstehen. Aber auch bei der Behandlung des Isomerengemisches der Chrysanthemumsäure mit Schwefelsäure bei 160 °C fällt das trans-Racemat an [199]. Starke Basen epimerisieren die azide α-Stellung der Chrysanthemumsäure bzw. deren Ester oder Salze. So ist sowohl die Überführung von 1-S-trans- nach 1-R-cis-Chrysanthemumester möglich über die Bildung des stabilen Chrysanthemolactons *23*, als auch der Wechsel von der 1-S-cis-Konfiguration zur 1-R-trans-Konfiguration der Ester bzw. der Salze der Chrysanthemumsäure [201].

Die direkte Überführung des Lactons *23* zur Säure ist mit Magnesiumbromid in Pyridin möglich [202] (Reaktion 34):

Reaktion 34

Thermische Behandlung von optisch aktivem Chrysanthemoyl-chlorid in Abwesenheit von Lewis-Säuren epimerisiert nur die α-Stellung [202]. Für die Trennung der cis/trans-Gemische der Säuren in die für eine Enantiomerentrennung besser geeigneten reinen racemischen Stereoisomeren kann die geringere Löslichkeit der cis-Säure [130], die schnellere Verseifung der trans-Ester [203], die Fähigkeit der cis-Säure zu intramolekularen Reaktionen [204], oder die pK-Unterschiede der Säuren in Verbindung mit Verteilungsgleichgewichten [205] ausgenutzt werden.

1.6.2. Asymmetrische Synthese von Chrysanthemumsäure

Ein anderer Weg zur optisch aktiven Chrysanthemumsäure ist die asymmetrische Synthese mit Hilfe von chiralen Katalysatoren, Hilfsbasen oder entfernbaren Molekülbestandteilen [206]. Besonders effektiv ist die Zersetzung sterisch gehinderter Diazoessigester *42* in Gegenwart von *1*, welche unter zwischenzeitlicher Bildung von Carben-Addukten an hochchirale Kupferkomplexe wie *43* mit hoher chemischer und optischer Ausbeute 1-R-trans-Chrysanthemumsäure ergibt [207] (Reaktion 35):

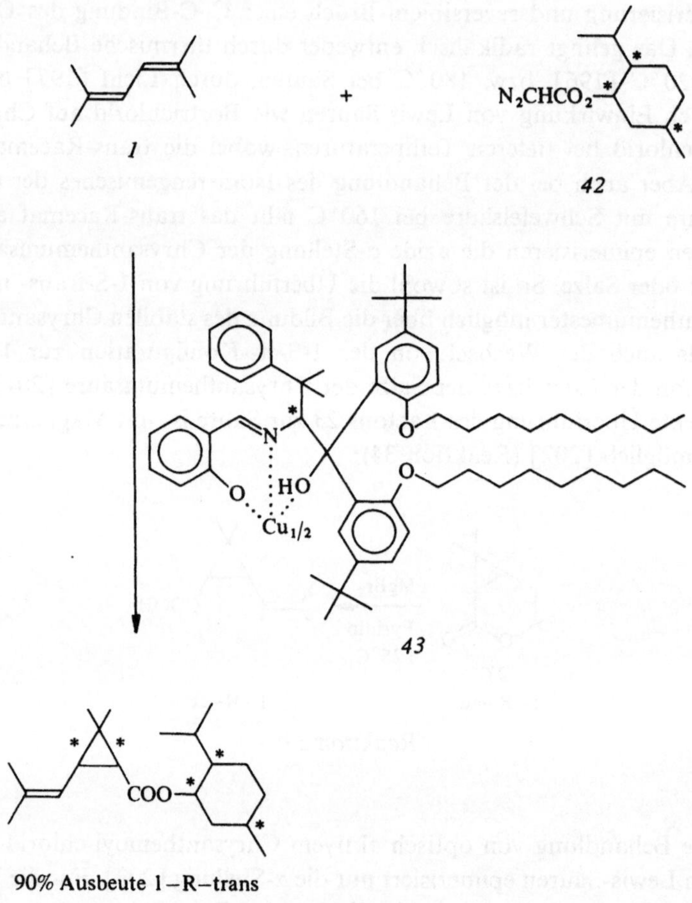

90% Ausbeute 1−R−trans

Reaktion 35

1.6.3. Synthese optisch aktiver Chrysanthemumsäuren aus optisch aktiven Vorstufen

Als interessante Ausgangsbasis zur isomerenfreien optisch aktiven Chrysanthemumsäuren bieten sich die wohlfeilen optisch aktiven Terpene wie das $(+) - \Delta - 3$-Caren *44* oder $(+)$-α-Pinen an, welche durch gezielte Fragmentierungsreaktionen in Chrysanthemumsäuren und ihre Vorstufen abgebaut werden können, wobei die entscheidenden Reaktionsschritte Ozonspaltung und Methyl-Grignardierung sind (Reaktionsschema 36):

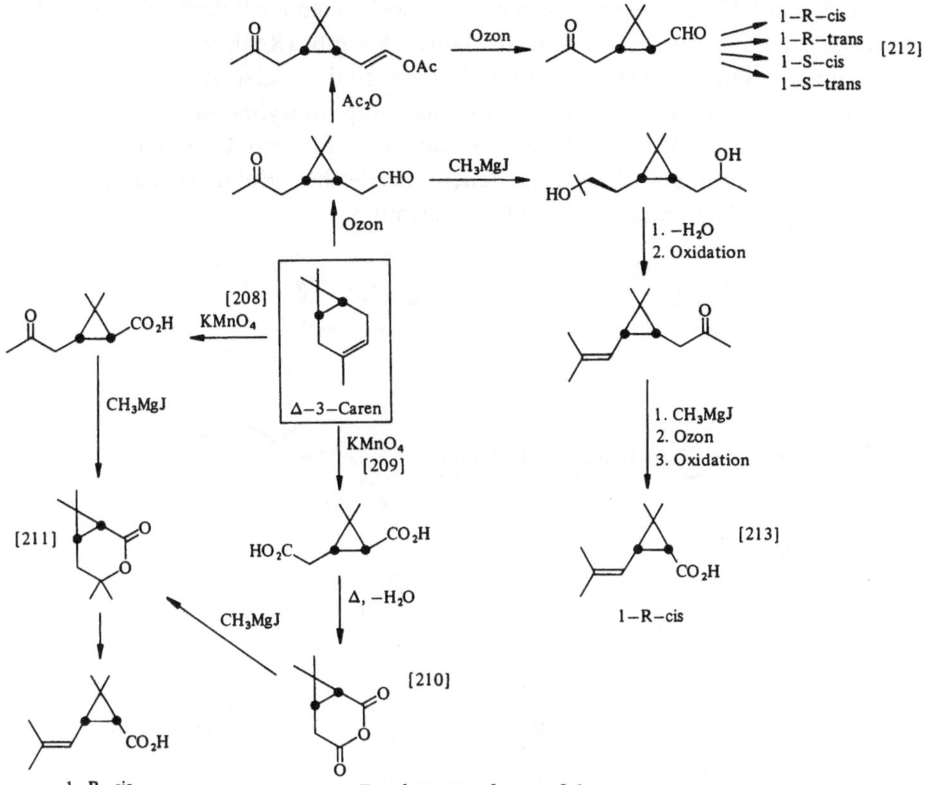

Reaktionsschema 36

Der Abbau des (+)-α-Pinens *45* zur 1-R-trans-Chrysanthemumsäure ist auf folgende Weise möglich [214] (Reaktionsschema 37):

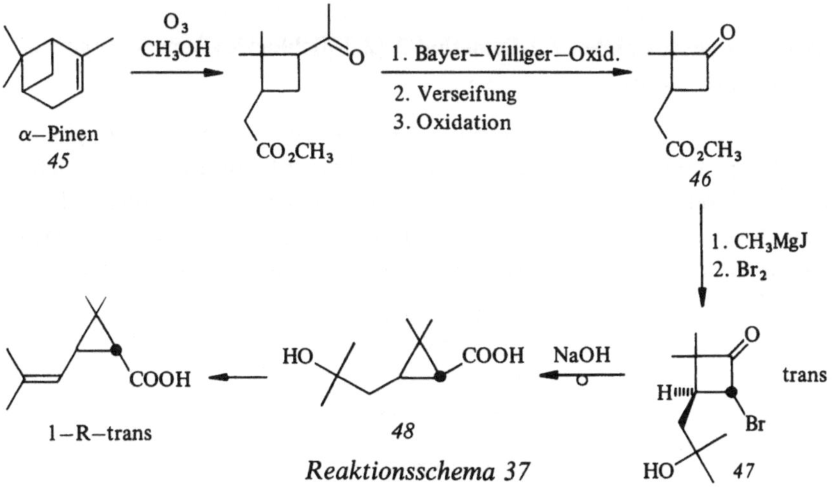

Reaktionsschema 37

Der bevorzugt wandernde Rest während der Bayer-Villiger-Oxidation des Ozonisierungsproduktes von *45* ist der 4-Ring. Das Cyclobutanon *46* wird überwiegend zum trans-Bromid *47* halogeniert, welches unter weitgehender Retention während der Faworsky-Umlagerung die 1-R-trans-Säure *48* ergibt (Reaktionsschema 37).

Auch andere chirale Ausgangsverbindungen sind eingesetzt worden. Aus Pantolacton *49* wurde nach Reduktion, Ketalisierung, Mesylierung und nachfolgendem Cyanidaustausch über *51* das Grundgerüst für den Caronaldehyd *50* gewonnen [215], daraus nach verschiedenen spezifischen Epimerisierungen die 1-R-trans-Chrysanthemumsäure (Reaktionsschema 38):

Reaktionsschema 38

Eine andere enantiospezifische Synthese für ein 1-R-Chrysanthemumsäure-Derivat nutzt ein chirales Epoxid auf Zuckerbasis [216].

2. Synthese der photostabilen 2,2-Dimethyl-3-(2,2-dichlorvinyl)-cyclopropancarbonsäure (Permethrinsäure)

Auf Grund der neuartigen Photostabilität von Estern der meta-Phenoxybenzylalkohole mit dem Dihalogenvinylanalogen der Chrysanthemumsäuren, welche den Einsatz von Pyrethroiden im großen Maßstab auch in der Landwirtschaft erst ermöglicht hat, kommt den Synthesen für diese Säuren eine ökonomisch entscheidende Rolle bei der Produktion der modernen Pyrethroid-Insektizide zu

Permethrinsäure

2.1. Einführung des C-Atoms 1

2.1.1. *Umsetzung von 1,1-Dichlor-4-methylpentadien-1,3 mit Carbenen*

Die allererste Synthese der 2,2-Dimethyl-3-(2,2-dichlorvinyl)-cyclopropancarbonsäure (Permethrinsäure) wurde von Farkas und Šorm analog den ersten Chrysanthemumsäuresynthesen durch Carben-Addition auf das Dien *52* durchgeführt [94] (Reaktion 39).

Die technische Verwendung ist in verschiedenen Varianten beansprucht worden [217–219]. Besonderen Vorteil scheint die Verwendung von Rhodiumbenzoaten zu bieten [220]. Hierbei verläuft die Reaktion schon bei 20 °C und es entsteht im Gegensatz zum sonst üblichen cis/trans-40/60-Isomerengemisch eine Isomerenmischung mit überwiegendem cis-Anteil. Ein besonders guter Effekt wird auch den Kupfertriflaten als Katalysator zugeschrieben [221].

Reaktion 39　　　　　　　　　　*Reaktion 40*

Wegen der geringen Reaktivität des Olefins *52* gegenüber Carbenen verläuft die Reaktion erst gut bei Verwendung eines großen Olefin-Überschusses. Der Einsatz einer reaktionsfreudigeren Vorstufe *53* dieses Diens [222] könnte bei deren leichter Zugänglichkeit Vorteile bieten (Reaktion 40). Eine interessante intramolekulare Diazoester-Reaktion des Diazoacetates von *108* führt mit hoher Ausbeute ausschließlich zur cis-Permethrinsäure [223] (s. a. S. 55).

Eine ganz andere Addition des C-Atoms 1 auf das Dien *52* wurde erreicht durch oxidative Addition von Cyanessigester [224] (Reaktion 41), wobei eine Carben-Zwischenstufe anzunehmen ist. Bei Verwendung von Calciumchlorid in Ethanol anstelle von Lithiumchlorid entsteht vorwiegend das cis-Isomere; das gleiche Ergebnis wird bei der Reaktion von Halogenessigestern mit Kupfer-(II)-acetat erreicht [225] (Reaktion 42).

Reaktion 41

$$52 + BrCH_2CO_2R \xrightarrow{Cu(OAc)_2}$$

cis/trans 68 : 32

Reaktion 42

2.1.1.1. Herstellung des 1,1-Dichlor-4-methylpentadiens-1,3

Für die Herstellung des entscheidenden 1,1-Dichlor-4-methyl-pentadiens-1,3 *52* stehen verschiedene, auch technisch brauchbare Verfahren zur Verfügung (Reaktionsschema *43*).

Reaktionsschema 43

Ausgehend von dem leicht erhältlichen 4-Methyl-penten *55* läßt sich glatt nach radikalischer Addition von Tetrachlorkohlenstoff eine Vorstufe des Diens erhalten (Reaktion 44), aus dem die Chlorwasserstoff-Eliminierung in erwünschter Weise mit Kaliumhydroxid nicht gelingt [94]. Der Einsatz von Chinolin [230] oder katalytische Mengen von Zinntetrachlorid bei höheren Temperaturen [231a] oder Schwefelsäure [231b] machen diesen einfachen Weg gangbar:

Reaktion 44

Isoprenol als Ausgangsbasis und peroxid-gestartete radikalische Chloroform-Addition ergeben eine problemlose eliminierende Vorstufe *57* [232] (Reaktion 45):

Reaktion 45

Eine gemischte oxydative Kopplung mittels Palladiumacetat in DMF in Gegenwart von Nitrit liefert aus Isobutylen und Vinylidenchlorid bei moderaten Temperaturen das sauer zu isomerisierende Dien *58* [233] (Reaktion 46). Bei hohen Temperaturen reagiert Isobutylen direkt mit Trichlorethylen [234] zu *58* (Reaktion 47):

Reaktion 46

Reaktion 47

Lewissäure katalysierte Addition von Isobuttersäurechlorid auf Vinylidenchlorid ergibt nach Reduktion des Ketons *59* und Wasserabspaltung das Dien [235, 236] (Reaktion 48):

Reaktion 48

Die Reduktion von *59* gelingt auch nach Meerwein-Pondorf, die Dehydratisierung erfolgt am Tonkontakt [237] oder konventionell mit Säuren wie para-Toluolsulfonsäure, Phosphorsäure, Kaliumhydrogensulfat oder Eisen-(III)-chlorid als Katalysator [238]. Das ungesättigte Keton *59* entsteht auch durch Addition von Tetrachlorkohlenstoff an Isoprenol [273] (Reaktion 49) und nachfolgende Umwandlung des Chlorhydrins *60* zum Epoxid *61*, das mit Lewis-Säuren zum Keton umlagert [240]:

$$\textit{Reaktion 49}$$

Das Dichlordien *52* bildet sich auch auf ungewöhnliche Weise durch eine Grob'sche Fragmentierung [241] (Reaktion 50) bei Basenbehandlung des Alkohols *62*:

$$\textit{Reaktion 50} \qquad 52 \ + \ CH_2O$$

2.1.2. Einführung des C-Atoms 1 durch Carbanion-Addition auf aktivierte Doppelbindungen

Mesityloxid *63* ist die Ausgangsbais für eine Permethrinsäure-Synthese, deren erster Schritt eine Schwefel-ylid-Addition von *64* ist [242] (Reaktionsschema 51):

$$\textit{Reaktionsschema 51}$$

Die Umwandlung der Acetyl-Gruppe des Ketons *70* in eine Dichlorvinyl-Gruppe [244] ist auf zweierlei Weise möglich, entweder durch partielle oder Perchlorierung der Acetyl-Gruppe und anschließend Boranat-Reduktion sowie abschließende Eliminierung von Halogen bzw. Halogenwasserstoff.

2.1.3. Einführung des C-Atoms 1 durch Addition von C-Radikalen auf Olefine

Essigsäure läßt sich radikalisch durch Mangan(III)-acetat als Einelektronenoxidationsmittel, wie auch durch Cer(IV)- oder Vanadium(V)-salze, auf *52* addieren [245] (Reaktion 52). Das entstehende Lacton *71* wird wie weiter unten beschrieben zur Permethrinsäure umgewandelt.

2.2. Synthesen der Permethrinsäure über cyclisierende 1,3-Dehydrohalogenierung

Kurz nach Bekanntwerden der ungewöhnlich interessanten Permethrinsäureester wurde auf breiter Front nach Synthesen für diese Säure gesucht, welche sich zunächst an den bekannten Verfahren der Chrysanthemumsäure-Chemie orientierten. Besonders die Claisen-Umlagerung von Enolallylethern fand ein lebhaftes Interesse. Durch Kombination bekannter Reaktionen wurde im japanischen Forschungsinstitut Sagami eine gute Synthese („Sagami-Synthese") für Permethrinsäure über das bekannte [246a] hochwertige Zwischenprodukt 3,3-Dimethylpentensäureester *72* gefunden [246] (Reaktion 53). Ein Teil der Synthese wurde unabhängig nur wenige Wochen darauf von Sankyo [247] und Kuraray [268] zum Patent angemeldet.

Die Wahl der Basen und Solventien hat einen wesentlichen Einfluß auf das cis/trans-Verhältnis bei der Dreiringbildung bei den Vorstufen *73* und *74* mit der intakten Trichlormethyl-Gruppe (Reaktionsschema 53). In diesen Fällen führt die Gegenwart von Hexamethyl-phosphorsäure-triamid in Hexan bei der 1,3-Eliminierung mit Natrium-tert.-butylat auch über einen größeren Temperaturbereich hinweg zu einer Umkehr des üblichen cis-trans-40:60:Verhältnisses bis zu einem von 90:10 [248].

Ähnliche Synthesesequenzen wurden bald darauf auch von Sumitomo [249] und auch ICI zum Patent eingereicht [250], und später noch von anderen Firmen bearbeitet [251, 253] (Reaktion 54):

$$\textit{Reaktion 54}$$

2.2.1. Herstellung von 2,2-Dimethylpentensäure-Derivaten als Basis für 1,3-Cycloeliminierfähige Vorstufen

Der ungesättigte Pentenester *72* oder Analoga wurde bisher durch basisch katalysierte Addition von Acetylen auf die aktivierten Doppelbindungen des *75* und nachfolgende partielle Hydrierung zu *76* hergestellt, [254, 261] (Reaktion 55), oder durch Malonester-Synthese mit einem substituierten Propargylchlorid [255] (Reaktion 56). Die Acetylen-Addition geht am leichtesten, je aktivierter die Doppelbindung ist:

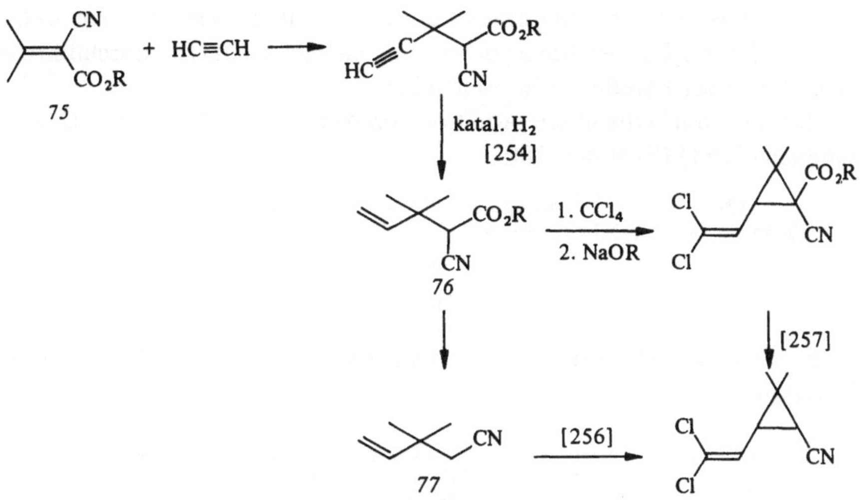
CN
CO₂R
75
+ HC≡CH
HC≡C
CO₂R
CN
katal. H₂
[254]
CO₂R
CN
76
1. CCl₄
2. NaOR
Cl
Cl
CO₂R
CN
[257]
CN
77
[256]
Cl
Cl
CN

Reaktion 55 78

oder alternativ: *Reaktion 56* [255]

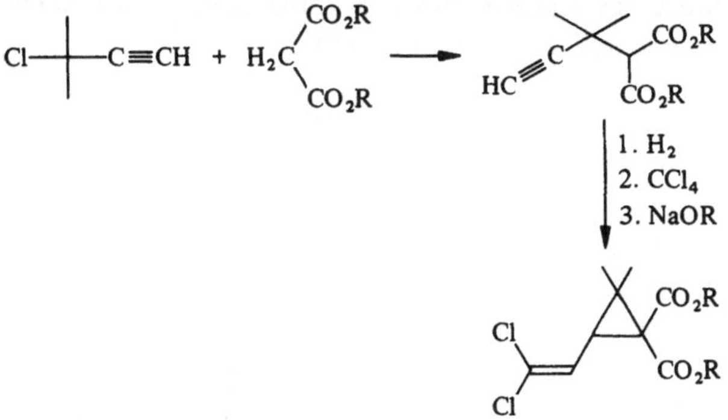
Cl
C≡CH
+ H₂C
CO₂R
CO₂R
HC≡C
CO₂R
CO₂R
1. H₂
2. CCl₄
3. NaOR
Cl
Cl
CO₂R
CO₂R

Die Tetrachlorkohlenstoff-Additionen an *76* oder *77* geht ebenso glatt, auch der Ringschluß (Reaktion 55). Allerdings macht die Verseifung des Nitrils *78* Schwierigkeiten. Zur besseren Verseifung des Nitrils wurde empfohlen, bei höheren Temperaturen ein Gemisch von Glykolmonomethylether-Schwefelsäure einzusetzen [258], jedoch soll auch die nur schwefelsaure Verseifung gelingen [259].

Als Alternativen mit ähnlichem Reaktionsprinzip wurden Umsetzungen des Reaktionsschemas 57 vorgeschlagen:

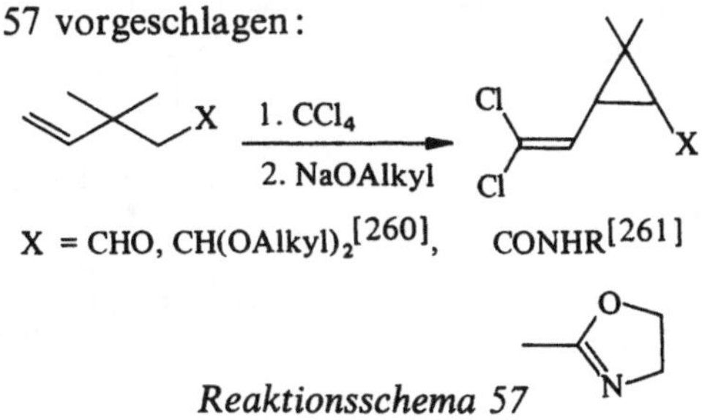
X
1. CCl₄
2. NaOAlkyl
Cl
Cl
X
X = CHO, CH(OAlkyl)₂[260], CONHR[261]
O
N

Reaktionsschema 57

Die Bedeutung der 3,3-Dimethylpentensäure *72* (oder ihrer Derivate) zeigt sich in den verschiedenartigen Bemühungen um preiswerte, technisch durchführbare Synthesen für dieses Pyrethroid-Basischemikal:

a) Durch nucleophil-radikalische Addition von Alkoholen auf aktivierte Doppelbindungen [263] (Reaktion 58):

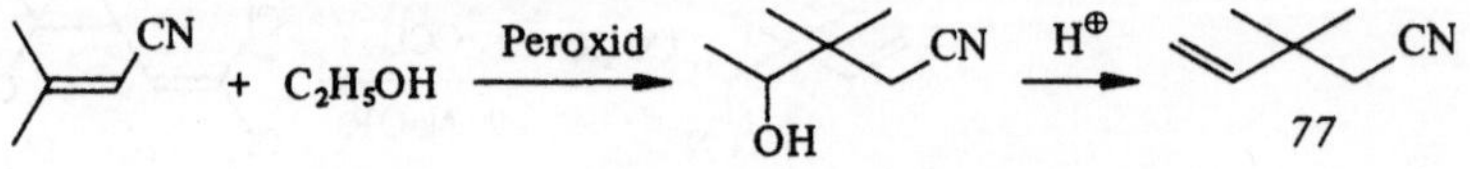

Reaktion 58

b) durch Claisen-Umlagerung eines Cyanessigsäureallylester-Anions [264] (Reaktion 59):

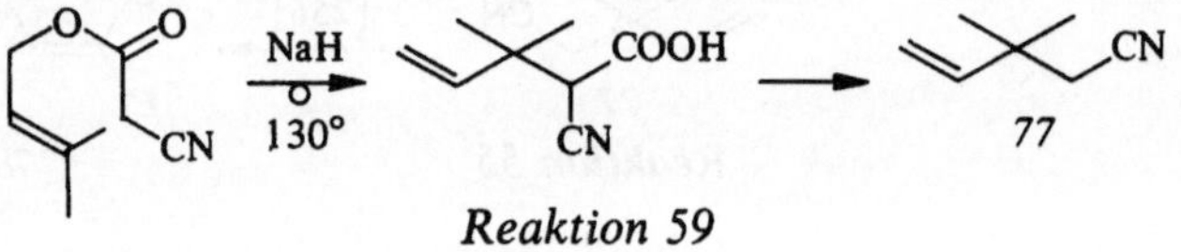

Reaktion 59

c) Über ein gemischtes Aldol-Kondensationsprodukt des billigen Acetaldehyds mit Isobutyraldehyd [265] (Reaktion 60):

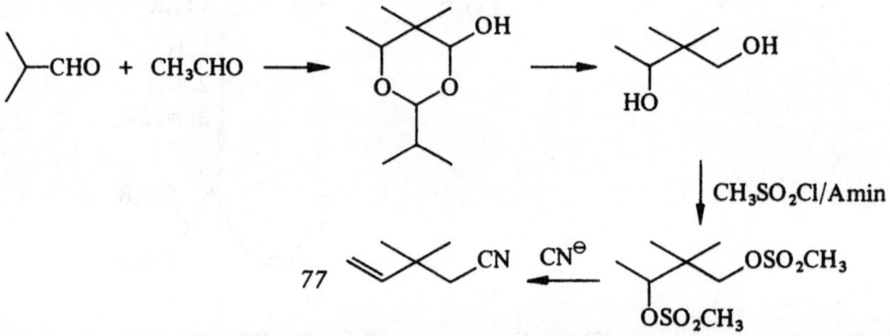

Reaktion 60

d) Über eine Thio-Claisen-Umlagerung [266] (Reaktion 61):

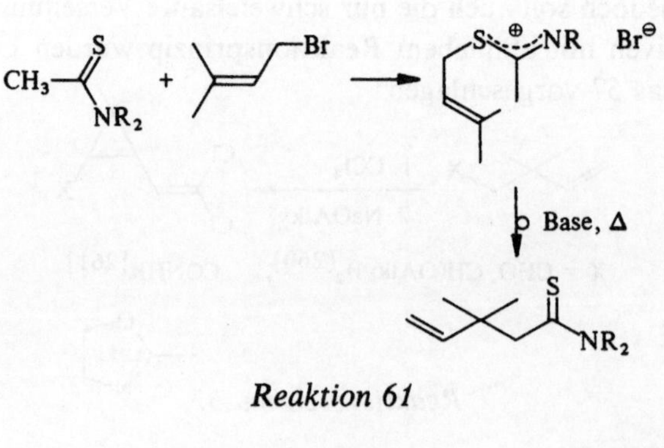

Reaktion 61

e) oder über eine analoge Aza-Claisen-Umlagerung [267] (Reaktion 62):

Reaktion 62

2.2.2. Herstellung von ω-polychlor-substituierten 2,2-Dimethylhexensäure-Derivaten und substituierten 2,2-Dimethyl-butyrolaktonen

Die 1,3-eliminierungsfähigen Hexen-ester *80* sind auch erhältlich, wenn von Anfang an ein Allylalkohol für die Claisen-Umlagerung verwendet wird, der die Trichlormethyl-Gruppe schon enthält, wie z.B. *82* (Kuraray-Verfahren) [268] (Reaktionsschema 63):

Reaktionsschema 63   *80*

Zur Erhöhung der Ausbeute wird empfohlen [269], das Rohprodukt dieser Claisen-Umlagerung zur Verwertung eines beiläufig gebildeten Ortholactons *81* mit Thionylchlorid zu behandeln, und erst dann mit Alkoholat die 1,3-Cycloeliminierung vorzunehmen.

Die Claisen-Umlagerung gelingt sogar mit Vinylidenchlorid als Carbonyl-Derivat (Reaktion 64), welches unter Säurekatalyse *82* addiert, und schließlich das Dichlorvinyl-substituierte Butyrolacton *71* ergibt [270], welches mit Thionylchlorid und anschließend mit Alkohol zu den Vorstufen *80* des Cyclopropan-Derivates geöffnet wird.

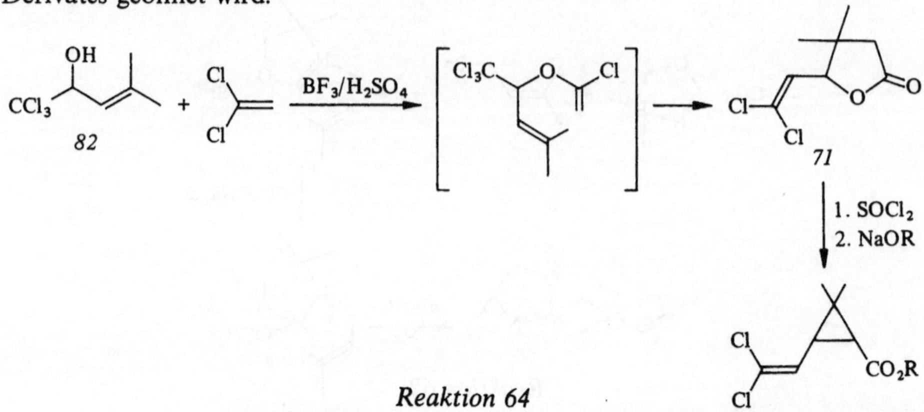

82 *71*

Reaktion 64

Durch eine ganz andere Reaktion, eine radikalische Addition eines Alkohols *84* auf die aktivierte Doppelbindung von *5* [271] entsteht auch ein für weitere Umsetzungen zur Permethrinsäure geeignetes Butyrolacton *85* (Reaktion 69):

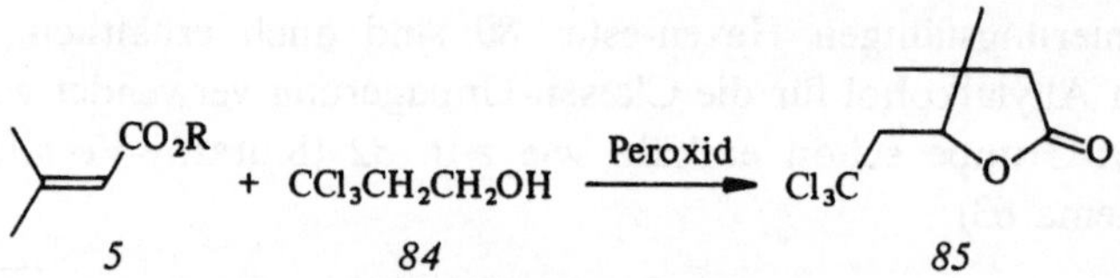

5 *84* *85*

Reaktion 69

Diese substituierten Butyrolactone *71*, *87*, *88* haben für die Permethrinsäure-Chemie die Bedeutung, welche das Pyrocin *20* bzw. Isopyrocin *27* für die Chrysanthemumsäure hat. Verschiedenste Wege führen dahin, so auch durch eine Lehmann-Traube-Synthese [272, 273] aus Epoxid *86* und Malonester (Reaktion 70):

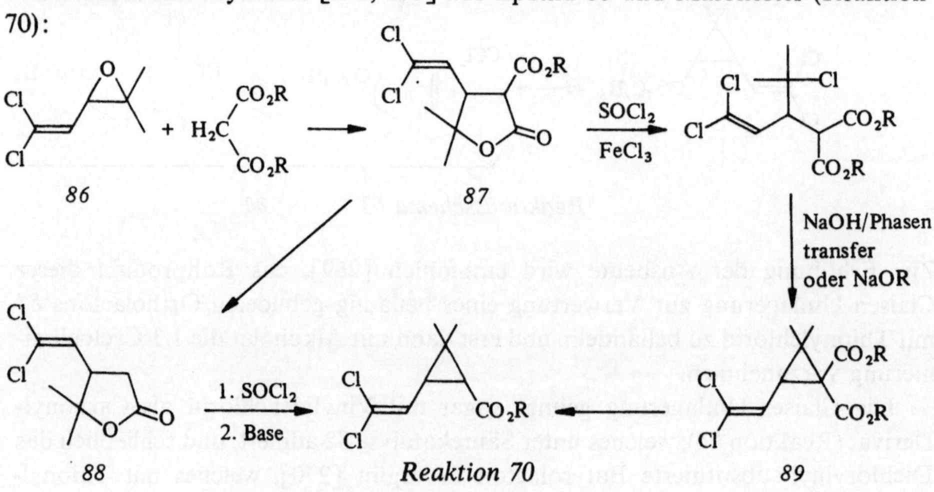

86 *87* *88* *89*

Reaktion 70

Die Entfernung der überzähligen Ester bzw. Säuregruppen an den Lactonen *87* und den Cyclopropan-Verbindungen *89* ist kritisch. Mehrere Lösungsvorschläge dieses Problems wurden erbracht:

Reaktionen bei hoher Temperatur mit Natriumhalogenid oder -cyanid in stark polaren Lösungsmitteln wie DMSO, Phospholinoxid [272–275], in Gegenwart tertiärer Amine [276], in Gegenwart von Kupfersalzen in Wasser [277] oder in Chinolin [278].

Die über eine 2+2-Cycloaddition von Olefinen und Ketonen erhältlichen Cyclobutanone *90* und *91* lassen sich durch die Bayer-Villinger-Oxidation ebenfalls zu dem Butyrolacton *71* bzw. *88* ringerweitern (Reaktion 71). Aus völlig verschiedenen Vorstufen *92/93* und *94/95* entstehen hier über isomere Cyclobutanone *90* und *91* die Permethrinsäure:

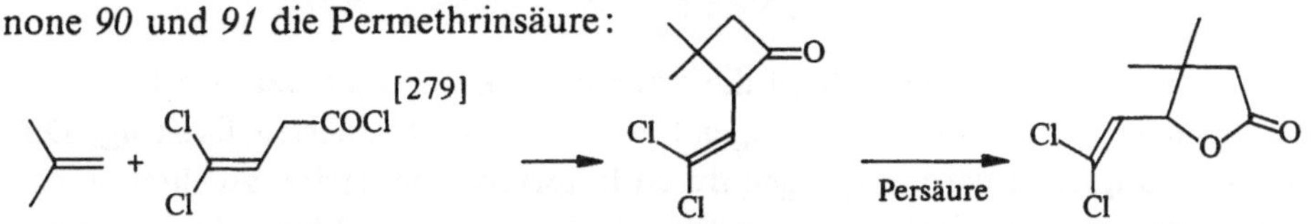

Reaktion 71

Reaktion 72

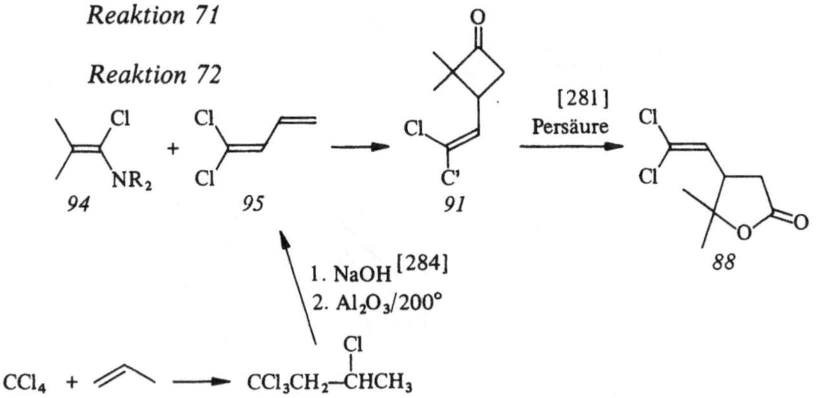

Eine eher klassische Reaktion *74* ergibt ohne Umlagerung recht einfach [282] aus Diketen und Isoprenol über den ungesättigten Acetessigester *96* und das Butyrolacton *97* die Permethrinsäure:

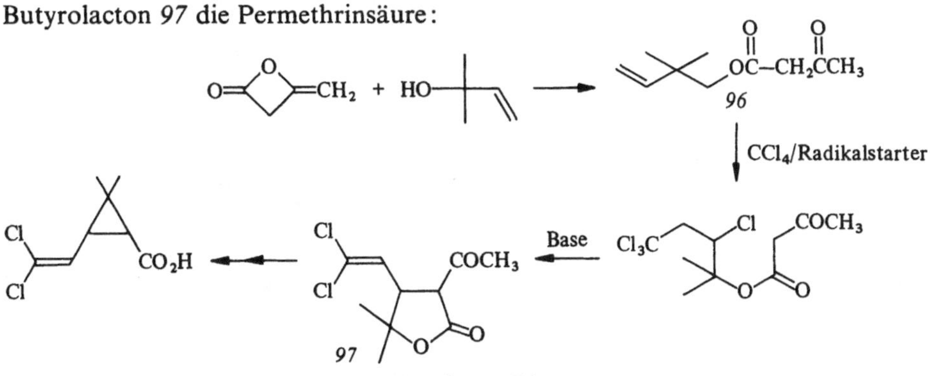

Reaktion 74

2.3. Synthese des Dreiringes durch Ringverengung

Die erwähnten Cyclobutanone *90* und *91* können nach Halogenierung zu *97* in der α-Stellung mit Alkali- oder Alkoholat zu den Cyclopropan-carbonsäureestern oder deren Salzen nach Faworski umgelagert werden [283] (Reaktion 75):

91   *97*   **Reaktion 75**   überwiegend trans

Aus sterischen Gründen erfolgt die trans-Bromierung und wegen der Stereoselektivität der Ringschluß überwiegend zum trans-substituierten Dreiring. Die Halogenierungsstufe wird umgangen durch Einbringen des später zu eliminierenden Halogens gleich mit der Keten-Stufe *98* [285, 287] (Reaktion 76):

Reaktion 76   *99*

99   *100*   überwiegend cis

Reaktion 77

Das hierbei entstandene Cyclobutanon *99* lagert sich unter Einfluß von Aminen, aber auch Säuren in das thermodynamisch bevorzugte cis-Isomere *100* (diäquatorial) um (Reaktion 77). Die Faworski-Umlagerung liefert nun wegen des stereoselektiven Verlaufs der Umlagerung überwiegend die cis-konfigurierte Permethrinsäure.

Dementsprechend ist so das racemische cis-Dibromvinyl-Analoge der Permethrinsäure erhältlich [286]. Das zuerst gebildete Cyclobutanon *99* mit dem tertiär gebundenen Chlor-Atom erleidet unter den Bedingungen der Faworski-Reaktion keine Gerüstumlagerung, sondern eine Cinesubstitution des Halogens durch Hydroxyl [288] zu *101* (Reaktion 78).

Reaktion 78

Die Verwandlung der Hydroxyl-Funktion in eine austretende Gruppe in *102* ermöglicht nunmehr die Faworski-Umlagerung zur Permethrinsäure. Ebenfalls auf Ringkontraktionen basieren mechanistisch ganz andere Wege zur Permethrinsäure: Analog der Kuraray-Synthese erhält man aus Acetessigesterdimethylketal und dem Chloral-Isobutylen-Addukt *103* ein Dihydrofuran *104* [289] (Reaktion 79):

Reaktion 79   *104*

Unter Lichteinfluß öffnet sich der Dihydrofuran-Ring in *104* zu einem stabilisierten Radikal und rekombiniert zum Dreiring [290].

Aus Isophoron *105* läßt sich durch eine Sequenz von Chlorierungen, Bromierungen und Eliminierungen unter Fragmentierung einer C–C-Bindung ebenfalls das weiter oben erwähnte Butyrolacton *71* und somit Permethrinsäure herstellen [291] (Reaktion 80):

105

Reaktion 80

71

2.4. Permethrinsäure aus Caronaldehyd als Vorstufe

Die ersten racemischen oder optisch aktiven Pyrethroidsäuren wurden aus Caronaldehyd *13* nach der Ozonspaltung der Chrysanthemumsäure hergestellt [292] (Reaktion 81), indem über eine Wittig-Reaktion die Dihalogenmethylen-Gruppe eingeführt wurde. Anstelle von Triphenylphosphin kann auch Tris-dimethylamino-phosphin verwendet werden [296]. Die Herstellung des Caronaldehyds aus Chrysanthemumsäure ist auch heute noch technisch von hohem Interesse und für das Insektizid Dekamethrin unverzichtbar. Technisch anwendbar ist die Reaktion 82 zur Überführung der Aldehyd-Funktion in eine Dihalogenvinyl-Gruppe durch Addition von Haloformen auf das Hemiketal *106* der cis-Caronsäure [297] und nachfolgende Reduktion mit Zink.

13

Hal = Cl, F (cis/trans) [292, 293]
    = Br (trans) [294]
    = Br (cis) [95]
    = Cl (cis, trans) [292]

Reaktion 81

Reaktion 82

Reaktion 82 ist eine Synthesesequenz, die frei ist von störenden basisch katalysierten Epimerisationen. Sie läßt sich als Eintopfreaktion durchführen zur Herstellung optisch aktiver cis-Dibromvinylsäure 106a (Hal = Br) für Dekamethrin. Zur Bereitstellung des dafür entscheidenden Zwischenproduktes Caronaldehyd *13* wurden als Alternative einige andere Möglichkeiten der Herstellung untersucht [298]. Die partielle Reduktion von Säurederivaten direkt zum Aldehyd hat bis jetzt, aus vielerlei Gründen, über akademische, kaum realisierbare Vorschläge hinaus, nicht zu einer allgemeinen technischen Methode werden können; obwohl es an Versuchen nicht gefehlt hat, Cyclopropandicarbonsäure-1,2-Derivate zu *13* zu reduzieren, z. B. mit Cadmiumboranat [299]. Immer noch geht man sicherer den wenig eleganten Umweg über die Reduktion des Säurederivates zum Alkohol und nachfolgende Rückoxidation zur Aldehyd-Funktion.

Eine andere Alternative bietet die intramolekular nucleophile Ringöffnung des Epoxides *107* [300] (Reaktion 83):

Reaktion 83

oder die Addition des Phosphorans *10* an geeignet aktivierte Doppelbindungen [301] (Reaktion 84):

Reaktion 84

2.5. Isomere und Isomerisierungen der Permethrinsäure

2.5.1. Isomerentrennungen

Die meisten der beschriebenen Synthesen geben Gemische der Stereoisomeren der Permethrinsäure mit mehr oder weniger großem cis/trans-Verhältnis von ca. 1:1. Eine weitgehende oder vollständige Trennung der Stereoisomeren voneinander gelingt durch teilweise mühevolle Kristallisation, durch fraktionierte Destillation der freien Säuren in Verbindung mit einer Kristallisation [302], eine fraktionierte Ausfällung mit bestimmten Benzylaminen [303] oder durch selektive Extraktion der cis-Säure aus der schwach alkalischen Lösung der Salze [304].

Die Racematspaltung der trans-Permethrinsäure gelingt analog zur Chrysanthemumsäure auf verschiedene Weise mit gewissen optisch aktiven Aminen wie die der cis-Säure mit Phenethylamin [325], Chinin [329] oder p-Nitrophenyldimethylaminopropandiol-1,3 [329a]. Auch über die Methylester beider stereoisomeren Säuren erhält man die Enantiomeren [463]. Die Spaltung der entsprechenden racemischen cis-Dibromvinylcarbonsäure gelang auch mit Chinin [329].

2.5.2. Asymmetrische Synthese der Permethrinsäure

Die Direktsynthese von optisch aktiven Permethrinsäure-Isomeren erreicht man über die Diazoester-Reaktion mit dem Monoolefin *53* in Gegenwart eines hochchiralen Kupferkomplexes *43* (analog der asymmetrischen Chrysanthemumsäure-Synthese) [305] (Reaktion 85) und erhält dabei einen höheren 1-R-cis-Anteil als bei Einsatz des Dichlordiens *52*, bei insgesamt hervorragender optischer und chemischer Ausbeute:

1−R−cis/1−R−trans 90 : 10

Reaktion 85

2.5.3. *Synthesen optisch aktiver Permethrinsäuren aus optisch aktiven Vorstufen*

Unter Verwendung eines Diazoesters eines chiralen, durch Trichlormethyl substituierten Allylalkohols entsteht bei der intramolekularen Carben-Addition natürlich auch ein chirales Cyclopropan-Derivat [306] (Reaktion 86): Racematspaltung des umgelagerten Produktes *108* aus Chloral und Isobutylen mit dem optisch aktiven α-Naphthylethylisocyanat *109* gibt den optisch aktiven Alkohol (Reaktion 87), welcher nach Reaktion mit Diketen und Diazogruppen-Transfer unter gleichzeitiger Entacetylierung den Diazoester *110* liefert:

Reaktion 87

Reaktion 86

Wie bei der Chrysanthemumsäure ist auch bei der Permethrinsäure die Verwendung der preiswerten optisch aktiven Terpene als Grundchemikal von Interesse. So wurden aus Δ-3-Caren *44* vielstufige Abbauwege zu Vorstufen der optisch aktiven 1-R-cis-Permethrinsäure gezeigt [307–323] (Reaktion 88, 89, 90):

Reaktion 88

Wegen der geringen Ausbeute an der Ketonsäure *111* bei dem oxidativen Abbau des Carens nach Simmonsen erscheint dieser Weg (Reaktion 88) zum 1-R-Hemiketal *106* des Caronaldehyds technisch nicht interessant. Bei vielstufigen Abbaureaktionen aus Naturstoffen muß jede Stufe glatt und mit hohen Ausbeuten verlaufen. Inwieweit jedoch die folgenden vielstufigen Alternativen (Reaktionen 89, 90) besser sind, wird sich erweisen müssen:

Reaktion 89

Reaktion 90

2.5.4. Isomerisierungen von stereoisomeren Permethrinsäuren

Für die Überführung eines Enantiomeren der Permethrinsäure in sein Spiegelbild gilt das bei der Chrysanthemumsäure gesagte. Die völlige Isomerisierung zum Gleichgewichtsgemisch aller Isomeren gelingt entweder photochemisch bei Estern und Salzen [330] unter Mitwirkung von Sensibilisatoren, oder ionisch [331] (Reaktion 91) über die Isomerisierung der Anhydride mit Lewissäure:

cis/trans 1:1   cis/trans 1:4

Reaktion 91

In Abwesenheit von Lewissäuren epimerisiert beim Erhitzen der chiralen Säurechloride nur die α-Stellung [332] (Reaktion 92), es entsteht also aus der 1-S-trans-Konfiguration *112* im Gleichgewicht nur die 1-R-cis-Form *113*:

1–S–trans   1–S–trans   :   1–R–cis   4 : 1
112   *113*

Reaktion 92

3. Synthesen anderer wichtiger Pyrethroid-Säuren

3.1. 2,2-Dimethyl-cyclopropancarbonsäure-Variante

Für die Synthese weiterer interessanter Pyrethroid-cyclopropancarbonsäuren wurden die bisher aufgeführten Methoden erfolgreich angewendet.

3.1.1. Horner-Wittig-Reaktionen mit Caronaldehyd

Die am häufigsten verwendete Methode basiert auf dem Caronaldehydester oder -Säure *13*, dessen Aldehyd-Funktion mittels einer Horner-Wittig-Reaktion zu einer Fülle von Chrysanthemum-Varianten olefiniert werden kann nach dem allgemeinen Reaktionsschema 93:

$$(C_6H_5)_3P\!=\!\!\begin{array}{c}R'\\R''\end{array}$$

oder

$$(RO)_2PO\overset{\ominus}{C}\!\!\begin{array}{c}R'\\R''\end{array}$$

R', R'' = Alkyl, H, Hal, Aryl

Reaktionsschema 93

Besondere Beispiele:

[333]   [334]

[335]   [335]   [335]

[532]   [532]   [340]

[339]   [339a]

[338]   [338]   [338]

Die α-Halogen-ylide *114* (R', R'' = Hal) können entweder extra aus den Phosphoniumsalzen erhalten werden, oder werden bei *in-situ*-Bildung aus Triphenylphosphin oder Phosphonsäureestern *115* und Polyhalogenmethanen gleich umgesetzt.

58

3.1.2. Aufbau des Dreiringes aus Nucleophilen und aktivierten Olefinen

Die bereits erwähnte Addition von Yliden oder anderen Carbanionen *116*, welche eine nucleofuge Gruppe X enthalten, auf aktivierte Olefine *117* (Reaktion 94), oder die Addition von Nucleophilen auf aktivierte Olefine *118*, welche eine nucleofuge Gruppe X enthalten (Reaktion 95), unter nachfolgender cyclisierender 1,3-Eliminierung, ist ein guter Weg zu trans-konfigurierten Cyclopropancarbonsäure-Derivaten unter Einführung der Seitenkette am C-Atom 3 des Dreiringes (Reaktionsschema 96):

Reaktion 94

A   aktivierende Gruppe
X   nucleofuge Gruppe
Nu   Nucleophil

Reaktion 95

Nach diesem Schema wurden z.B. umgesetzt:

Reaktionsschema 96

[341]

[342]

[343]

[343]

[344]

[346]

[345]

Nu = OCH₃, CN, SR

Auch die erwähnte Addition von Grignard-Verbindungen auf aktivierte ungesättigte Butyrolactone *119* (Reaktion 97) ist ganz generell ein Weg zu Vorstufen *120* diverser Pyrethroidsäuren [347]:

119   + RMgHal ⟶   *129*

R = Alkyl, Alkenyl, Aryl   *Reaktion 97*

3.1.3. Claisen-Umlagerung zum Aufbau des Grundgerüstes für die cyclisierende 1,3-Eliminierung

Ein fruchtbarer Einstieg zu zahlreichen Varianten bietet die Verwendung der Claisen-Umlagerung, analog zur Synthese der Permethrinsäure nach dem Kuraray-Verfahren (S. 47). Auf diese Weise (Reaktion 98) sind z. B. die 3-Butadienyl-2,2-dimethylcyclopropancarbonsäuren *121* und *122*, potente Insektizidkomponenten, herstellbar [348, 349]:

X = H, Cl

+ CH₃C(OR)₃ ⟶

Claisen−Umlagerung

NaOAlkyl

121   *Reaktion 98*

aber auch analog der Sagami-Synthese (s. 48) [350, 351] (Reaktion 99):

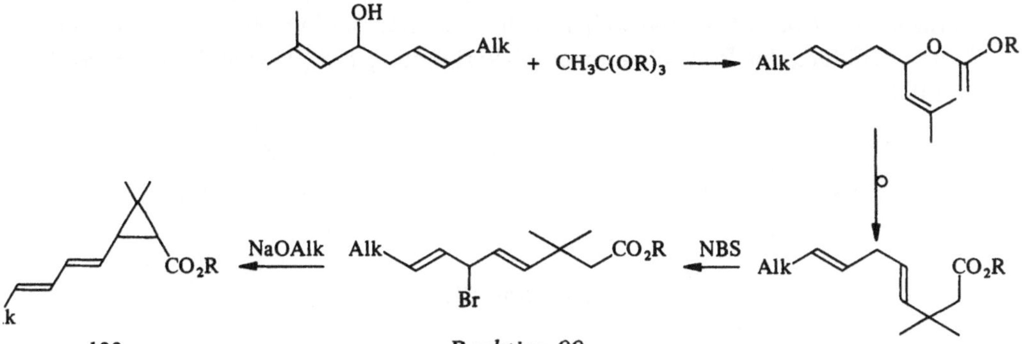

122   *Reaktion 99*

An den Reaktionen 99 und 100 läßt sich zeigen, daß die Bildung des Dreirings vor anderen Reaktionsalternativen begünstigt ist, d.h. die interne nucleophile cyclisierende Substitution in *123* erfolgt an der vinylogen Position zur austretenden Gruppe [352]:

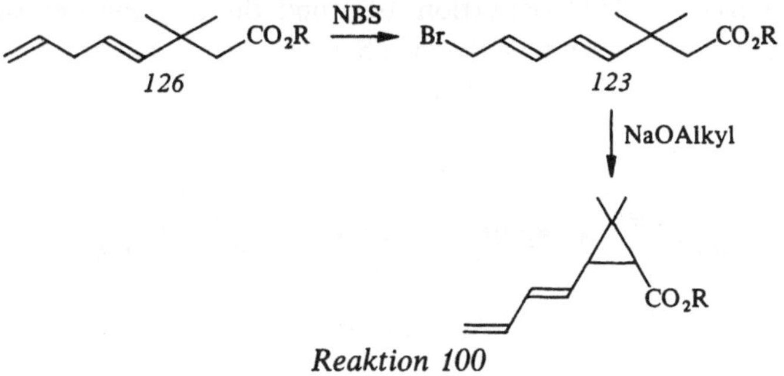

Reaktion 100

Die Bromierung des Phenyl-Analogen *124* (Reaktion 101) erfolgt im Unterschied zu *126* unter Ausbildung der konjugierten Doppelbindung in der Neopentyl-Stellung zu *125*:

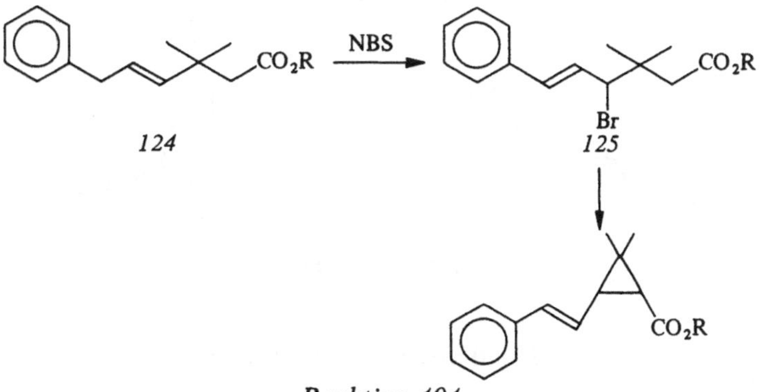

Reaktion 101

Entsprechend der radikalischen Addition von Tetrahalogenmethanen bei der Sagami-Synthese lassen sich auch einige homologe Polyhalogenethane vom ®Frigen Typ, z.B. *127*, an den weiter vorn erwähnten 3,3-Dimethylpent-4-enester *72* unter Bildung der Polyhalogenmethyl-Verbindung *128* [353] addieren (Reaktion 102):

Reaktion 102

3.1.4. Carben-Addition an Olefine

Mit der ältesten Cyclopropan-Synthese, der Diazoester-Zersetzung in Gegenwart von Kupfer, lassen sich vielerlei Varianten herstellen, von denen einige auf andere Weise nur schlecht gewinnbar sind. So wurden die Desmethyl-Derivate der Chrysanthemumsäure [354] (Reaktion 103) und die als eine der wenigen für Pyrethroid-Insektizide bisher bedeutsamen Säuren *129*, die Tetramethyl-cyclopropancarbonsäure *141* [356], sowie deren Alkoxy-Homologen *130* [357] (Reaktion 104) erhalten:

Reaktion 103

Reaktion 104

Reaktion 105

Die Pyrethroidester von *130* sind wegen guter Wirkung und Photostabilität von Interesse [521].

Für spezielle Fälle ist die Zersetzung von Pyrazolinen *131* [359] (Reaktion 105), aus Diazoalkanen und ungesättigten Estern leicht zugänglich, eine brauchbare Methode. Das durch Ersatz der Chlor-Atome durch Trifluormethyl-Gruppen interessante Isostere *132* der Permethrinsäure, welches jedoch geringer wirksame Insektizide ergibt, wurde auf folgende Weise aus Hexafluoraceton *133* aufgebaut [360] (Reaktion 106):

Reaktion 106

Reaktion 107

Diazoester-Addition (Reaktion 107) auf das Dien *134* ergibt viel schlechtere Ausbeuten als die Verwendung des ungesättigten Alkohols *135* als Olefin. Mit dem Reagenz Chloroform/Natronlauge entstehen Vorstufen für die theoretisch interessanten Permethrinsäure-Varianten [363] *140* und *141* (Reaktionen 108, 109):

Reaktion 108

Reaktion 109

3.1.5. Ringverengung von α-Halogen-cyclobutanonen

Nicht nur die auch ökonomisch interessante Tetramethyl-cyclopropancarbonsäure *141* (Reaktion 110) läßt sich über die Faworski-Umlagerungsreaktion von α-Halogen-cyclobutanonen *142* gewinnen [364–366] (Reaktion 111):

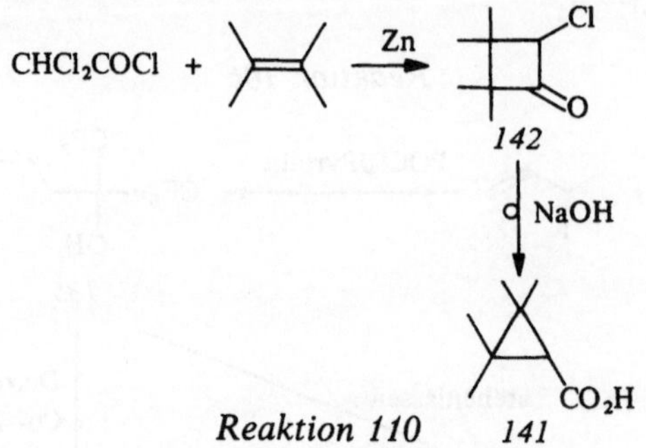

Reaktion 110

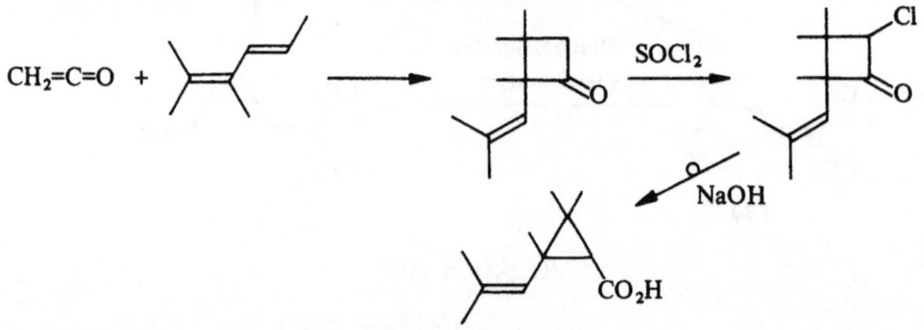

Reaktion 111

Das Reaktionsprodukt aus Isobutylen und Dichlorketen *143* lagert mit tert. Amin um [367]. Mit Phenolat jedoch und anderen Nucleophilen erleidet das 2,4-Dichlor-cyclobutanon *144* keine Umlagerung, sondern wird zunächst substituiert zu *145* und erst danach mit Alkali umgelagert [367] zu den Pyrethroidsäure-Varianten *146* (Reaktionsschema 112):

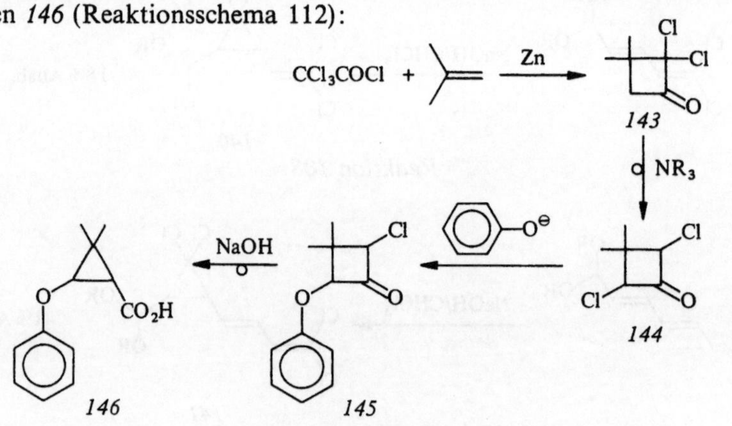

Reaktionsschema 112

Auch die spirocyclischen Variationen *147, 148* sind so am besten erhältlich (Reaktionsschema 113):

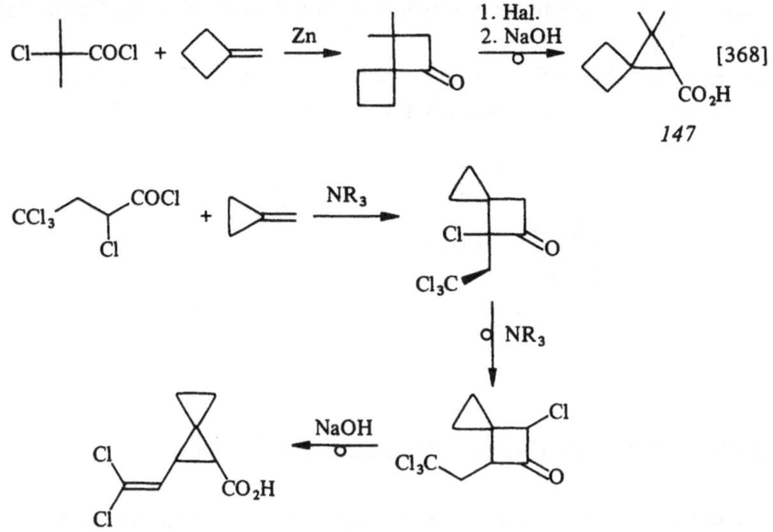

[368]

147

148

Reaktionsschema 113

Vorstufen der einfachen Pyrethroid-Cyclopropancarbonsäure, der 2,2-Dimethyl-cyclopropancarbonsäure *150a*, lassen sich auch über eine Abart der Faworsky-Umlagerung [370] darstellen (Reaktion 114) oder durch intramolekulare Carben-Insertion in eine sekundäre C–H-Bindung (Reaktion 115) während der Zersetzung der folgenden Diazomalonsäure-isobutylester [370a]:

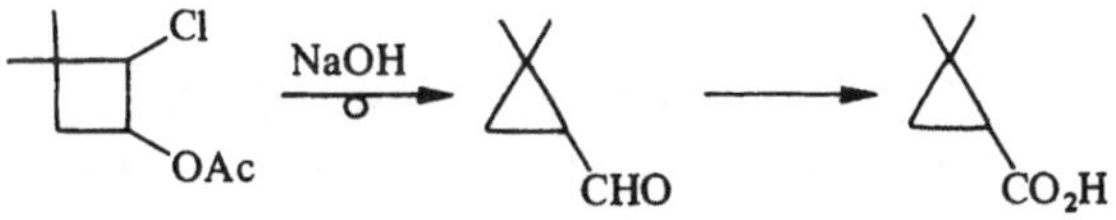

149   *150*   *150a*

Reaktion 114

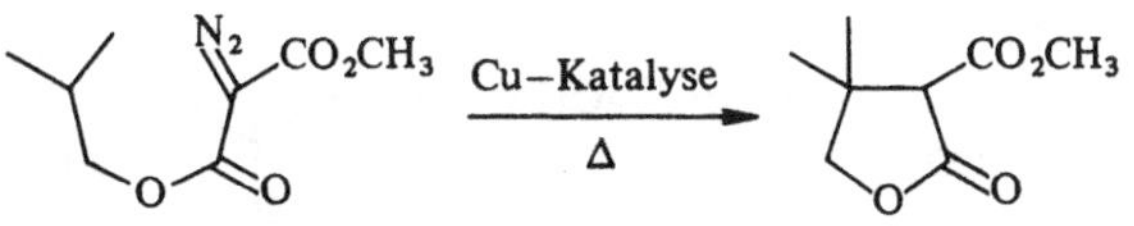

Reaktion 115

Das intermediär aus *149* entstehende Chlorhydrin (Reaktion 114) kann aus stereo-elektronischen Gründen kein Epoxid bilden und stabilisiert sich ausweichend unter ringverengender Umlagerung zum Aldehyd *150*, der weiter oxidiert werden kann.

Die aus der 2+2-Cycloaddition von Olefinen mit Allenen bzw. Alkinen unter Katalyse von Aluminiumdihalogeniden u.a. Lewissäuren hervorgehenden Alkylidencyclobutane bzw. Cyclobutene wurden auch als Vorstufen für Pyrethroidsäuren erwähnt [371].

Isomere der 2,2,3-Trimethyl-cyclopropancarbonsäure *151* wurden durch Entschwefelung des Caronaldehydmercaptals *152* mit Ranney-Nickel erhalten [372] (Reaktion 116):

152   *151*

Reaktion 116

3.1.6. Pyrethroidsäuren als Vorstufen für andere Pyrethroidsäuren

Weitere Pyrethroidsäure-Synthesen gehen von bereits vorhandenen Pyrethroidsäuren aus (Reaktionen 117, 118, 119):

Reaktion 117 [373]

Reaktion 118 [374]

Reaktion 119 [375]

Auch die Permethrinsäure dient als Ausgangschemikalie für Eliminierungs-(Reaktion 120), Additions- (Reaktion 121) und Substitutionsreaktionen (122, 123):

Reaktion 120 [376]

Reaktion 121 [377–379]

Das Produkt der Brom-Additionsreaktion 121 wird durch reduzierende Nucleophile leicht wieder in die Vorstufe überführt. Möglicherweise ist das eine Erklärung für die hohe biologische Wirksamkeit von dessen Pyrethroidestern.

Reaktion 122   94%, keine Isomerisierung

Reaktion 123   94%, keine Isomerisierung

3.2. 1-Aryl-2,2-disubstituierte Cyclopropancarbonsäuren

Durch Addition von Dichlorcarbenen synthetisierte Holan die Säure *136* für seine ungewöhnlichen Pyrethroid-Insektizide [361] (Reaktion 124), Kreuzungen aus DDT-Varianten mit Pyrethroiden:

Reaktion 124   *136*

Die aus Strukturgründen interessante noch weitergehende Kreuzung *137* der Holan'schen Ester mit anderen Pyrethroiden vom Permethrin-Typ wurde durch eine Synthesesequenz (Reaktion 125), welche eine Claisen-Umlagerung eines Phenylessigsäure-allylesters *138* zu *139* und radikalische Bromtrichlormethan-Addition umfaßt, hergestellt [362]. Die Ester dieser Säure sind allerdings nicht mehr insektizid aktiv.

Reaktion 125   *137*

4. Synthesen von α-Phenyl-isovaleriansäuren

Eine wesentliche Bereicherung erhielt das Gebiet der Pyrethroide für Theorie und Praxis durch die Entdeckung Ohnos (Sumitomo), daß die insektizide Aktivität der Pyrethroidester nicht an die Struktur des Cyclopropan-Rings, sondern allgemein an eine Molekülform gebunden ist, deren wichtigster Teil durch die Raumausfüllung und lokale physikalisch-chemische Eigenschaft des 2,2-Dimethylcyclopropan-Teils dargestellt werden kann. Diese gleichen Eigenschaften können aber auch durch formal andere Strukturen gegeben sein, so z.B. durch die isostere α-Phenyl-isovalerat-Struktur. Es zeigten sich nicht nur die gleiche insektizide Wirkungsart und -höhe, sondern auch völlig gleichartige stereochemische Struktur-Wirk-Bedingungen: Nur die isochiralen S-Enantiomeren ergeben Insektizide. Diese Säure ist auch photostabil. Die Herstellung ist weit weniger problematisch und machte entsprechend weniger Alternativen notwendig. Die bisher interessanteste Verbindung, 4-Chlorphenyl-isovaleriansäure *153* wird wie folgt aufgebaut: [380] (Reaktion 126).

Reaktion 126   *153*

Nach diesem Schema lassen sich auch Variationen erhalten [381]. Die Säuren wurden in die Antipoden gespalten [382, 328]. Die Herstellung der reinen Benzylchloride stellt oft ein technisches Problem dar, für das immer wieder verschiedene Lösungen angeboten werden [383]. Auf etwas exotischere Weise lassen sich die gewünschten α-Alkyl-phenyl-essigsäuren wie *154* aber auch erhalten, so durch oxidative Umlagerung von Phenyl-alkyl-ketonen mit Thalliumnitrat-ortho-ameisensäureester, wobei in hoher Ausbeute die Säuren entstehen [386] (Reaktion 127):

Reaktion 127

Die Phenyl-alkyl-ketone reagieren mit Phosphorylaziden unter Umlagerung zu den α-Alkyl-phenyl-essigsäuren wie *153* [506] (Reaktion 128):

Reaktion 128

Für Phenyl-isovaleriansäuren mit fluorierten Methoxy-substituenten *155*, *156* wurden folgende Verfahren beansprucht (Reaktionen 129–131):

Reaktion 129

oder:

Reaktion 130

Reaktion 131

Die Racematspaltung wird mit 1-Phenethylamin [388a] vorgenommen. Durch Erhitzen des optisch aktiven Säurechlorids auf 150 °C erfolgt die Racemisierung [388b].

Die aliphatischen Analogen der Phenyl-isovaleriansäuren, Secochrysanthemumsäuren (Staudinger 1924) und ähnliches wie *157*, wurden z.B. über die klassische Malonester-Synthese gewonnen [389, 390] (Reaktion 132):

$$CH_2(CO_2R)_2 \quad \xrightarrow{\begin{array}{l}1.\ i-C_3H_7Br/NaOR \\ 2.\ \text{Cl}/NaOR\end{array}} \longrightarrow$$

Reaktion 132   *157*

II. Synthese von wichtigen Pyrethroid-Alkoholkomponenten

Der entscheidende Durchbruch der Pyrethroide zu großer ökonomischer Bedeutung war die Entdeckung von photostabilen und dabei trotzdem hochwirksamen Esterkomponenten:

- Wiedereinführung der eigentlich seit 1959 bekannten 2,2-Dimethyl-3-dichlor-vinyl-cyclopropancarbonsäuren als Pyrethroidsäure-Teil durch Elliott 1972,
- Einführung der m-Phenoxy-benzylalkohol-Komponente in die Pyrethroid-Chemie durch Itaya 1968.
- Einführung der α-Phenyl-isovaleriansäuren in die Pyrethroid-Chemie durch Ohno 1972.

1. Synthese des m-Phenoxybenzylalkohols

1.1. Herstellung von m-substituierten Diphenylethern

Die Bedeutung des m-Phenoxybenzylalkohols wurde durch den wirkungssteigernden Zusatz der α-Cyano-Gruppe noch unterstrichen [391]. Die Synthese dieses seit langem bekannten [392] Diphenylether-Derivates verläuft nach klassischen Methoden: Mit einer Ullmann-Reaktion (Reaktion 133) wird ein m-Kresolat mit einem Halogenaromaten, z.B. Chlorbenzol, in Gegenwart von Kupferverbindungen [393–396] verknüpft:

$$\text{—O}^{\ominus}\text{K}^{\oplus}, \text{Na}^{\oplus} + \text{Cl—} \xrightarrow[160-200°C]{Cu} \text{—O—} \quad 84\%$$

Reaktion 133   *158*

Hierbei soll die Gegenwart von freiem m-Kresol die Ausbeute steigern [528].

Die andere Möglichkeit, Phenol mit m-Halogentoluol zum m-Phenoxytoluol umzusetzen, ist aus ökonomischen Gründen uninteressant. *158* läßt sich auch mit petrochemischen Methoden (Reaktion 134) durch katalytische Kondensation von Phenol und m-Kresol bei hohen Temperaturen und nach Auftrennung des Reaktionsgemisches gewinnen [397].

Reaktion 134

Wegen der im Vergleich zu anderen aromatischen Methyl-Gruppen erschwerten Funktionalisierbarkeit der Methyl-Gruppe von *158* sind Methoden, welche gleich eine Funktionalität mit in die Diphenylether-Bildung einbringen, von Interesse. So wurde der allerdings nicht so leicht herstellbare m-Brombenzaldehyd *159* [398] oder besser, sein Ethylketal [399, 400] erfolgreich in die Ullmann-Reaktion eingesetzt (Reaktion 135):

Reaktion 135

1.2. Halogenierung von m-Phenoxytoluol

Die durch den in m-Stellung befindlichen Phenoxy-Rest verringerte Reaktivität der Methyl-Gruppe zeigt sich darin, daß die üblichen Seitenkettenhalogenierungen und -oxidationen erschwert verlaufen. Es wurden zahlreiche Methoden vorgeschlagen, das Mono- oder Dihalogenierungsproblem zu lösen.

Am Beispiel [401] (Reaktion 136) zeigt sich die Schwierigkeit, daß sich sehr leicht Gemische verschiedener Halogenierungsprodukte von Seitenkette und Kern bilden:

Reaktion 136

Aus dem Gemisch *161/162* ist mit Urotropin das Quartärsalz des Monochlorids *161* abtrennbar und anschließend nach Sommelet zu m-Phenoxybenzaldehyd *160* zu verwandeln.

Bei der gezielten Photo-monobromierung müssen besondere Vorkehrungen getroffen werden [403]. In der Regel sind solche Möglichkeiten nicht immer gewährleistet, deswegen ist ein Produktgemisch *163*, aus Reaktion 137, wie es bei der normalen radikalischen Bromierung entsteht, auch für weitere Verarbeitungen zu *160* geeignet.

Reaktion 137

Mit Urotropin wird das Produktgemisch aus Reaktion 137 zum Teil über die Sommelet-Reaktion, z.T. über normale Verseifung zum Aldehyd verarbeitet [404]. Auch die Hochtemperaturbromierung bei 260° C ergibt dieses Gemisch *163* [405]. Besonders gereinigtes m-Phenoxytoluol läßt sich bei obiger Photoreaktion durch Extrazusatz von Radikalstartern in der Hauptsache zum m-Phenoxybenzalbromid umsetzen [406]. Mit Sulfurylchlorid und Radikalstartern entsteht das Gemisch *161/162* [405–408]. Durch unvollständige Halogenierung erhält man mit Brom und Licht in Tetrachlorkohlenstoff das Benzylbromid entsprechend *161* (Reaktion 138), welches über das Formiat zum Alkohol *164* verseift wird [409]. Reines *161* läßt sich auch bei unvollständiger Photochlorierung in der Gasphase bei 270 °C herstellen und im Reaktionsmedium mit dem Kaliumsalz der Permethrinsäure direkt zum Permethrin umsetzen [410].

Reaktion 138   *164*

Mit N-Bromsuccinimid und Radikalstartern in Tetrachlorkohlenstoff bei 80 °C kann nach destillativer Reinigung reines m-Phenoxybenzalbromid und daraus der Aldehyd *160* erhalten werden [411]. Bei anderer Reaktionsführung wurde aber auf diese Weise hautpsächlich das Monobromid isoliert [412]. Der auf irgendeine Weise erhaltene mehr oder weniger reine Aldehyd *160* läßt sich gut über die kristalline Bisulfit-Verbindung reinigen [413].

1.3. Oxidative Funktionalisierung des m-Phenoxytoluols

Die geringe Reaktivität der meta-ständigen Methyl-Gruppe in *158* zeigt sich auch in der Notwendigkeit drastischer Bedingungen für die oxidative Funktionalisierung dieser Methyl-Gruppe, im Unterschied zum para-Phenoxytoluol, wo solche Reaktionen leicht verlaufen. Die meta-Methyl-Gruppe läßt sich bei 175 °C mit Sauerstoff in Gegenwart von Kobaltsalzen [397] (Reaktion 139) oder mit Natriumbichromat bei 240 °C [397a] zum m-Phenoxybenzoesäure oxidieren. Nach Veresterung ist diese unter rauhen Bedingungen (Reaktion 139) zum Alkohol *164* reduzierbar. Schonende Oxidation dieses Alkohols mit Chromtrioxid/Pyridin [414] oder katalytisch mit Luft [415] ergibt m-Phenoxybenzaldehyd *160*:

Reaktion 139

Leichter geht die Reduktion des m-Phenoxybenzoesäureesters vonstatten mit Natriumboranat in Gegenwart von Halogeniden des Lithium, Vanadium, Titan, Aluminium oder Magnesium [415]. Während die Methyl-Gruppe des p-Phenoxytoluols elektrolytisch direkt zum entsprechenden Aldehyd oxidierbar ist [416], ist das bei *158* nicht möglich. Auch andere Partialoxidationen z.B. mit Kobalt-, Nickel- oder Mangan-naphthenaten als Katalysatoren und Luft führen, wenn überhaupt, nur zu sehr geringen Ausbeuten an m-Phenoxybenzyaldehyden [417]. Nur wenn die oben erwähnte Oxidation mit bestimmten Kobaltsalzen unvollständig ausgeführt wird, lassen sich geringe Mengen *160* direkt aus *158* erhalten. Die Umwandlung des nach katalytischer Reduktion des m-Phenoxybenzonitrils *170* oder über die Sommelet-Reaktion erhältlichen m-Phenoxybenzylamins *166* in den

Aldehyd *160* kann auch über eine basisch katalysierte Transaminierungsreaktion der Schiff-Base *167* mit Isobutyraldehyd (Reaktion 140) mit guten Ausbeuten erfolgen [419]:

Reaktion 140

Erfolgreicher, aber technisch weniger interessant, ist die Oxidation mit Selendioxid unter drastischen Bedingungen und bestimmten Vorkehrungen [420].

1.4. α-Cyan-m-Phenoxybenzylalkohol

Die Überführung des Aldehydes *160* zum Cyanhydrin *168* ist auch nach altbekannter Art unproblematisch. Besonders erwähnt ist die Verwendung von Acetoncyanhydrin als HCN-Lieferant [421]. Die Synthese einer für Cyanhydrinester geeigneten Vorstufe kann aber auch ohne Herstellung von *160* erfolgen. Ausgehend von dem Chlorierungsgemisch *161/162* wird *161* als Quartärsalz mit Triäthylamin *169* abgetrennt, und, nach Reinigung, mit Cyanid unter direktem nucleophilem Ersatz der Triäthylamin-Gruppe zum m-Phenoxybenzylcyanid *170* umgesetzt [422] (Reaktion 141):

Reaktion 141

Reaktion 142

74

170 wird mit Oxalester basisch kondensiert zu *171*, gereinigt und durch Bromierung im gepufferten 2-Phasensystem zerlegt zu reinen α-Brom-m-phenoxybenzylcyanid *172* [423] (Reaktion 142).

Mit Natriumcyanid läßt sich auch das Bisulfit-Addukt von *160* direkt in das Cyanhydrin *168* überführen [424]. Unter besonderen Oxidationsbedingungen in Gegenwart spezieller Kobaltsalze, Acetanhydrid, Alkalicyanid und Luft bei 180 °C erfolgt in geringem Maß sogar die direkte Überführung des m-Phenoxytoluols in α-Cyano-m-Phenoxybenzylacetat [425].

Die insektizide Wirkung der m-Phenoxybenzylester-Pyrethroide ist auf diejenigen mit der absoluten Konfiguration S am benzylischen C-Atom beschränkt. Die Bereitstellung des entsprechenden Cyanhydrins oder geeigneter anderer Vorstufen muß demnach ein Ziel der Pyrethroid-Forschung sein. Das Enzym Oxinitrilase katalysiert die Addition von HCN auf m-Phenoxybenzylaldehyd aber enantioselektiv zum R-Enantiomeren von *168* [426].

Eine Lösungsmöglichkeit des Problems ist der Weg über die S-m-Phenoxymandelsäure, welche durch Racematspaltung mit (−)-Phenethylamin erhältlich ist. Umwandlung in das Amid liefert eine geeignete Vorstufe, aus welcher nach Veresterung mit einer optisch aktiven Pyrethroidsäure und nachfolgender Umwandlung der Amid-Gruppierung in eine Nitril-Gruppe durch Abspaltung von Wasser das hochaktive, von allen anderen Isomeren freie Wirkstoffisomere z. B. Dekamethrin ergibt [427]. Aber auch eine direkte Racematspaltung des Cyanhydrins ist erreichbar z. B. durch chromatographische Trennung oder fraktionierte Kristallisation der durch Reaktion mit optisch aktiven cis-Caronaldehydsäurehemiketal *106* erhältlichen Ketale *173* [428, 429] (Reaktion 143) und anschließende sauer katalysierte Freisetzung des optisch reinen Cyanhydrins *174*:

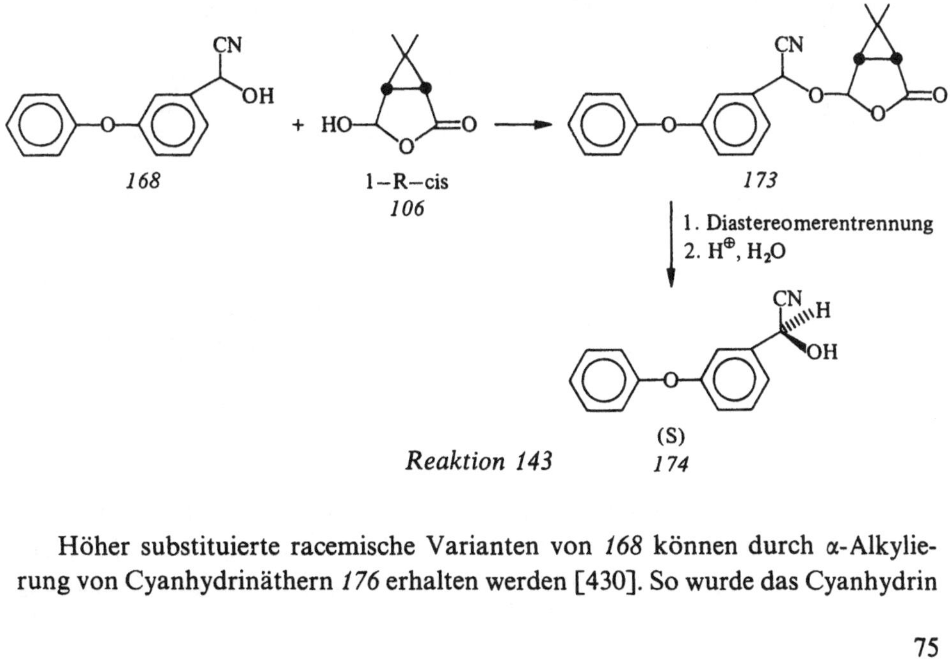

168 1−R−cis *106* *173*

1. Diastereomerentrennung
2. H$^{\oplus}$, H$_2$O

(S)
Reaktion 143 *174*

Höher substituierte racemische Varianten von *168* können durch α-Alkylierung von Cyanhydrinäthern *176* erhalten werden [430]. So wurde das Cyanhydrin des Allyl-m-phenoxyphenylketons *175* synthetisiert (Reaktion 144):

168 + ... $H^{\oplus}$ ...

176

...Br/NaOH/Phasentransfer

$H^{\oplus}$

Reaktion 144

2. Synthesen anderer bedeutender Pyrethroidalkohole

2.1. 3-Hydroxymethyl-5-benzylfuran

Ein weiterer, wegen der Wirkungshöhe seiner Pyrethroidester wichtiger, aber photolabiler Alkohol ist das von Elliott 1965 eingeführte 3-Hydroxymethyl-5-benzylfuran *177* (Elliott-Alkohol). Die technische Synthese (Reaktion 145) baut entweder den Furan-Ring auf klassische Weise nach Bildung einer 1,4-Dicarbonyl-Verbindung *178* auf [431, 432]:

$-CH_2CN + (CH_2CO_2R)_2$

178

LiAlH$_4$

177

Reaktion 145

oder bedient sich der Möglichkeit einer Dienreversion [433] (Reaktion 146) nach Diels-Alder-Addition von Propargylalkohol auf den allerdings nur schwer zugänglichen Heterocyclus *179*, und anschließende thermisch bewirkte Abspaltung einer anderen Komponente mit Dreifachbindung (Acetonitril) aus dem Dienaddukt *180*:

Reaktion 146

Man kann *177* aber auch schrittweise aus 4-Brom-furan-2-carbonsäurechlorid nach Friedel-Crafts-Reaktion mit Benzol herstellen [434].

Das für das Haushaltsinsektizid Tetramethrin benötigte N-Hydroxymethyl-tetrahydrophthalsäureimid *181* wird vergleichsweise einfach aus Maleinsäure und Butadien, nachfolgende Umlagerung, Imidierung mit Harnstoff und Hydroxymethylierung mit Formaldehyd gewonnen [435, 436] (Reaktion 147):

Reaktion 147   *181*

2.2. Cyclopentenolone

Für die Herstellung des auch heute noch verwendeten Allethrins hat sich die ursprüngliche Synthese der Cyclopentenolon-Komponente *182* von LaForge (1949) (Reaktion 148), ausgehend von Methylglyoxal und einer ω-allylierten Acetessigsäure *184* bewährt [437]:

Reaktion 148   Allethrolon

Analog *182* wird die entsprechende Propargyl-Verbindung erhalten [438], dessen Chrysanthemumester eine gute insektizide Wirkung aufweist. Das Derivat *184* kann leicht aus Allylalkohol und Acetessigester über eine basisch katalysierte Claisen-Umlagerung erhalten werden [439] (Reaktion 149).

Reaktion 149

Die Synthese einer Vorstufe *185* für höher substituierte, wirksamere Cyclopentenolon-Pyrethroide verläuft im Prinzip ähnlich [440]. Die hierfür benötigte Mercapto-substituierte Acetoncarbonsäure *186* wird aus Acetessigester und Phenyl-jodmethylsulfoxid *187* erhalten (Reaktion 150):

Reaktion 150

Eine andere Vollsynthese des Allethrolons von Hoffmann-La-Roche geht von dem Allylacetylaceton *188* aus (Reaktion 151). Nach Ketalisierung einer Keto-Gruppe zu *189* wird die verbleibende Carbonyl-Gruppe sodann mit dem Dichlormethyl-Anion nach Art einer Darzens-Reaktion zum Chlorepoxid *190* erweitert. Das lagert als Äquivalent einer Aldehyd-Gruppe basisch um zu *191* und schließt dann den Fünfring zum Allethrolon an einer ganz anderen Bindung als bei der LaForge-Synthese [441]:

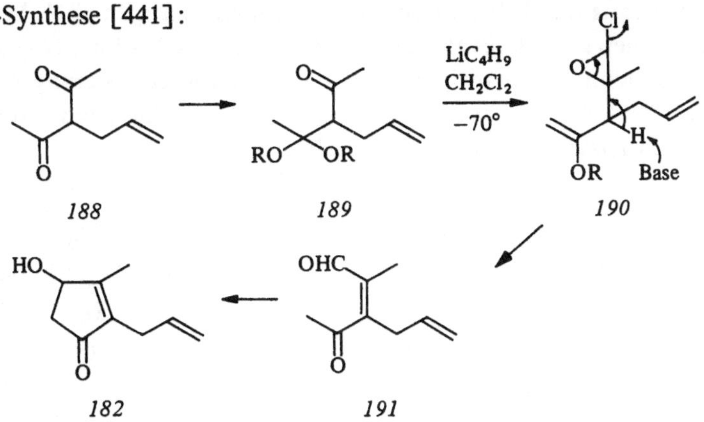

Reaktion 151

Auf leichte Weise ist Allethrolon auch aus den einfachen Vorstufen Mesityloxid und Allychlorid zugänglich (Reaktion 152). Schlüsselschritte sind die pyrolytische Umlagerung einer verkappten 1,4-Diketo-Verbindung *192* zum Furan *193* [463] und die Bromierung in Methanol zu der maskierten, 1,4-Dicarbonyl-Verbindung *194* der obigen Hoffmann-LaRoche Synthese *191*:

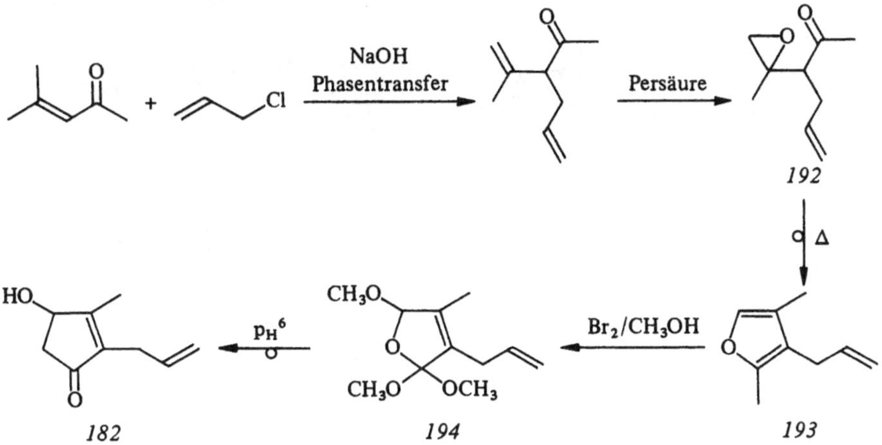

Reaktion 152

Von dem erhaltenen Racemat des Allethrolon *182* gibt nur das *d*-Allethrolon mit der absoluten Konfiguration S gut insektizid wirksame Ester mit der Chrysanthemumsäure. Deswegen sind auch hier Racematspaltungs- und Racemisierungsverfahren bedeutsam. Der Halbester des erwünschten S-Enantiomeren mit Tetrahydrophthalsäure [442] gibt mit dem optisch aktiven Amin *39* ein schwer lösliches Salz [443], ebenso der Halbester von *182* mit Bernsteinsäure mit

Ephedrin [444]. Mikrobiologische Verseifung des (−)-Allethrononylacetates aus dem Racemat heraus durch Esterasen von Penicillium u.a. gibt nach Verseifung des übriggebliebenen *d*-Acetates *195* das erwünschte *d*-Allethrolon [445]. Die Verwertung des unerwünschten Antipoden ist z.B. durch Racemisierung mit Phosphoroxichlorid/Zinkchlorid über *196* und dessen nachfolgende schonende Hydrolyse gewährleistet [446] (Reaktion 153):

POCl₃ / ZnCl₂ → CaCO₃ →

$$POCl_3 / ZnCl_2 \qquad CaCO_3$$

(+ R) *195* → (± RS) *196* → (± RS) *182*

Reaktion 153

Andererseits ist aber auch durch Walden-Umkehr die Umwandlung des R-Enantiomeren von *182* durch alkalische Hydrolyse der entsprechenden Sulfonylester möglich [447, 448].

Die Synthese der natürlichen Insektizidkomponente Pyrethrolon *197* ist wegen der guten Wirksamkeit des Pyrethrin I von Interesse. Das Allethrolon läßt sich nach der Sequenz Reaktion 154 weiter veredeln [449] zu *201*. Aus dem Isomerengemisch von Z:E = 1:1 ist mit Tetracyanoethylen das E-Isomere abtrennbar.

$$182 + \quad \xrightarrow{SnCl_4} \quad \xrightarrow{O_3} \quad \xrightarrow{(C_6H_5)_3P}$$

Z/E *197*

Z/E

Reaktion 154

Das optisch aktive Cinerin I *201* wurde auch gezielt synthetisch in Angriff genommen [450]. Ausgehend von den nunmehr gut zugänglichen optisch aktiven Correy-Lacton *198*, einer Schlüsselverbindung für die Prostaglandin-Chemie, wurde in einer Gesamtausbeute über mehrere Stufen von 50 % der Vorläufer *199* des Cinerolons hergestellt [451] (Reaktion 155). Die Veresterung mit (+)-trans-Chrysanthemoylchlorid erfolgt selektiv am allyl-ständigen Hydroxyl von *199*. Nach Oxidation des auch schon insektizid wirksamen Hydroxyester *200* [452] erhält man den Naturstoff *201*, ein Ziel, vor dem Staudinger und Ruzicka 70 Jahre zuvor resigniert hatten:

Reaktion 155

Das optisch aktive Cinerolon *202* entstand auch durch asymmetrische katalytische Reduktion der Keto-Gruppe von *203* durch Diphenylsilan und Rhodium-Komplexen optisch aktiver Phosphine *204* [453] (Reaktion 156):

Reaktion 156

2.3. Weitere substituierte Benzyl- und Allylalkohole

In den 60er Jahren waren einige weitere Alkohol-Komponenten für Chrysanthemumester für Insektizidentwicklungen von Interesse. So der Alkohol *205* für das
Chrysanthemat Kikuthrin [454] (Reaktion 157):

Reaktion 157

Der Alkohol des Furamethrin ist auf der Basis Butindiol/Propargylchlorid
herstellbar [455] (Reaktion 158):

Reaktion 158

oder aus 5-Halogenfurfural und der Propargyl-Grignardverbindung *207* [456].
4-Allylbenzylalkohol, dem früher ein gewisses Interesse galt, kann durch zwei
verschiedene Grignard-Reaktionen am p-Dihalogenbenzol synthetisiert werden
[457–459], entweder durch selektive Grignardierung von 1,4-Dibrombenzol (Reaktion 159) oder durch selektive Umsetzung der Bis-Grignardverbindung *209*
(Reaktion 160):

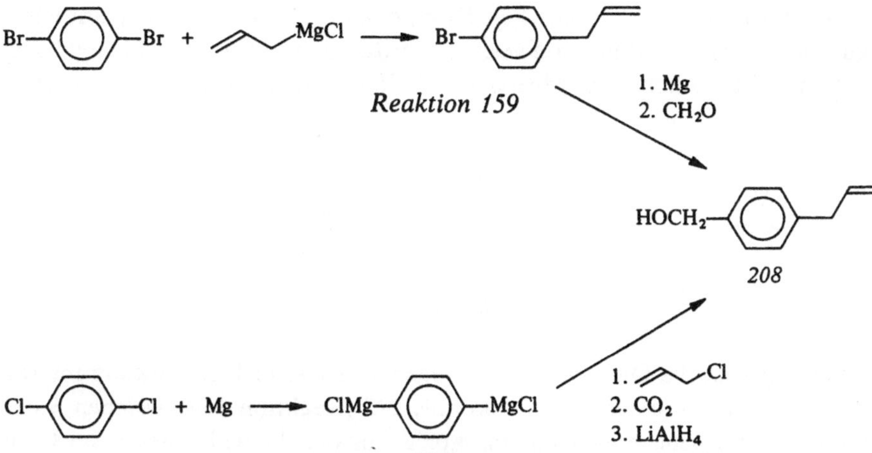

Reaktion 159

208

209

Reaktion 160

Aus der Gruppe der besonders wirksamen Pyrethroidalkohol-Komponenten ist m-Dichlorvinyloxy-benzylbromid *210* einer Erwähnung wert [460] (Reaktion 161):

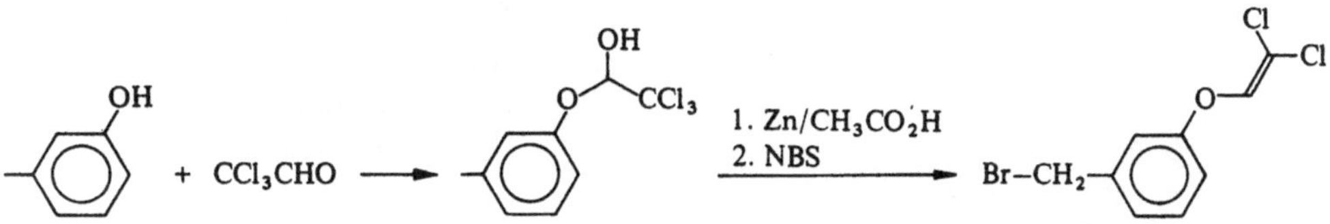

Reaktion 161

ebenso einige andere Alkohole, die eine bessere Wirkung als Allethrin ergeben. Die interessierenden Benzodihydrofuranole wurden auf folgende Weise gewonnen [461] (Reaktion 162):

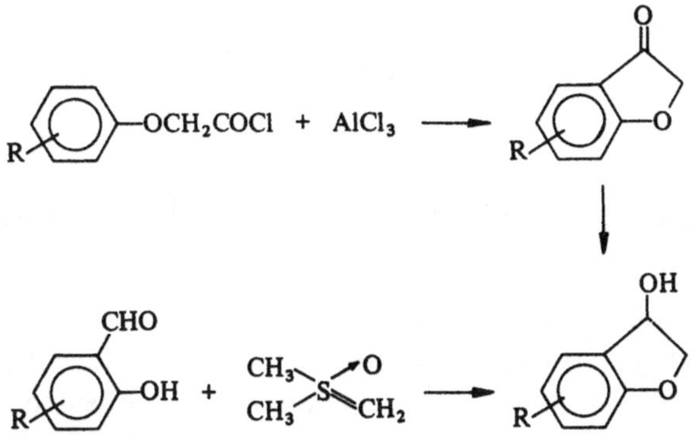

Reaktion 162

Die substituierten nicht cyclischen Komponente *211*, dessen Chrysanthemat eine gute insektizide Wirkung aufweist, kann durch Addition von Phenyldiazoniumsalzen auf Butadien nach Meerwein erhalten werden [462] (Reaktion 163):

Reaktion 163

Aufwendiger ist die Darstellung des wegen seiner schnellen Wirkung interessanten Permethrinsäureesteres des Alkohols *213* (Reaktion 164), welchen Sumitomo für den Hygienebereich als Insektizid entwickeln will. Dieser Wirkstoff zeichnet sich durch eine Häufung von ungesättigten CC-Bindungen aus. Die Racematspaltung des Alkohols *213* erfolgt durch bakterielle Verseifung des uninteressanten Acetates der absoluten Konfiguration R, während das erwünschte S-Isomere nach Abtrennung konventionell verseift wird [438]:

Reaktion 164

III. Herstellung der insektiziden Pyrethroid-Ester-Endstufe

Bei der bisher für die Pyrethroide beschriebenen Vielfalt der Synthesemöglichkeiten und -notwendigkeiten ist es nicht verwunderlich, daß auch die letzte Stufe, die Verknüpfung der hergestellten Säure- und Alkoholkomponenten zum insektiziden Wirkstoff, auf vielerlei Weise möglich ist, und daß für die Praxis neue Methoden erarbeitet werden mußten.

1. Esterbildungsmethoden aus Säure- und Alkoholkomponenten

Die Herstellung der Ester gelingt auf klassische Weise z.B. durch aceotrope Veresterung aus den freien Säuren und Alkoholen [464] (Reaktion 165):

Reaktion 165

jedoch sind andere Verfahren vorzuziehen. So reagieren unter milderen Bedingungen die Salze der Pyrethroidsäuren mit Benzyl-Verbindungen mit austretenden Gruppen, wie Halogen (Reaktionen 166, 167), Triäthylamin (Reaktion 168) oder Sulfonaten (Reaktion 169) unter Substitution zum Ester:

Reaktion 166 [465]

Reaktion 167 [466–468]

Reaktion 168 [469, 470]

Reaktion 169 [471]

Die Reaktion der Säurechloride mit den entsprechenden Alkoholen ist auch in Abwesenheit von Säurefängern und Lösungsmitteln möglich [472], wird aber für den Fall der Umsetzung der freien Cyanhydrine auf klassische Weise in Gegenwart von Basen vorgenommen [473], jedoch auch unter Katalyse von Lewsi-Säuren wie Zinkchlorid [474]. Unter diesen Bedingungen entstehen aus Säurechloriden und Aldehyden die α-Chlorbenzylester [475], die anschließend mit Alkalicyaniden umgesetzt werden [476]. Die so erhaltenen Cyanhydrinester sollen besonders rein und in hoher Ausbeute anfallen [474]. Das Cyanhydrin selbst braucht jedoch nicht extra hergestellt werden, wenn es, *in situ* aus Aldehyd *160* [477] entstehend, gleich mit einem Acylchlorid z.B. *214* umgesetzt wird zum Cyanhydrinester *215* (Fenvalerat) (Reaktion 170):

214   *160*   *215*

Reaktion 170

Aus Pyrethroidsäureamid und Alkohol ließ sich der Ester mit Hilfe von Bortrifluorid herstellen [478]. Die Möglichkeiten der Umesterung zweier verschiedener Ester (Reaktion 171) oder eines Esters mit einem anderen Alkohol (Reaktion 172) wurden intensiv untersucht [479–481]:

Reaktion 171

Reaktion 172

Während dieser basischen Reaktion bleibt das cis/trans-Verhältnis in der Säurekomponente nicht konstant. Als Nebenreaktion ist bei Einsatz der Permethrinsäure-alkylester mit Dehydrohalogenierung zu rechnen. In Gegenwart von Titansäure-orthoalkylestern [485] gelingt die Umesterung mit m-Phenoxybenzylalkohol [482, 483] bzw. dessen Acetat [484] (Reaktion 173) besser. Unter den

Reaktionsbedingungen erfolgt aber auch hier offenbar eine Abnahme des cis-Isomerenanteils:

cis/trans 58/42   cis/trans 44/56

Reaktion 173

Bei Umsetzungen der racemischen Pyrethroidsäure-Derivate mit den racemischen Cyanhydrinen entsteht nicht unbedingt das statistisch zu erwartende Diastereomerengemisch, sondern je nach eingesetzter Säure kann ein Diastereomerenüberschuß des richtigen, aber auch des falschen und nicht insektiziden Esters entstehen [486].

2. Bildung von Esterkomponenten erst während des letzten Reaktionsschrittes zum Wirkstoff

Die Herstellung des eigentlichen Esterwirkstoffes kann auch durch Reaktionen erfolgen, bei denen die eigentlichen Säure- bzw. Alkohol-Komponenten erst während der Endreaktion entsteht. So im Verlauf der Zersetzung eines Pyrethroid-alkohol-diazoacetates in Gegenwart von geeigneten Olefinen [487, 488], oder während der Faworski-Umlagerung von α-Halogencyclobutanonen in Anwesenheit von Pyrethroid-alkoholaten [489]. Diese bilden sich auch *in situ* aus dem Aldehyd *160* mit Cyanidionen [490] (Reaktion 174):

160   *Reaktion 174*

Die weiter vorn beschriebene Sagami-Synthese der Permethrinsäure ergibt im Fall der offenkettigen Ester mit Pyrethroidalkohol-Komponete *216* durch die 1,3-Cyclo-Eliminierung den fertigen Wirkstoff *217* [246] (Reaktion 175):

216   *Reaktion 175*   *217*

Die Bildung der eigentlichen Alkohol-Komponente geht erst bei der folgenden Claisen-Umlagerung [491] des aus Chrysanthemumsäureanhydrid *218* und dem sekundären Allylalkohol *219* entstehenden Zwischenproduktes vor sich (Reaktion *176*):

218 *219*

Reaktion 176

sowie bei der Retrodien-Reaktion 177 des Propargylchrysanthemates *220* mit dem Heterocyclus *221* unter Bildung von Resmethrin *222* und Acetonitril [493].

220 *221* *222* CH_3CN

Reaktion 177

Auch die Verwendung des Sulfonylesters des falschen Antipoden des Allethrolons *195* zur Umsetzung mit Chrysanthemat-Ionen unter Bildung des richtigen konfigurierten Esters gehört hierher [492].

Unter den Bedingungen der praktischen Anwendung von Pyrethroid-Insektiziden, besonders in geschlossenen Räumen, bildet sich beim Verräuchern des Allethrins *223* pyrolytisch ein noch stärker wirkendes neues Pyrethroid *224* (Reaktion 178) [494], neben dem Pyrocin 20, welches ebenfalls gegen Mücken toxisch ist [495].

223 *224* *20*

Reaktion 178

3. Gewinnung der optisch aktiven Pyrethroidester

Im Falle des Dekamethrin *225* bildet zufälligerweise das richtige (S)-konfigurierte Cyanhydrin mit dem effektivsten 1(R)-cis-Säureisomeren der Dibromvinylsäure ein gut kristallisierendes und leicht abtrennbares Diastereomeres. Durch basische

Behandlung (Reaktion 179) wird das andere Stereoisomere *226* im schwach aciden Alkohol-Teil racemisiert. Somit ist schließlich die gesamte Mischung in das 1-(R)-cis-(S)-Isomere *226* verwandelbar [496–498].

Reaktion 179

Das gleiche gilt für das Fenvalerat *215*, bei dem auch das S,S'-Diastereomere schwer löslich, das andere nicht insektizide Isomere mit der R-Konfiguration im Alkohol-Teil leicht löslich, aber basisch isomerisierbar ist [497, 499, 500].

Im völlig racemischen Fenvalerat *215* beträgt der Anteil an insektizidem Ester aus S-Säure und S'-Alkohol statistisch nur 25%. Es wurde gefunden [500], daß ein 1:1-Gemisch aus den Diastereomeren S–S' und R–R' auch schwer lösliche Mischkristalle gibt. Der Rest, bestehend aus R–S' und S–R' ist leicht löslich und wird wie oben basisch isomerisiert. Das so angereicherte kristalline racemische Fenvalerat mit einem Insektizidanteil von 50% ist also doppelt so wirksam geworden, ohne den vergleichsweise mühsamen Umweg über eine Antipodenspaltung der Fenvalerat-säure *153* beschritten haben zu müssen.

Aus dem ökonomisch sehr bedeutsamen Cypermethrin und seinen Diastereomerengemischen konnten bisher noch nicht die wirkungslosen (aber ebenso teuren) Isomeren durch einfache Kristallisation (wie oben) abgetrennt werden. Man erhält das besonders wirksame Isomere des Cypermethrin (*227*) aus der optisch aktiven 1-(R)-Permethrinsäure und (S)-m-Phenoxybenzaldehydcyanhydrin auf dem Umweg über die Entwässerung (Reaktion 180) der entsprechenden Ester *228* der optisch aktiven (S)-m-Phenoxymandelsäureamide [501, 502], welche durch Verseifung der Cyanhydrine *168* und Racematspaltung der so gewonnenen Mandelsäuren erhalten werden:

228

1–R–cis, S'

227

1–R–cis, S'

Reaktion 180

C. Faktensammlung

I. Zusammenstellung von Patentanmeldungen
synthetischer Pyrethroid-Wirkstoffe

In der Tabelle sind, dem Prioritätsdatum der Patentanmeldung (welches 6 Monate bis 3 Jahre vor dem Publikationszeitpunkt liegt) bzw. dem Publikationszeitpunkt in einem wissenschaftlichen Journal nach geordnet, der weitaus größte Teil der synthetischen Pyrethroid-Wirkstoffe listenmäßig aufgeführt (Stand Prioritätsdatum Mitte 1979, Publikationsdatum Ende 1980). Aus ihr ist die Breite der Variationsfähigkeit im Alkohol- und Säureteil zu ersehen. Ein Teil der Wirkstoffe zeigt jedoch nur sehr insektizide Effekte. Wichtige Beiträge zur Pyrethroidchemie wurden unabhängig voneinander gleichzeitig von verschiedenen Firmen oder Institutionen geleistet. – Der Aktualität halber wurde dieser Teil des Manuskriptes bis zum Erscheinen des Buches in Schreibsatz fortgeführt.

Synthetische Pyrethroide

Reihenfolge der Prioritäten der wichtigsten Patentanmeldungen bzw. Publikationen
neuer insekticider Wirkstoffe mit Herausstellung besonders interessanter Verbindungen.

Helv. Chim. Acta 1924, 456   Staudinger + Ruzicka

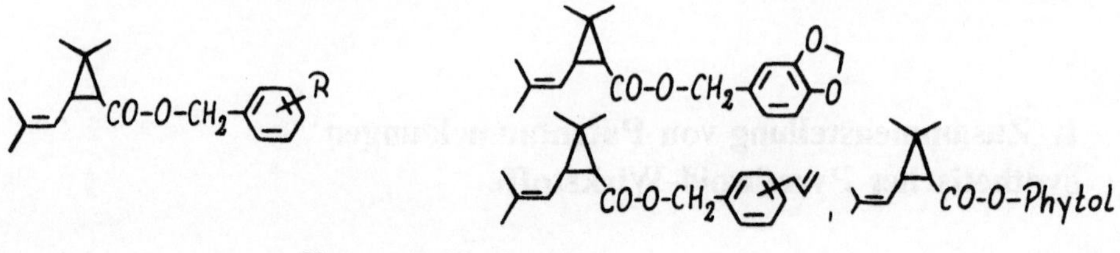

allererste Varianten

J. Am. Chem. Soc. 71 (1949) 3165   La Forge

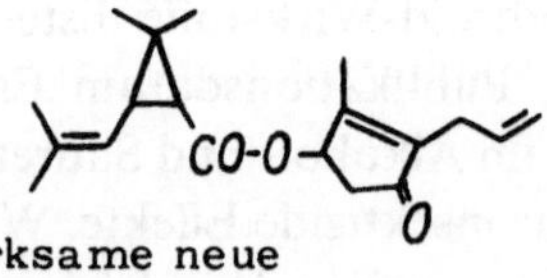

erste gut wirksame neue
Alkoholkomponente

1957   Coll. Czech. Chem. Commun. 22 (1959) 2230   Farkas u. Sorm

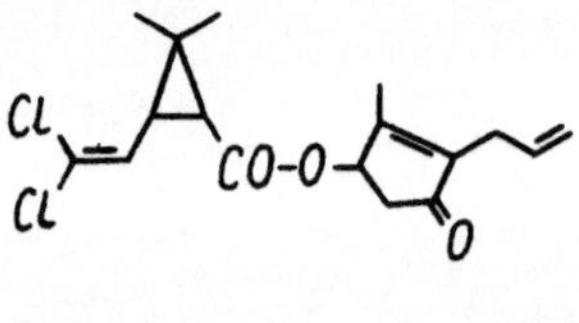

neue Säurekomponente

1960   JA   4074/64   23.3.1960   Sumitomo

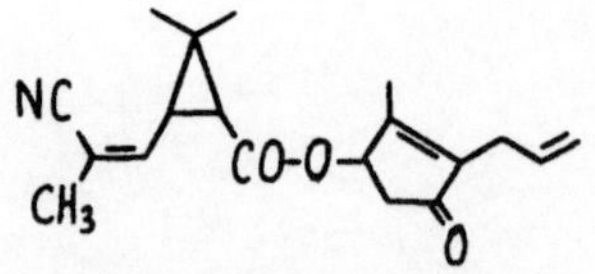

neue Säurekomponente

1961   Coll. Czech. Chem. Commun. 26 (1961) 2090   Volkov

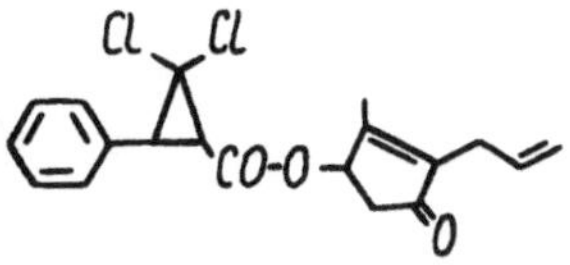

neuartige Säurekomponente

1962   JA   7800/64   25.6.1962   Dainippon

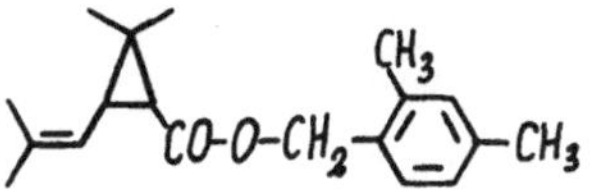

neue Alkoholkomponente

JA   11 899/64   9.7.1962   Dainippon

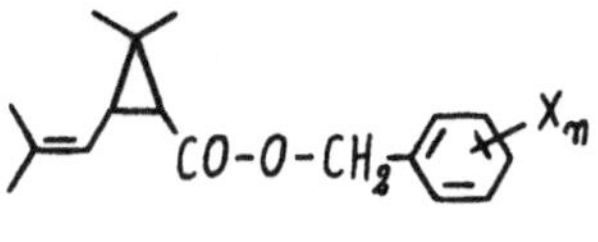

X = Hal, Alk, OAlk;   n = 1-5
neue Alkoholkomponenten

JA   18 142/64   6.8.1962 (DAS 1 745 798)   Sumitomo

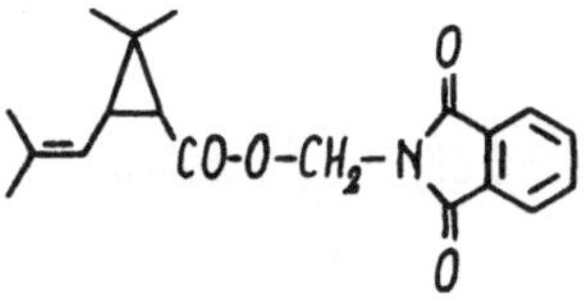

neuartige Alkoholkomponente

1963   GB   1 078 511   18.3.63   Elliott et al, NRDC

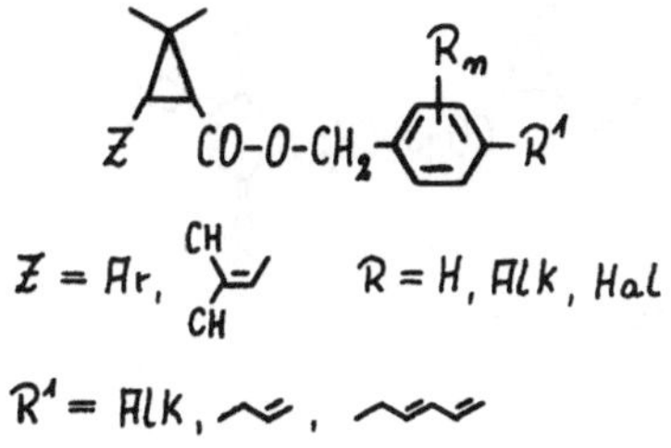

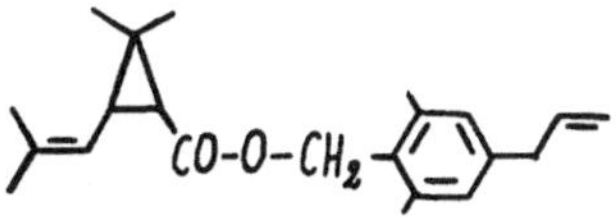

Z = Ar,   R = H, Alk, Hal

R^1 = Alk,

JA   12 319/65   4.4.1963   Sumitomo

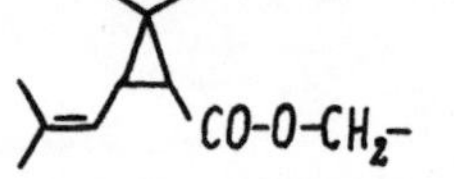

neue Alkoholkomponenten

JA   21 358/65   4.4.1963   Sumitomo
FR   2 094 494 23.6.1970   Aries

neue Alkoholkomponente

US   3 285 950   2.10.1963   Hoffmann-LaRoche

(mehrfach ungesättigt Alkyl)

neuartige Alkoholkomponente

JA   10 895/66   3.12.1963   Sumitomo

neue Alkoholkomponente

JA   23 194/65   5.12.1963   Sumitomo

neue Alkoholkomponente

JA   22 759/66   5.12.1963   Sumitomo

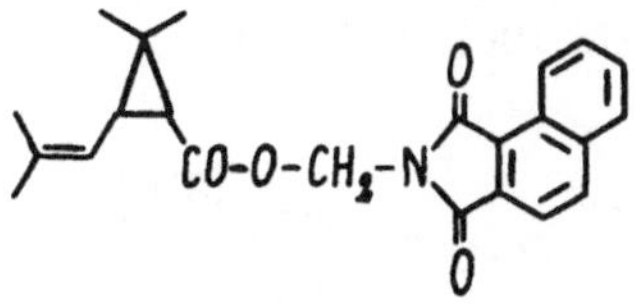

neue Alkoholkomponente

BE   657 192   17.12.1963   Sumitomo

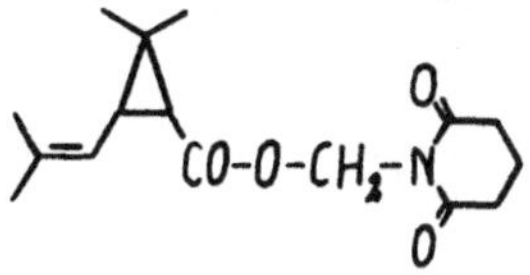

neue Alkoholkomponente

1964   JA   9 559/66   14.5.64   Sumitomo

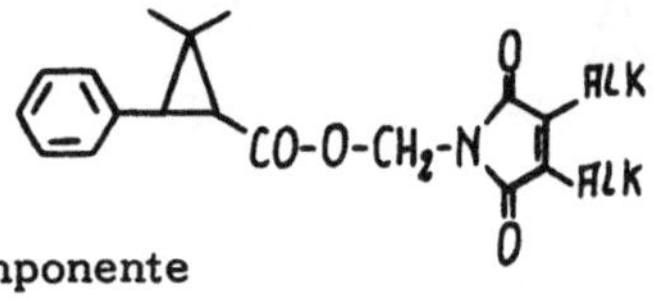

neue Alkoholkomponente

1965   NL   6 601 766   12.2.65   Elliott, NRDC

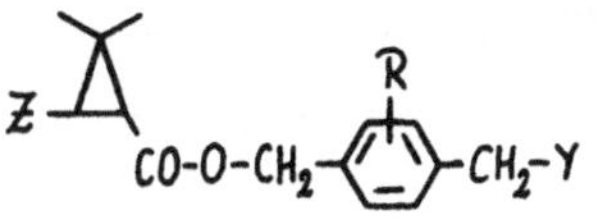

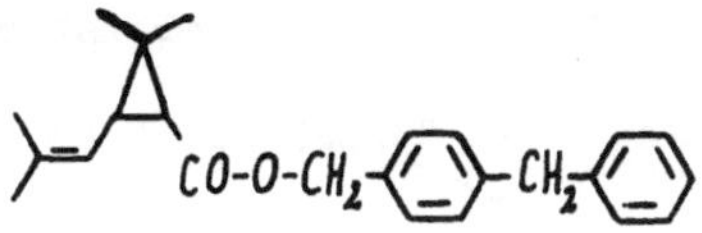

Z = Alk, Alkenyl, Carbalkoxyalkenyl
R = H, Alk, Hal
y = Phenyl, Furyl

neue Alkoholkomponente

NL   6 602 225   19.2.65   Sumitomo

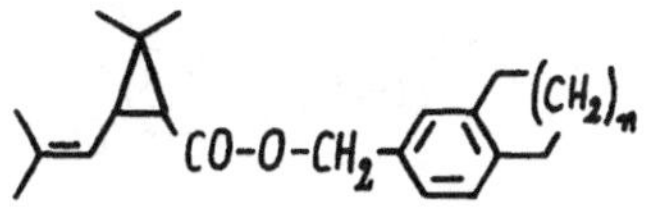

neue Alkoholkomponente

FR   1 439 914   22.2.65   Elliott, NRDC
Pestic. Sci. 1970, 49

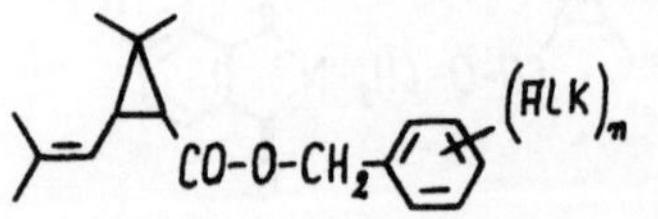

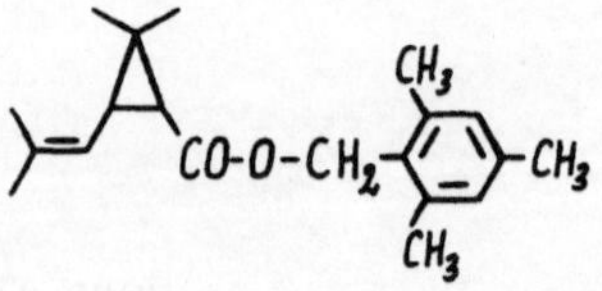

neue Alkohokomponente

FR   1 439 914   22.2.65   Elliott, NRDC

1R trans

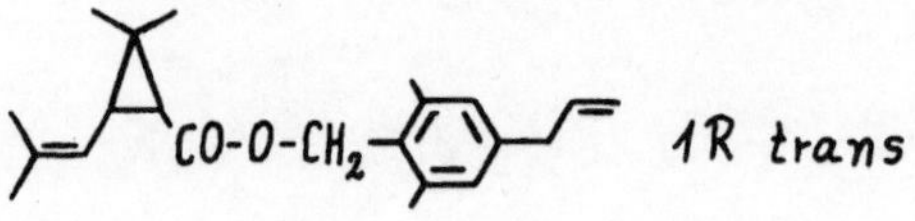

neues Isomeres

BE   660 565   3.3.65   Elliott, NRDC

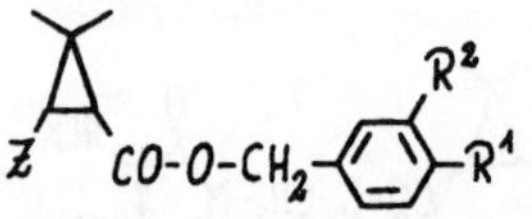

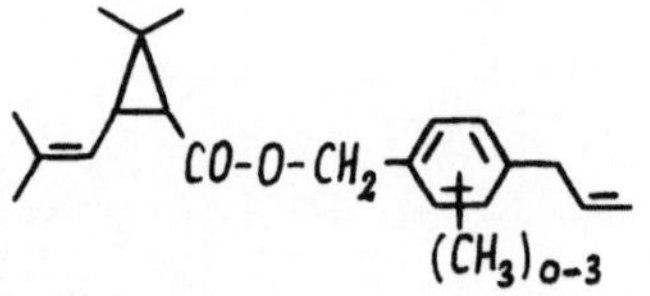

Z = Aryl, Alkenyl, Carbalkoxyalkenyl
R^1 = Hal, Alkyl, Alkenyl, Alkadienyl
R^2 = H, Hal, Alk, Alkenyl
neue Alkoholkomponenten

JA   46 032/65   29.7.65   Sumitomo

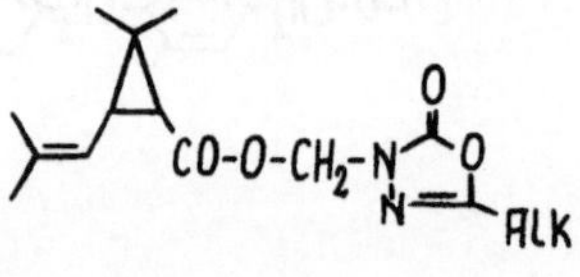

neue Alkoholkomponente

JA   70-28798   25.11.65   Dainippon

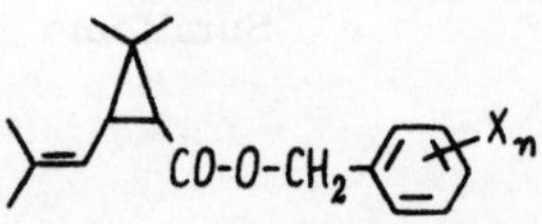

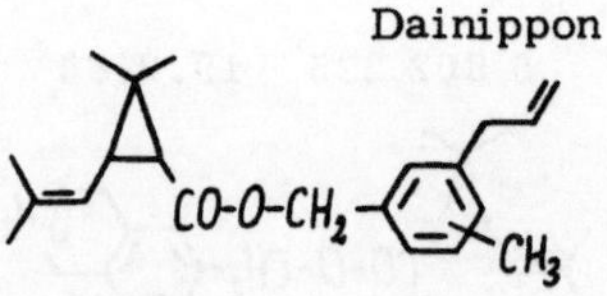

X = Alk, OAlk, Hal NO_2, Alkyl (nicht para)
n = 1-5
neue Alkoholkomponente

GB   52 406/65   9.12.65   Elliott, NRDC
NL   6617119
BE   690 984
Nature 213, (1967) 493

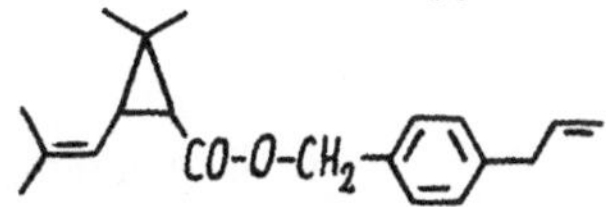

R = CH$_3$, CH$_3$-O-OC

        neue Alkoholkomponente
        ungewöhnl. stark wirkendes Insekticid

JA   70-26487   13.12.65   Dainippon

        neue Alkoholkomponente

1966   BE   698 098   28.6.66   Dainippon
       Agric. Biol. Chem. (Tokyo) 31, (1967) 259

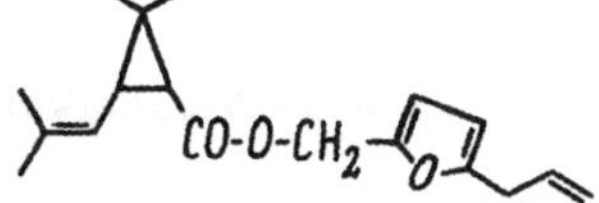

X = Acyl, Alkenyl, Alkoxy
     Alkenyloxy, Hal, NO$_2$
n = 1-3

        neue Alkoholkomponente

DOS   1 793 158   20.7.66   Sumitomo
JA   50-03369   T.Kitahara
Agric. Biol. Chem. 31, (1967), 1143

        neuartige Säurekomponente

C. Faktensammlung

JA   20 094/69   24.8.66   Sumitomo

neuartige Alkoholkomponente

FR   1 505 423   26.8.66   Roussel-Uclaf
DOS   1 668 603
J. Econ. Entomol. 66 (1973) 1255   R.L.Peterson u.
                                              R.L.Lyon

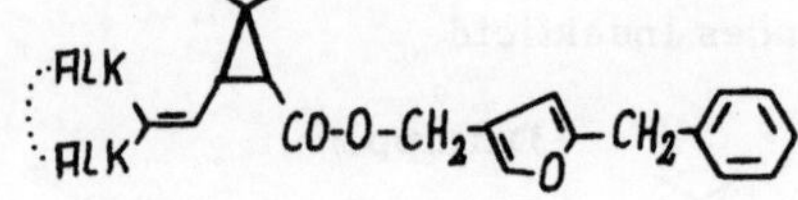

neue Säurekomponente

JA   63 407/69   24.10.66   Taisho

neue Alkoholkomponente

JA   75-3370   16.10.66   Sumitomo
FR   2 271 196 16. 5.74   Aries

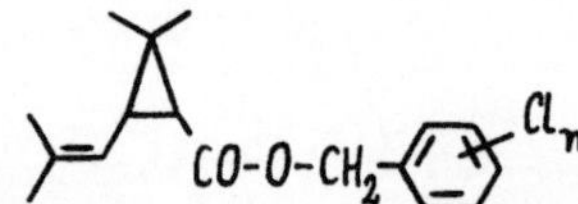

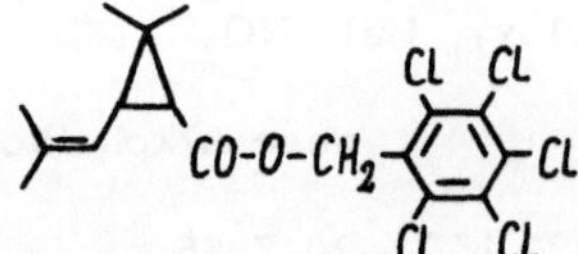

n = 3-5

neue Alkoholkomponente

FR   1 550 606   23.12.66   Dainippon
Agr. Biol. Chem. 33, (1969) 1361   Y.Katsuda

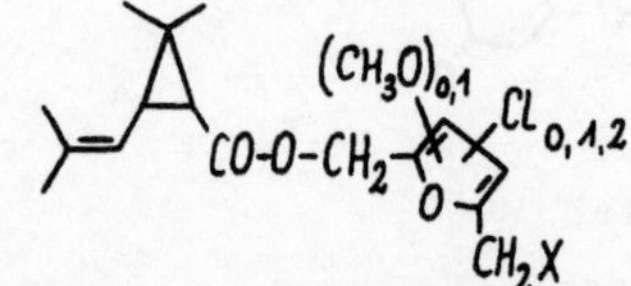

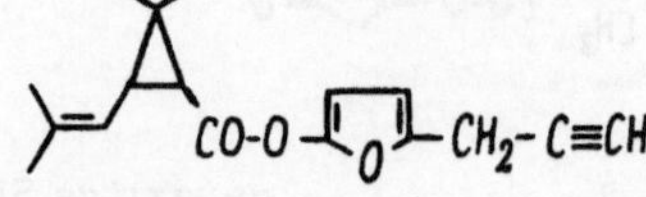

X = Äthinyl, Vinyl, OAlk, Phenyl

neue Alkoholkomponenten

JA   70-09399   23.12.66   Dainippon

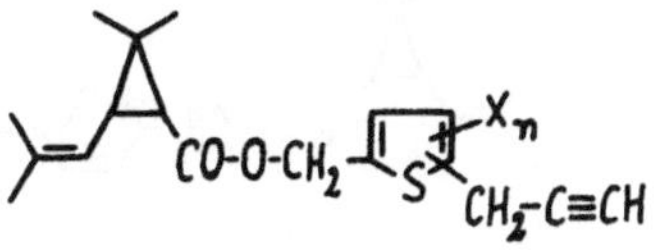

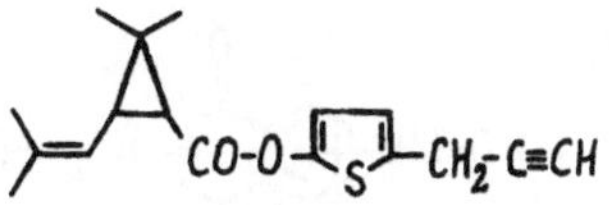

X = Alk, OAlk, Alkinyl, Acyl
    Cl, Phenethyl
n = 1, 2

neue Alkoholkomponente

JA   29 868/68   23.12.66   Dainippon

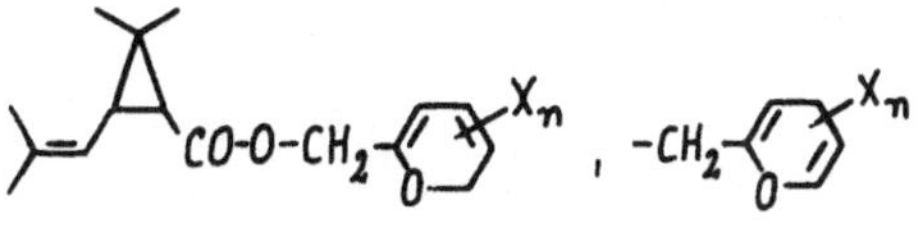

X = Alk(en)yl, Alkinyl, Phenyl,
    Alkylphenyl, OAlk(en)yl
n = 1-3

neue Alkoholkomponente

1967   JA   27 990/69   7.4.67   Yoshitomi

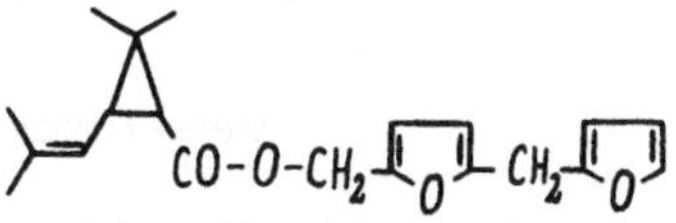

neue Alkoholkomponente

JA   29 869/69   18.4.67   Dainippon

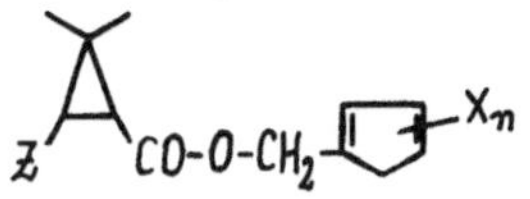

Z = Phenyl, Isobutenyl,

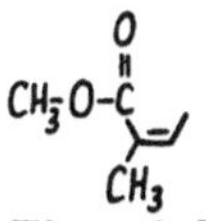

X = Alk(en)yl, Alkinyl, Phenylalk(en)yl,
    Furfuryl, Alk(en)oxy, Acyl, Hal

neue Alkoholkomponente

JA   27 993/69   22.4.67   Dainippon

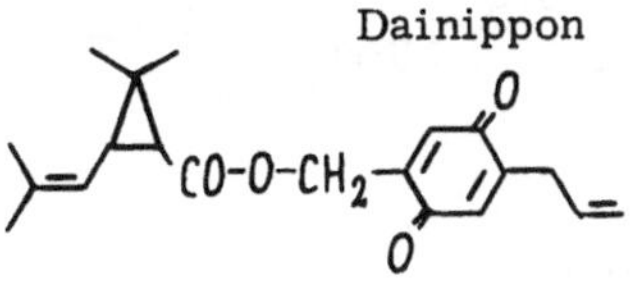

neue Alkoholkomponente

JA   70-09557   22.4.67   Dainippon

Z = Phenyl, Isobutenyl,

R = Hal, Alk
R^1 = OAlk, Hal

neue Alkoholkomponente

JA   27 992/69   22.4.67   Dainippon

Z = Phenyl, Isobutenyl,

X = Alk(en, in)yl, Phenylalkyl
    Alk(en)oxy, Acyl, Hal, Phenyl
n = 1-3 ; m = 1-4

neue Alkoholkomponente

JA   27 991/69   28.4.67   Dainippon
                                                                       (Katsuta)

Z = Phenyl, Isobutenyl,

X = Alk(en, m)yl, Phenylalkyl
    Alk(en)oxy, Acyl, Hal, Phenyl

neue Alkoholkomponente

JA   6 831/70   13.6.67   Katsuta

R = Alk
R^1 = Alk(en)yl, Benzyl, Furyl
n = 1, 2, 3

FR   1 569 411   7.6.67   Yoshitomi

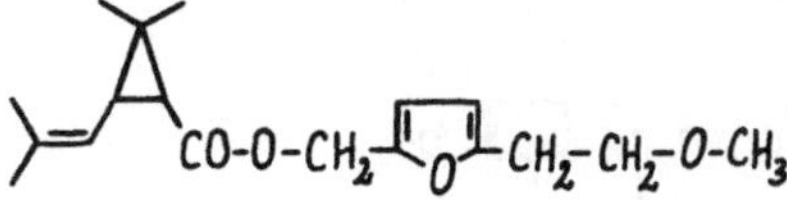

neue Alkoholkomponente

JA   31 597/69   29.6.67   Yoshitomi

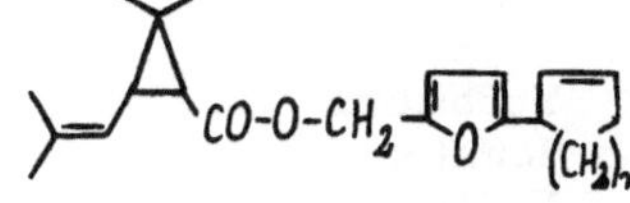

n = 2, 3   neue Alkoholkomponente

JA   70-12315   21.7.67   Yoshitomi

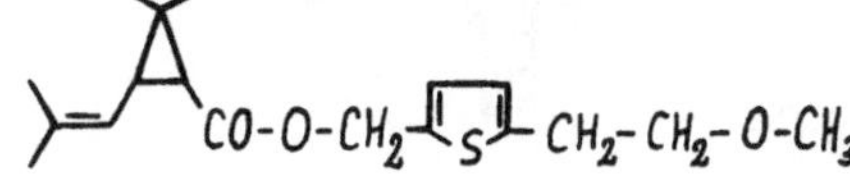

neue Alkoholkomponente

JA   71-06635   26.7.67   Yoshitomi

neue Alkoholkomponente

JA   70-12316   29.7.67   Yoshitomi

neue Alkoholkomponente

JA   70-11318   9.8.67   Yoshitomi

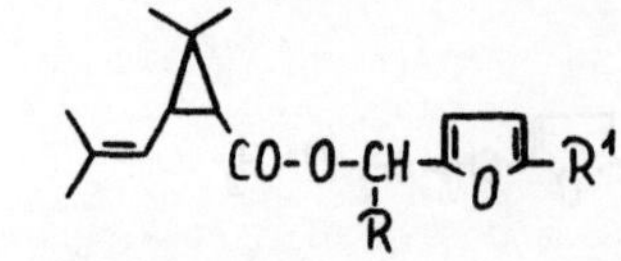

$$\text{CO-O-CH}(R)\text{-[}\ldots\text{O}\ldots\text{]-}R^1$$

R = Alk, Phenyl
R^1 = Alk(en, in)yl

         neue Alkoholkomponente

JA   7 069/70   11.8.67   Yoshitomi
US   3 832 467   11.8.67   Sumitomo
Scientific Pest Kontrol Botyn Kagaku <u>1970</u>, 87   M. Nakanishi

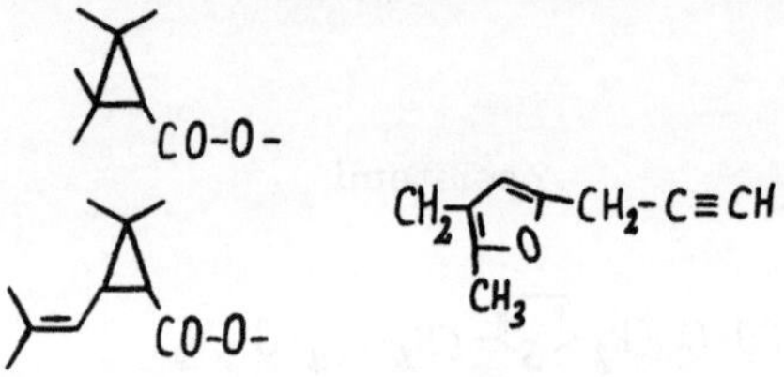

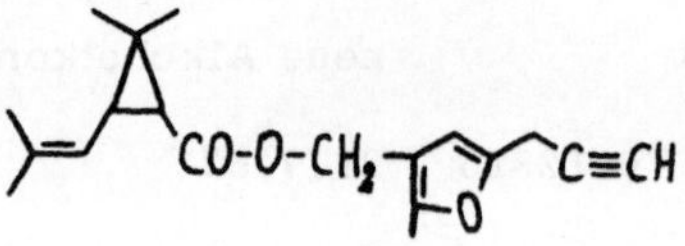

$$\text{CO-O-}$$
$$\text{CO-O-}$$
$$\text{CH}_2\text{-[}\ldots\text{O}\ldots\text{]-CH}_2\text{-C}\equiv\text{CH} \quad (\text{CH}_3)$$

$$\text{CO-O-CH}_2\text{-[}\ldots\text{O}\ldots\text{]-CH}_2\text{-C}\equiv\text{CH}$$

         neue Alkoholkomponente

JA   7 071/70   29.8.67   Yoshitomi

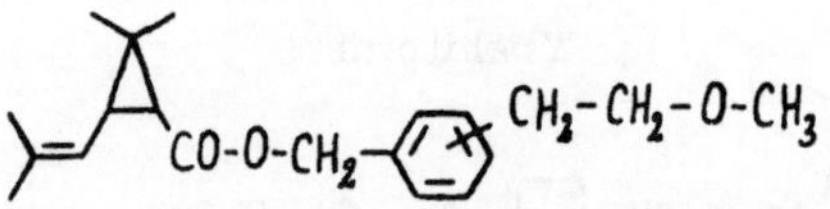

$$\text{CO-O-CH}_2\text{-[C}_6\text{H}_4\text{]-CH}_2\text{-CH}_2\text{-O-CH}_3$$

         neue Alkoholkomponente

JA   75-4660   26.9.67   Yoshitomi

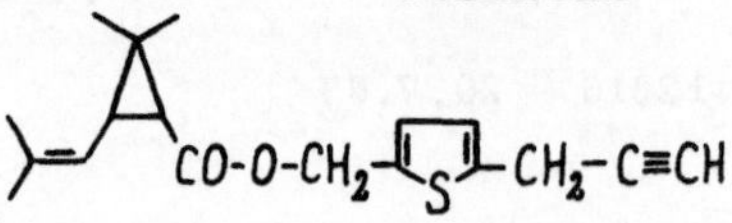

$$\text{CO-O-CH}_2\text{-[}\ldots\text{S}\ldots\text{]-CH}_2\text{-C}\equiv\text{CH}$$

         neue Alkoholkomponente

JA   7 073/70   17.10.67   Yoshitomi

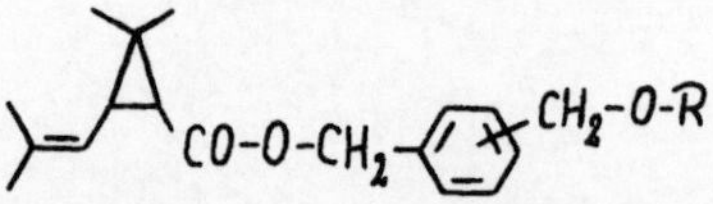

$$\text{CO-O-CH}_2\text{-[C}_6\text{H}_4\text{]-CH}_2\text{-O-R}$$

R = Alk(en, in)yl

JA 70-38270 16.11.67   Dainippon
Agr. Biol. Chem. 33, (1969) 1361   Katsuta

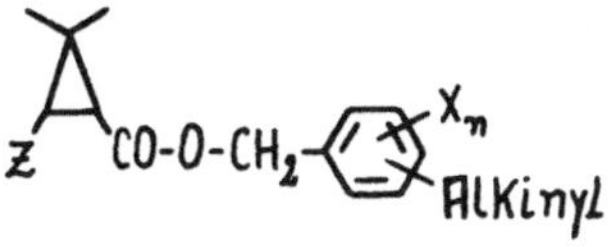

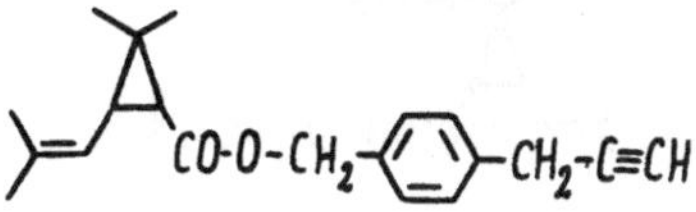

Z = Phenyl, Isobutenyl,

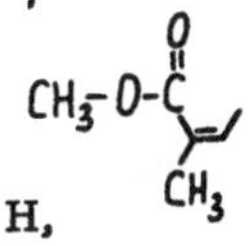

X = Alk, OAlk, Alkinyl, H,
    AlkCO, AlkCO$(CH_2)_n$-
m = 1, 2; n = 1-2

neue Alkoholkomponente

1967   JA 74-032059 18.11.67   Yoshitomi

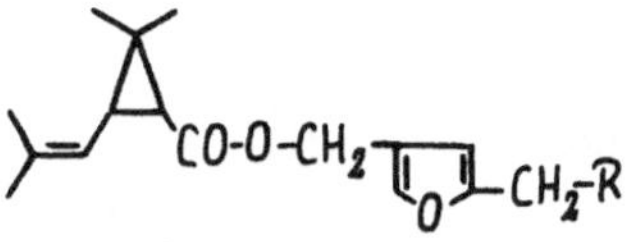

R = Cycloalk(en)yl

neue Alkoholkomponente

JA 71-331220 18.11.67   Yoshitomi

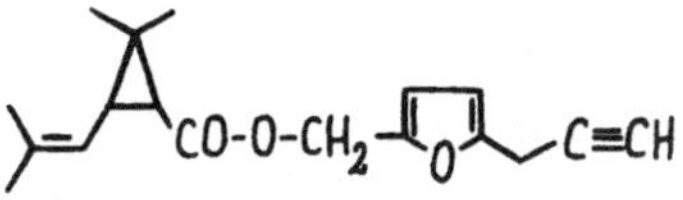

1R trans

neues Wirkstoffisomeres

JA 70-38359 22.12.67   Katsuta

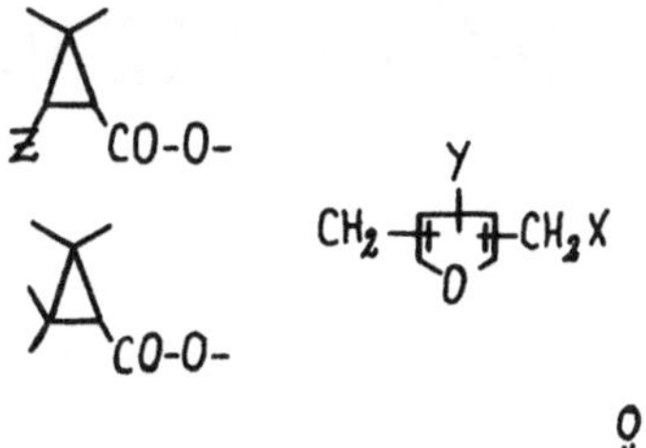

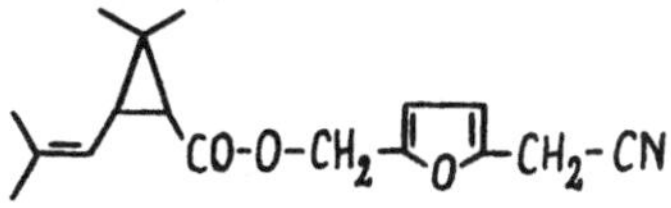

Z = Phenyl, Isobutenyl,

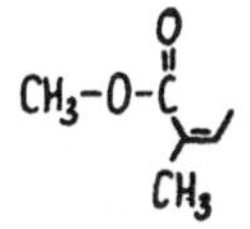

X = CN, SCN, COOAlk
Y = OAlk, Alk(en)yl

neue Alkoholkomponente

JA   71-09359   30.12.67   Yoshitomi

$R = CH_2-C\equiv CH, \quad -CH=C=CH_2$

neue Alkoholkomponente (Gemisch)

1968   JA   71-08995   11.1.68   Yoshitomi

neue Alkoholkomponente

JA   71-04197   23.1.68   Yoshitomi

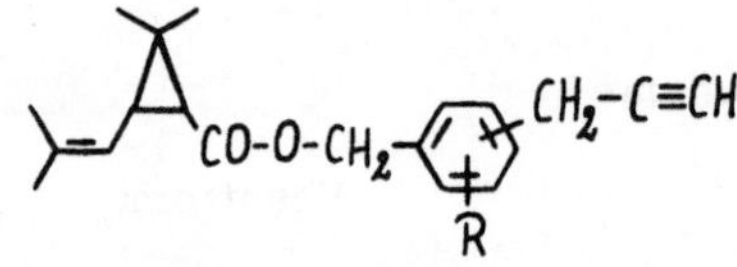

R = H, Alk

neue Alkoholkomponente

JA   72-18666   7.2.68   Yoshitomi

R = Alk
n = 1, 2

neue Alkoholkomponente

JA   71-35872   2.3.68   Yoshitomi

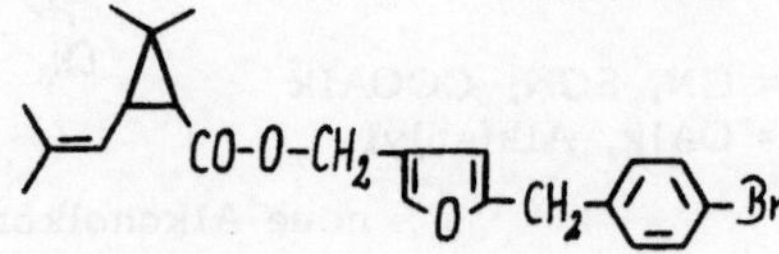

neue Alkoholkomponente

JA   71-24267   8.3.68   Yoshitomi

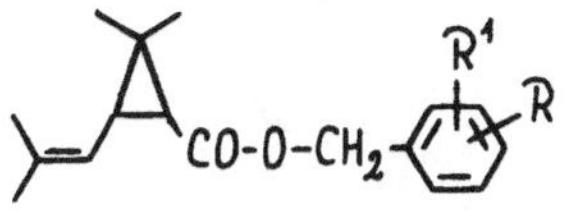

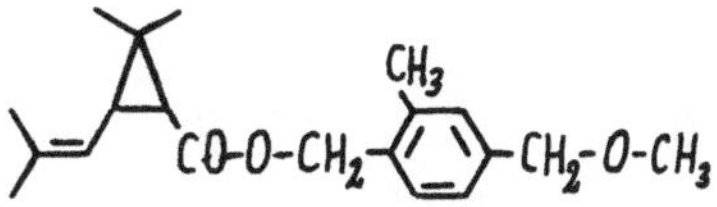

R_1 = Alkoalk
R^1 = H, Alk

neue Alkoholkomponente

JA   71-40617   2.5.68   Sankyo

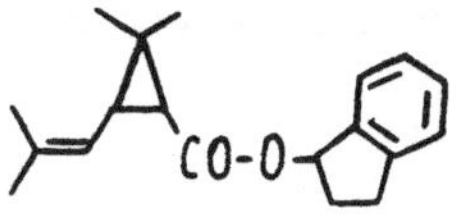

neue Alkoholkomponente

JA   71-04198   2.5.68   Yoshitomi

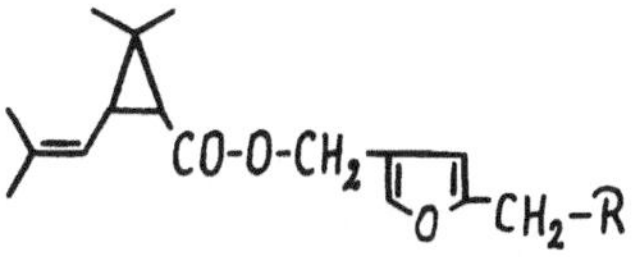

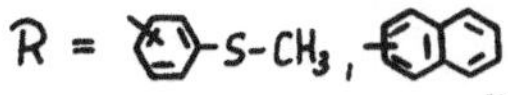

R = ... neue Alkoholkomponente

JA   69-07125   11.5.68   Sumitomo

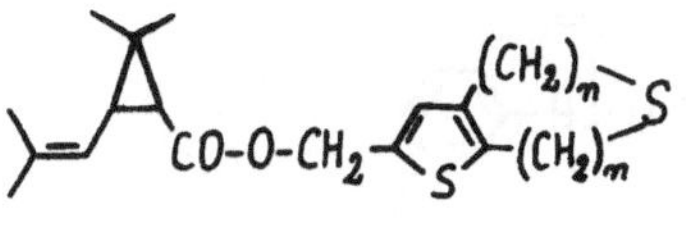

neue Alkoholkomponente

JA   71-06904   3.6.68   Sumitomo

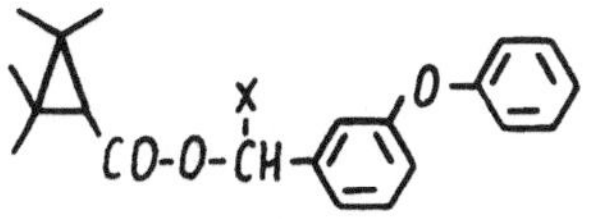

X = H, C≡CH   neue Alkoholkomponente

NL   6 908 551   6.6.68   Sumitomo

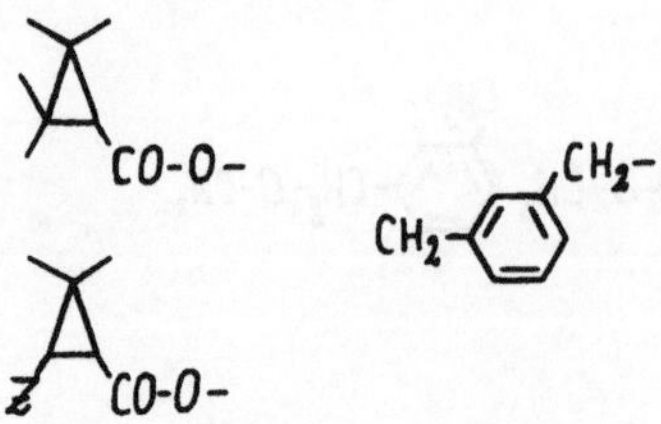

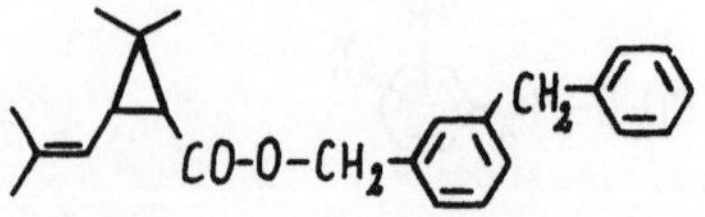

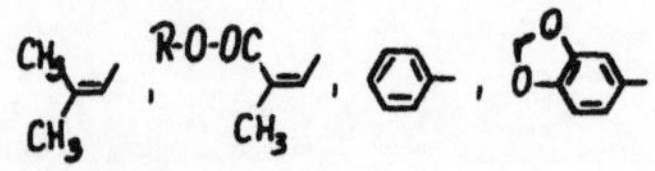

Ar = Phenyl, Heterocycl.

neue Alkoholkomponente

DOS   1 929 809   13.6.68   Sumitomo

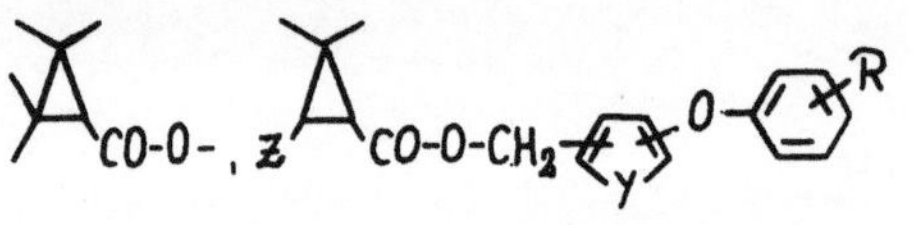

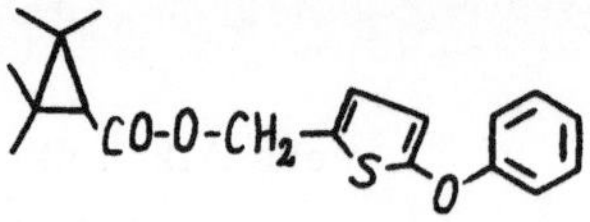

Z = Phenyl, Isobutenyl, $CH_3\text{-}O\text{-}\overset{\overset{O}{\|}}{C}$

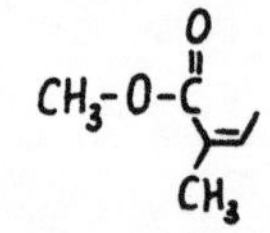

Y = O, S
R = H, CH_3, Hal.

neue Alkoholkomponente

BE   738 112   29.8.68   BASF

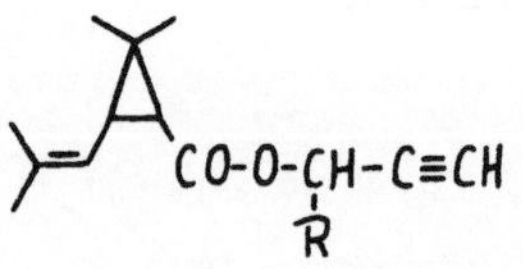

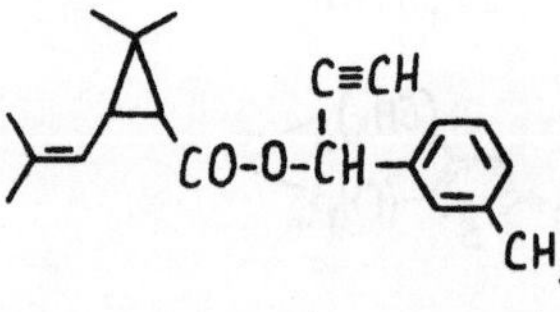

R = 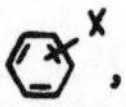 , Naphthyl

X = Hal, Hal_3C, Alkyl, Alkenyl

neue Alkoholkomponente

SU   305 763   5.9.68   Blinova

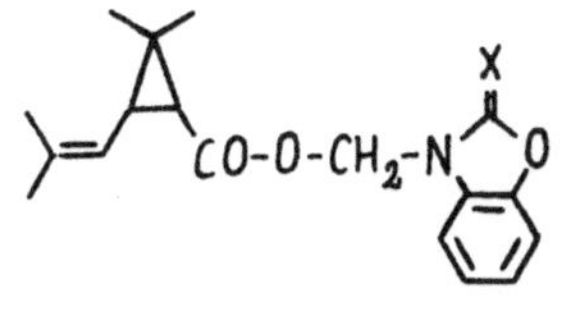

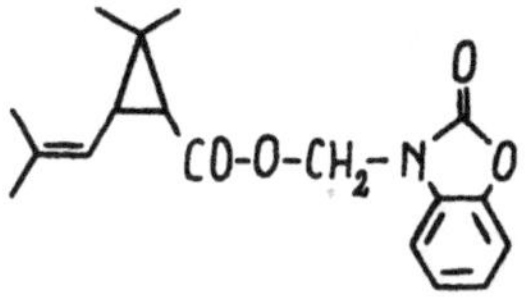

X = O, S

neue Alkoholkomponente

FR   1 541 893   11.10.68   Sumitomo

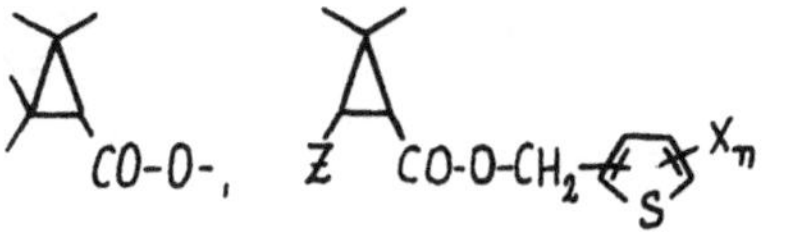

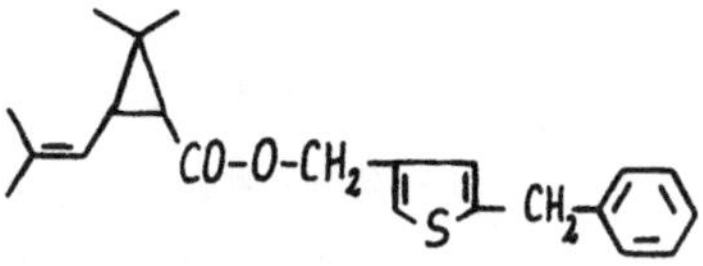

$Z = $ 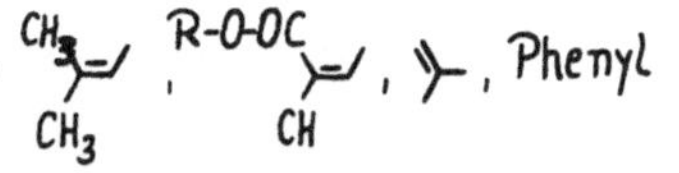 $X = $ Hal, Alk, CH_2Ar
n = 1-3

neue Alkoholkomponente

US RE   28 110   9.12.68   Hoffmann-La Roche

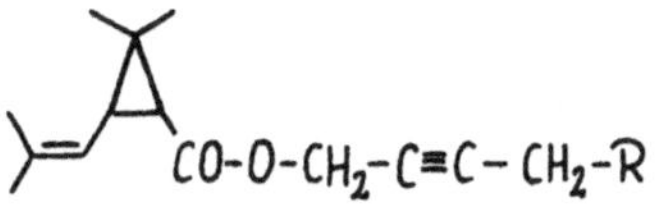

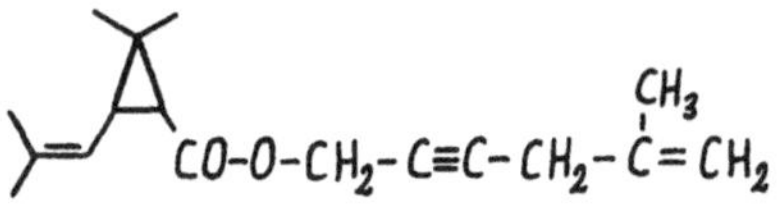

$R = -C≡CH, -CH = C$
$R^1 = H$, Alk

neuartige Alkoholkomponente

DOS   1 926 433   31.5.68   Sumitomo
Agr. Biol. Chem. 37, (1973) 2681   Fujimoto et. al.

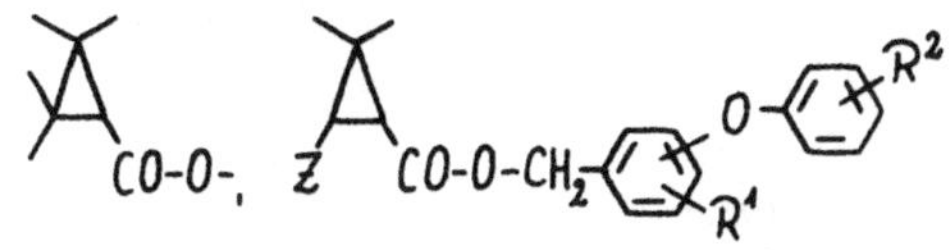

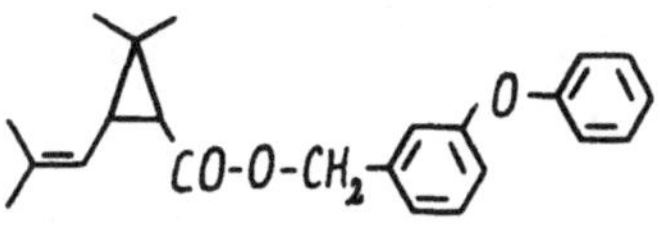

Z = Phenyl, Isobutenyl,

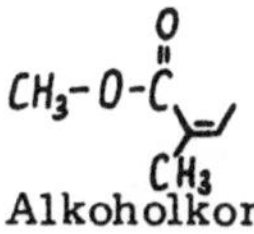

R = H, Cl, CH_3 neue Alkoholkomponente, photostabiler Alkohol

1969   Agr. Biol. Chem. 33, (1969) 1361   Katsuta

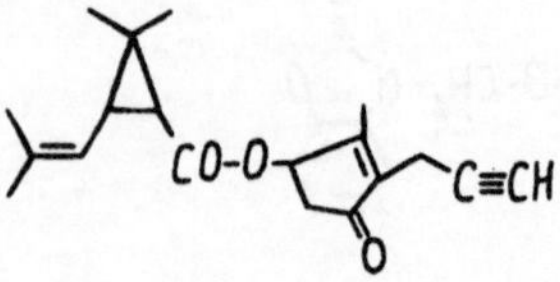

neue Alkoholkomponente

DOS   2 000 636   9.1.69   Taisho

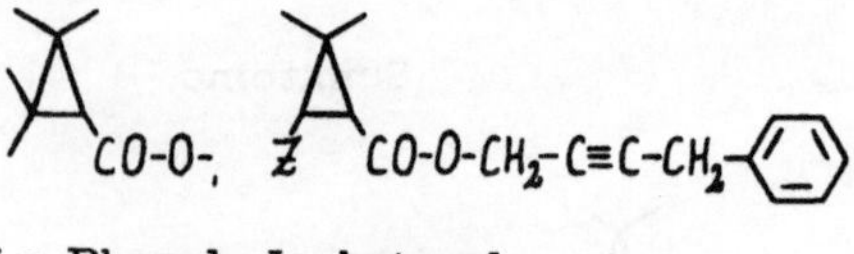

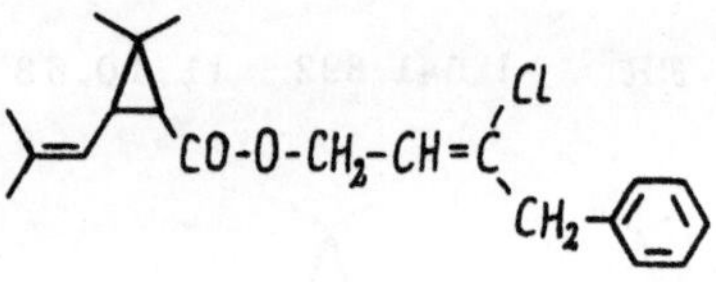

Z = Phenyl, Isobutenyl,

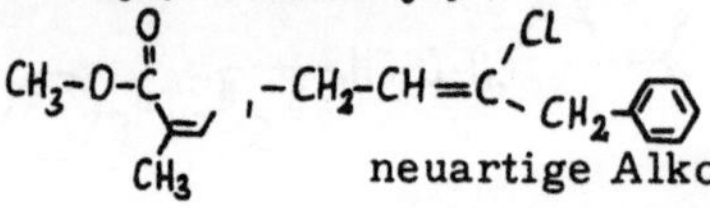

neuartige Alkoholkomponente

DOS   2 005 489   7.2.69   Roussel-Uclaf
BE   745 605

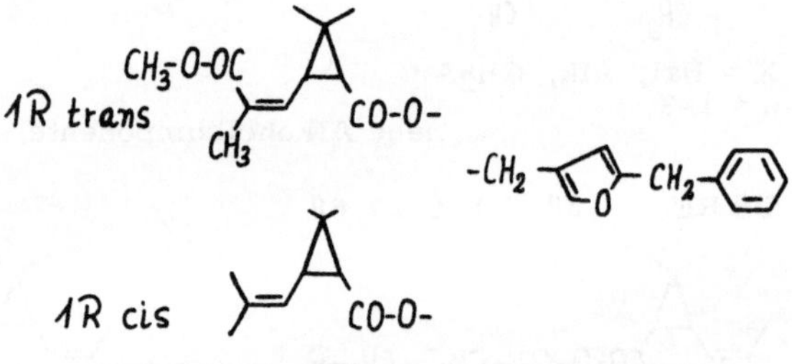

1R trans

1R cis

neue Wirkstoffisomere
mit besonders schneller Wirkung

DOS   2 016 608   8.4.69   Sumitomo

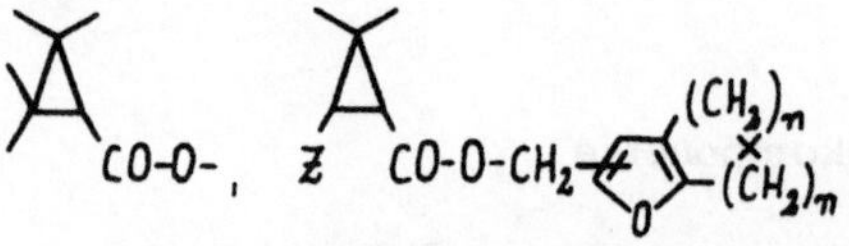

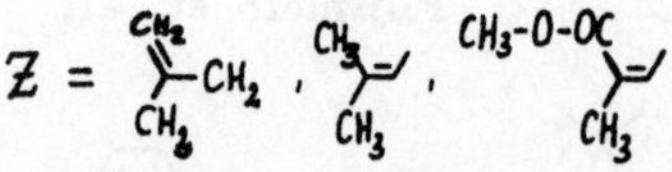

X = O, S,
n = 0-3

neue Alkoholkomponente

FR   2 043 019   8.4.69   Sumitomo

R = CH_3, CH_3O_2C-
X = O, S, -CH = CH-

              neue Alkoholkomponente

US   3 666 789   21.5.69   Sumitomo

X = O, S   neue Alkoholkomponente

JA   76-4984   31.5.69   Taisho

           neue Alkoholkomponente

DOS   2 028 275   2.6.69   Sankyo
Agr. Biol. Chem. 42, (1978) 1767   Y. Nakada

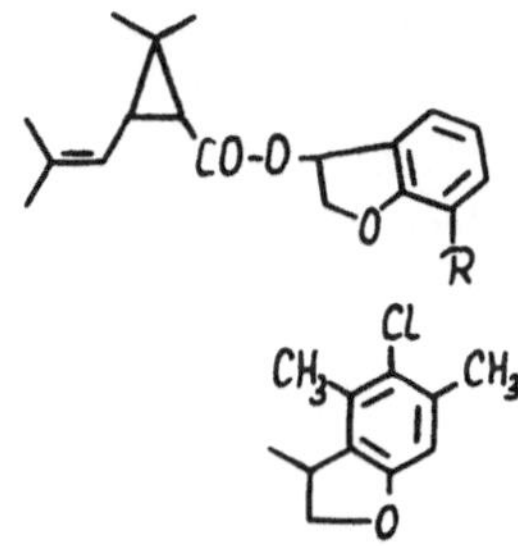

R = Cl, CH_3

           neue Alkoholkomponente

DOS   2 029 043   13.6.69   Roussel-Uclaf

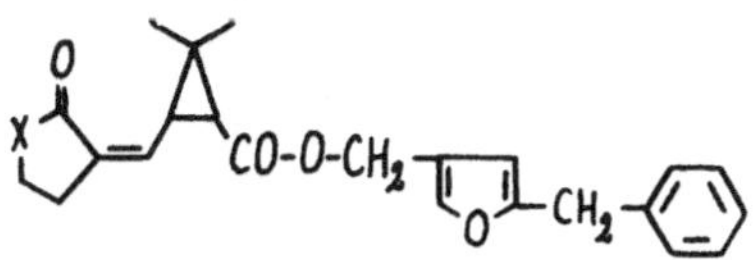
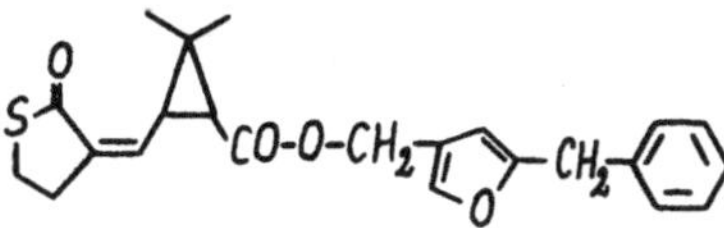

X = O, S

           neue Säurekomponente
           besonders schnell wirkender Ester

JA 72-45488 5.7.69 Dainippon

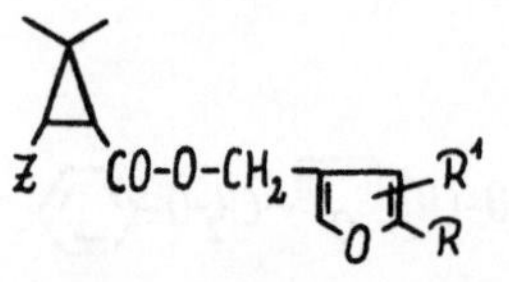

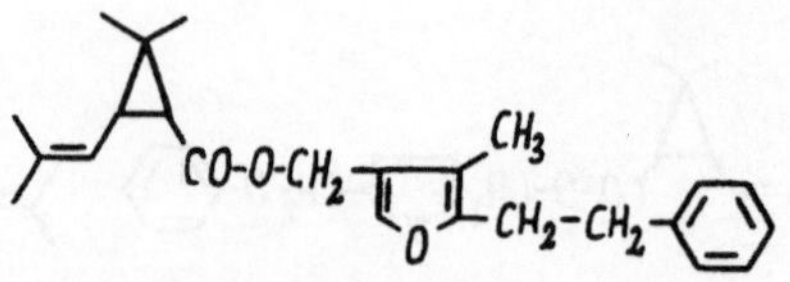

Z = 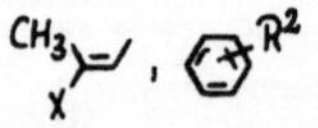

X = CH_3, CH_3O_2C
R = Alk(in)yl, Phenylalkyl, Benzoyl
R^1 = Alk, AlkO, Cl
R^2 = H, OCH_3, CH_3

neue Alkoholkomponente

NL 7 010 079 10.7.69 Elliott, NRDC

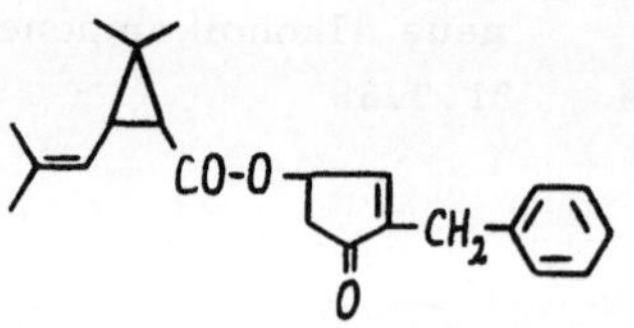

neue Alkoholkomponente

JA 76-4985 19.7.69 Taisho

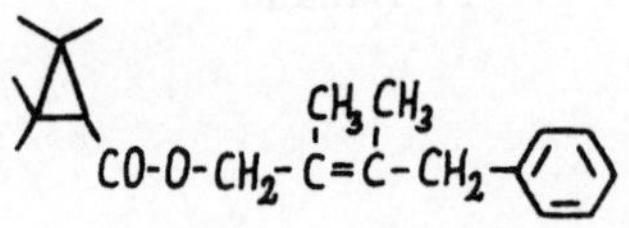

neue Alkoholkomponente

JA 72-11218 1.10.69 Taisho

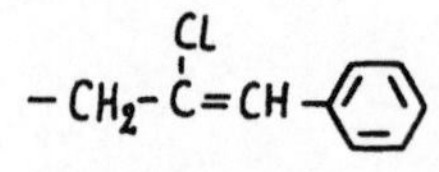

neue Alkoholkomponente

JA   72-11220   1.11.69   Taisho

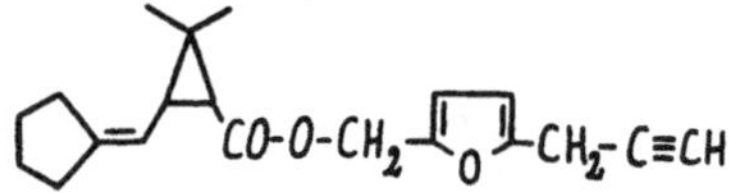

neue Alkoholkomponente

JA   49-41528   23.10.69   Yoshitomi

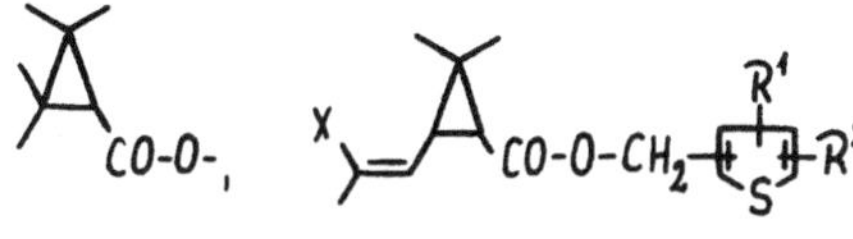

neue Kombination

JA   73-26207   29.12.69   Sumitomo

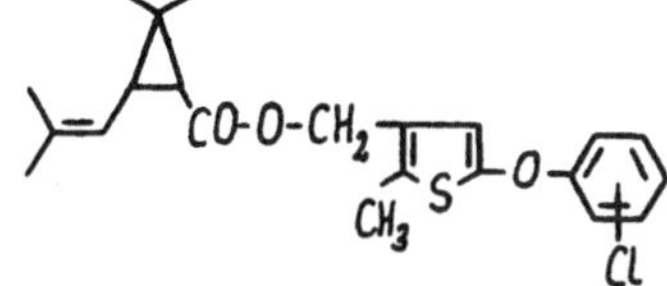

X = CH_3, CH_3O_2C
R = H, Alk, OAlk
R^2 = Alkinyl, Alk, OAlk, O

neue Alkoholkomponente

1970   US   3 976 663   12.1.70   Procter u. Gamble
                                                  Roussel-Uclaf

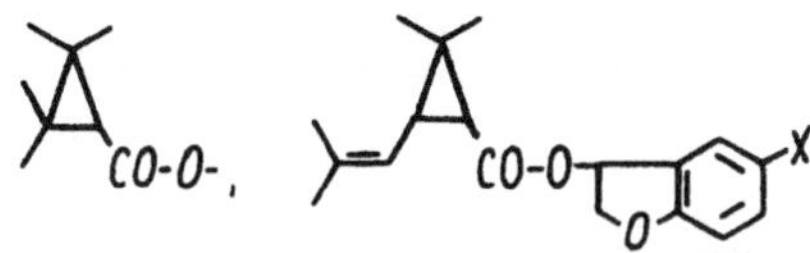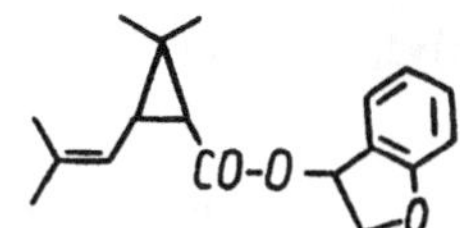

X = H, Hal, NO_2, AlkS, AlkO, $MeSO_2$-
Phenyl, CH_2-Phenyl

neue Alkoholkomponente

DOS   2 109 010   26.2.70   Sumitomo

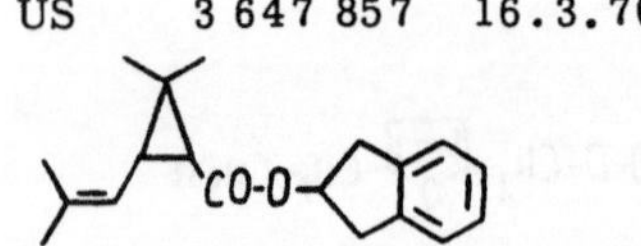

neue Säurekomponente

US   3 647 857   16.3.70   Procter u. Gamble

neue Alkoholkomponente

US   3 679 667   27.3.70   Procter u. Gamble

neue Alkoholkomponente

JA   73-03366   18.3.70   Katsuda

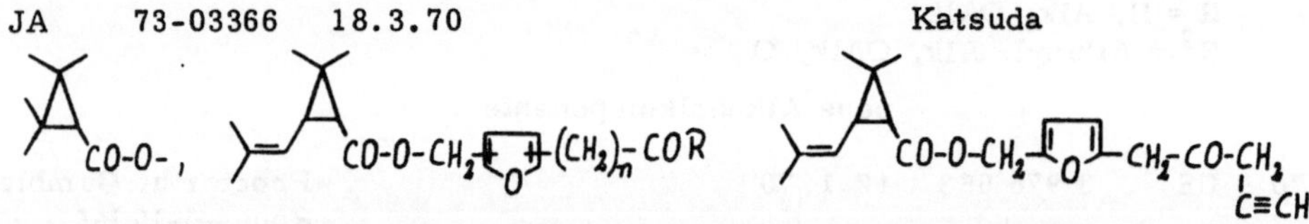

R = Alk(en,in)yl, Phenyl

n = 1, 2

neue Alkoholkomponente

NL   7 103 680   19.3.70   Sumitomo
J. Chem. Soc. 1970, 1076   L. Crombie

X = H, CH_3 R^1 = H, C≡CH
Y = O, S   Z = CH_2, O
R^2 = Vinyl, Alkinyl, Benzyl, Alk
              neue Säurekomponente

112

I. Zusammenstellung von Patentanmeldungen synthetischer Pyrethroid-Wirkstoffe

JA   50-02735   9.4.70   Fumakilla

neue Alkoholkomponente

BE   768 383   13.6.70   Sumitomo

neue Alkoholkomponente

GB   1 336 230   3.8.70   Sumitomo

R = H, CH₃   1R cis

neues Isomeres

BE   770 874   4.8.70   Sumitomo

neue Alkoholkomponente

JA   72-44734   22.10.70   Fumakilla

neue Alkoholkomponente

JA   73-25452   9.12.70   Dainippon

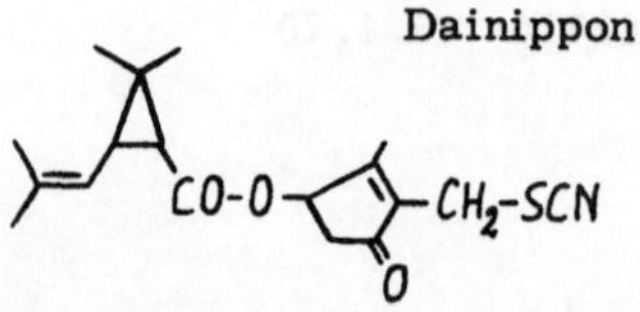

neue Alkoholkomponente

JA   74-01526   24.12.70   Sumitomo

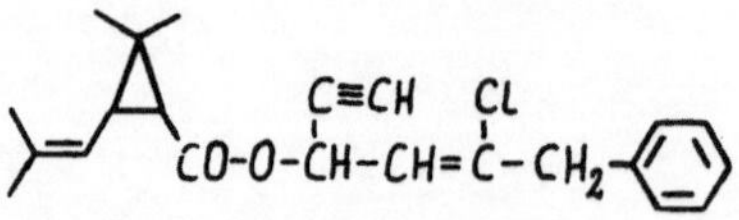

neue Alkoholkomponente

JA   74-27331   25.12.70   Sumitomo

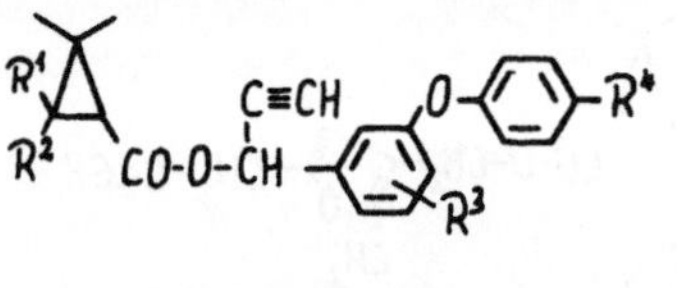

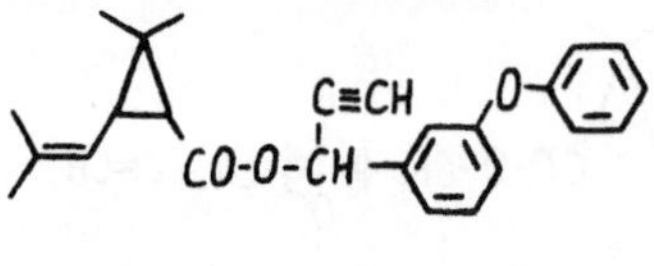

R^1 = H, CH_3 R^2 = H, CH_3,

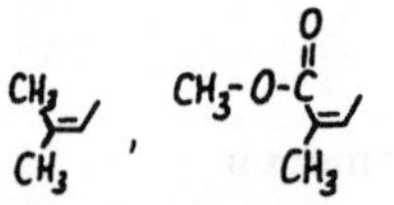

R^3, R^4 = H, CH_3, Hal.

neue Alkoholkomponente

1971   JA   47-18868   23.2.71   Fumakilla

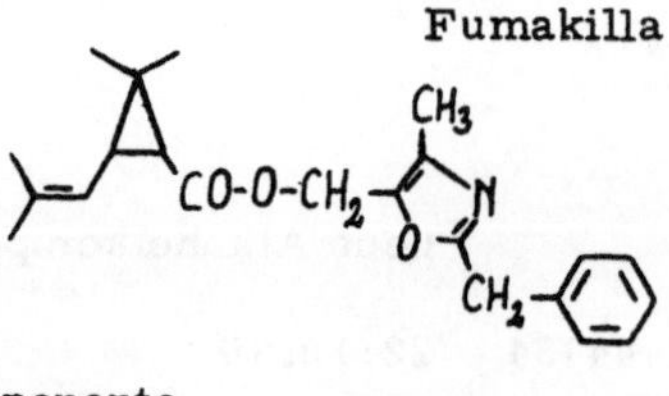

neue Alkoholkomponente

DOS   2 108 932   25.2.71   BASF

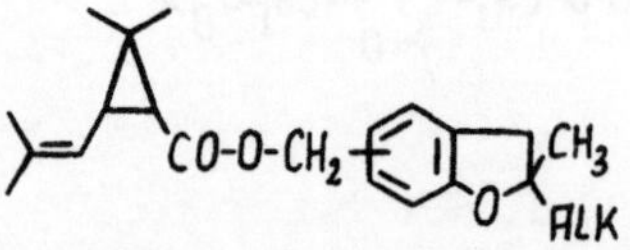

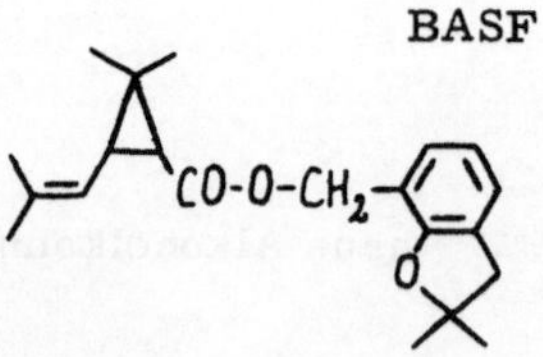

neue Alkoholkomponente

US   3 816 469   1.3.71   Procter u. Gamble

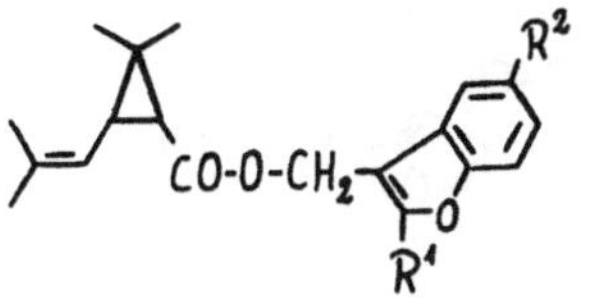

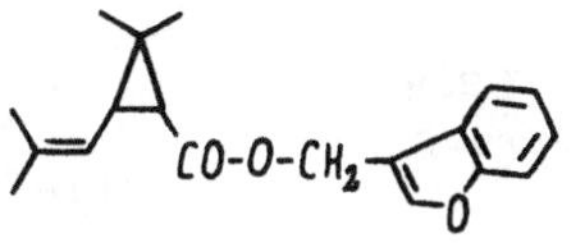

R^1 = H, Alk
R^2 = H, Alk, OAlk, Hal, Phenyl

neue Alkoholkomponente

JA   47-20336   3.3.71   Sumita

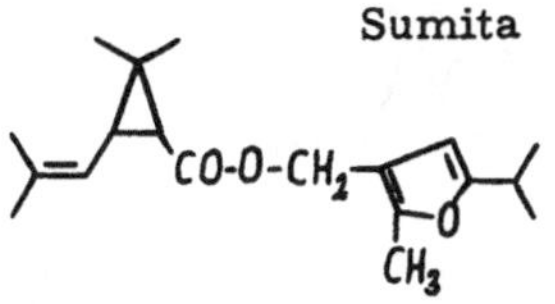

neue Alkoholkomponente

JA   47-34358   14.4.71   Fumakilla

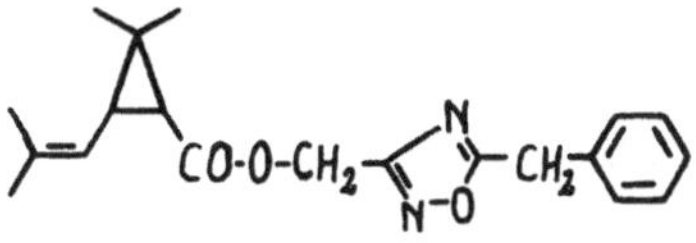

neue Alkoholkomponente

SZ   549 342   21.4.71   Hoffmann-La Roche

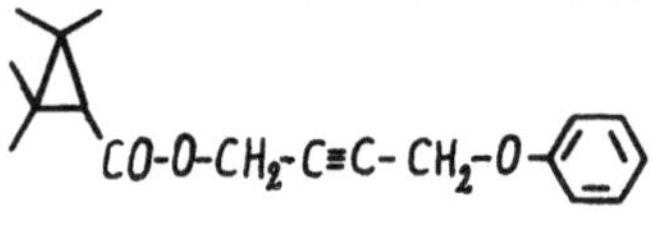

neue Alkoholkomponente

JA   47-43329   18.5.71   Taisho

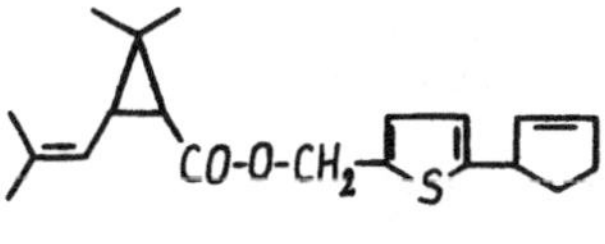

neue Alkoholkomponente

DOS   2 230 862   25.6.71   Sumitomo

R = subst. Vinyl, Furyl, Phenyl

neue Kombinationen

US   3 823 177   25.6.71   Procter u. Gamble

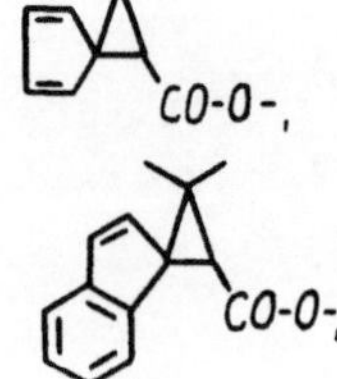

neuartige Säurekomponente

DOS   2 231 436   28.6.71   Sumitomo
Pestic. Sci. 1976, 499   Elliott et. al.
Nature 244, (1973) 456-457

neue Säurekomponenten

DOS   2 231 312   29.6.71   Sumitomo
Agr. Biol. Chem. 1976, 247   Ohno et. al.

R = H, CH₃   R¹ = CH₃,
X = O, CH₂

neue Alkoholkomponente
besondere Wirkungssteigerung

116

BE   786 808   28.7.71   Johnson

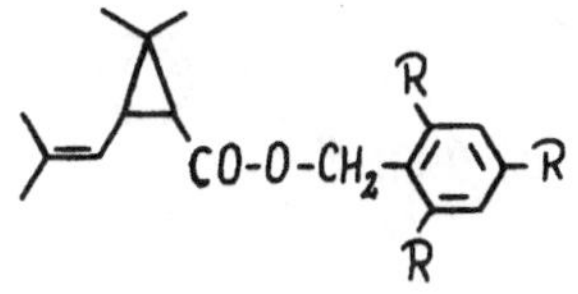

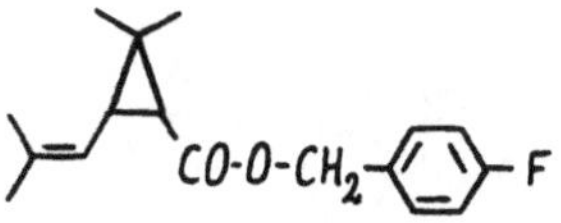

R = H, Alk, OAlk, Hal, CF_3, NO_2, SO_2R, CN

neue Alkoholkomponente

NL   7 212 973   28.9.71   Shell

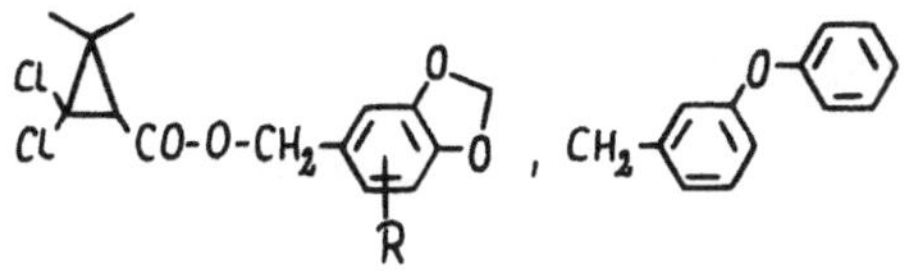

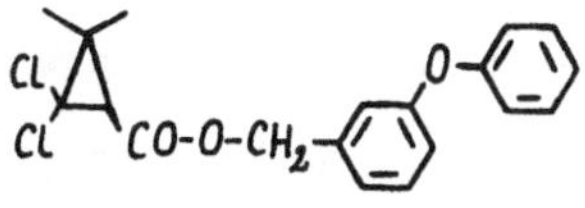

R = Hal, Alk

neue Säurekomponente

JA   48-44252   14.10.71   Taisho
Agr. Biol. Chem. 1972, 2287   Sota et. al.

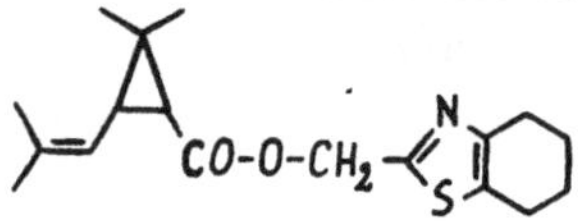

neue Alkoholkomponente

DOS   2 255 259   12.11.71   Procter u. Gamble

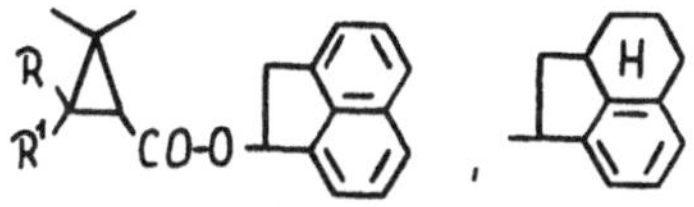

R^1 = H, CH_3

R^2 = 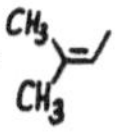 , CH_3

neue Alkoholkomponente

1972   JA   48-82034   7.2.72   Sumitomo

R^1 = H, CH_3

R = , CH_3

X = Hal, Alk

neue Alkoholkomponente

JA   48-85728   16.2.72   Yoshitomi

Y = O, S, CH = CH-
R = Alk
X = Alk(en, in)yl, Alkoalk

neue Kombination

JA   48-88226   28.2.72   Dainippon

neue Kombination

US   4 024 163   25.3.72   Elliott, NRDC

X = Hal, Alk, H
Y = COOR, H

R =

R^1 = Vinyl, Äthinyl

neue Säurekomponente

JA   48-99325   3.4.72   Sankyo

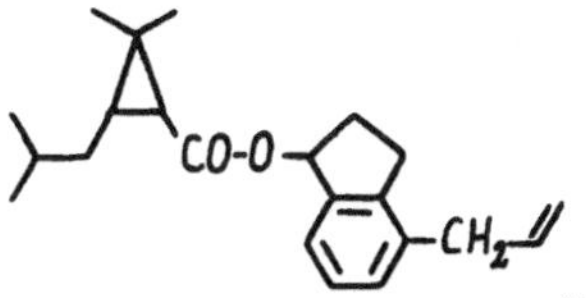

neue Alkoholkomponente

GB   1 413 491   25.5.72   Elliot, NRDC
DOS   2 326 077
US   4 024 016

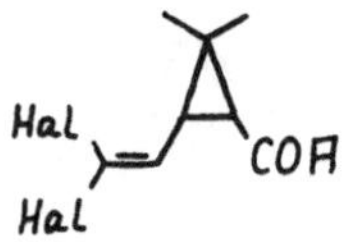

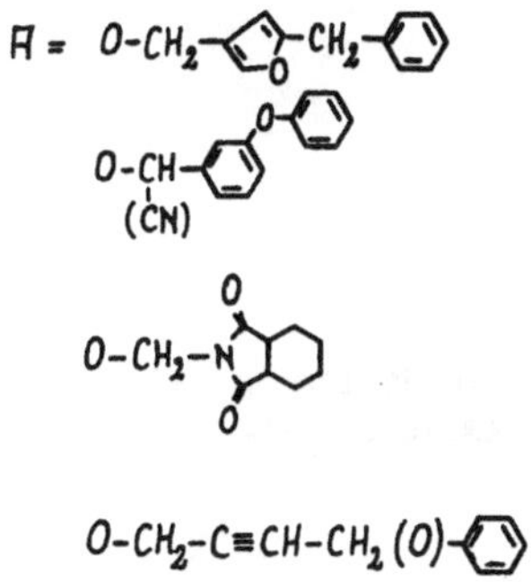

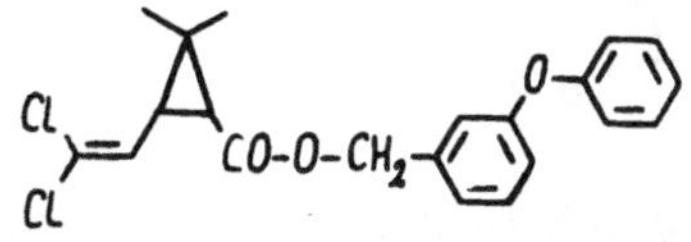

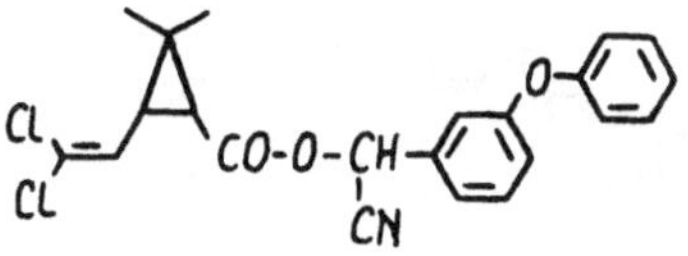

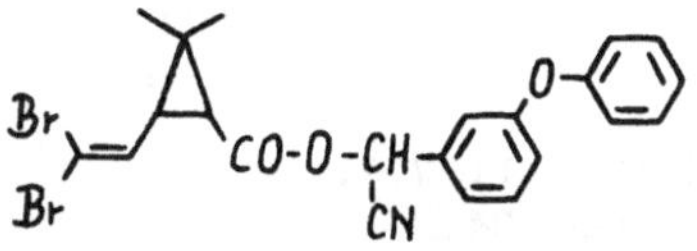

neue Kombinationen
z. T. neue Säuren
neue Isomere
photostabile Pyrethroide

DOS   2 327 660   31.5.72   Sumitomo

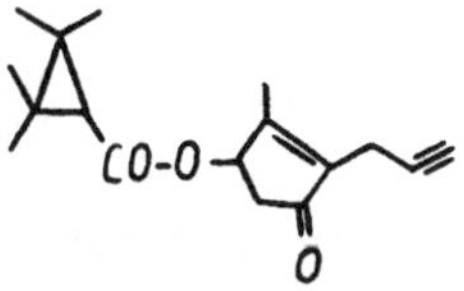

neue Kombination

JA   49-13150   6.6.72   Yoshitomi

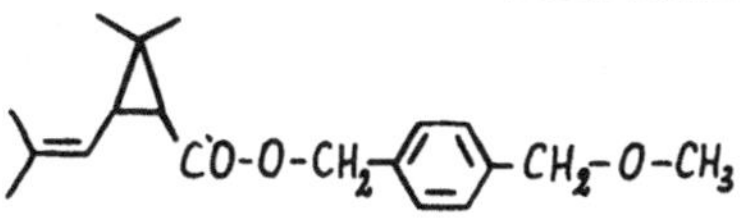

neue Alkoholkomponente

C. Faktensammlung

JA   49-26421   5.7.72   Sankyo

X = O, S
R = Vinyl, Aryl

neue Alkoholkomponente

JA   49-50134   7.7.72   Elliott, NRDC

neue Säurekomponente

DOS   2 335 347   11.7.72   Sumitomo
Pestic. Sci. 1976, 241   Ohno et. al.
Agr. Biol. Chem. 38, (1974) 881

R = Hal, Alk, OAlk, SAlk

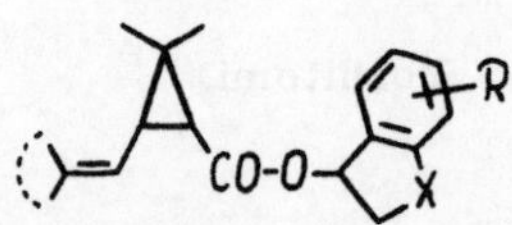

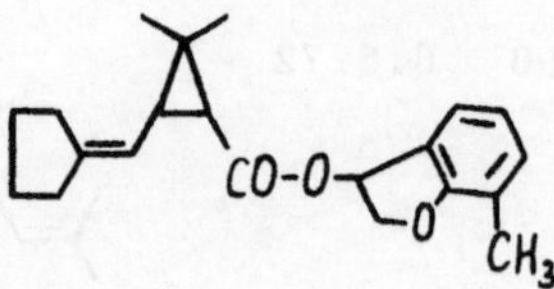

neuartige Säurekomponenten

JA   49-26422   12.7.72   Sankyo

R = Alk(en, in)yl, Aralkyl, Hal
X = CH$_2$, O, S   **neue Kombinationen**

120

JA   49-41540   25.8.72   Katsuda
JA   50-64426   12.3.73   Dainippon

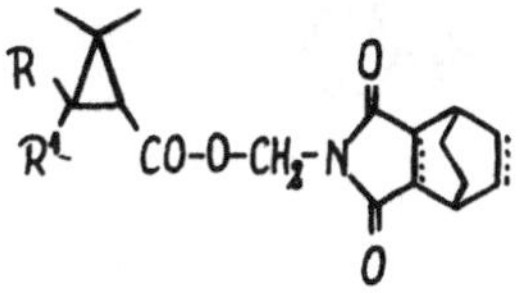

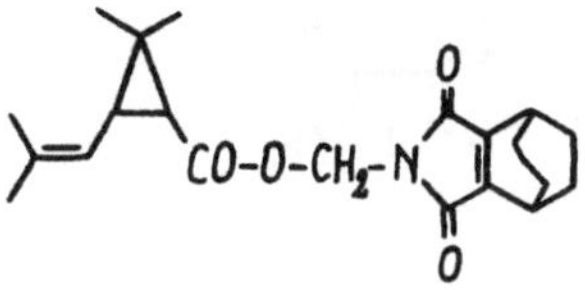

R = H, CH$_3$
R^1 = (CH$_3$)$_2$C=CH– , CH$_3$

neue Alkoholkomponente

NL   73-11861   31.8.72   Shell

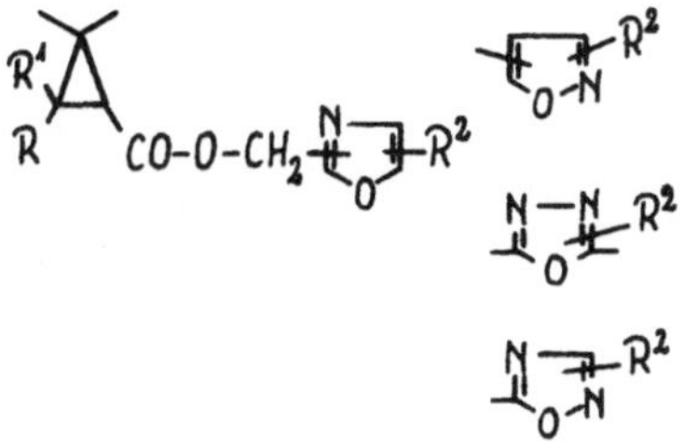

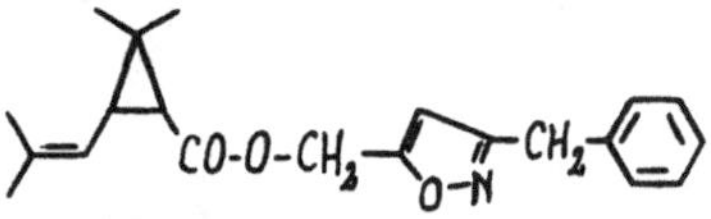

R = H, CH$_3$
R^1 = (CH$_3$)$_2$C=CH– , CH$_3$,   R^2 = Benzyl

neue Alkoholkomponente

BE   805 442   29.9.72   Sumitomo

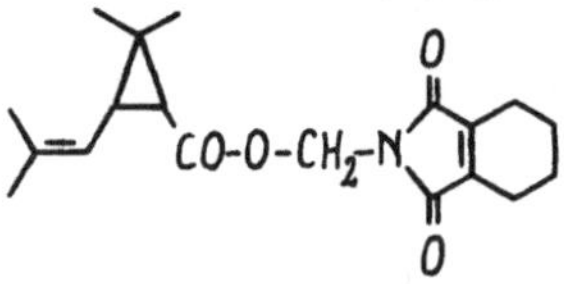

1R cis/trans

neue Isomere

BE   807 144   10.11.72   Roussel-Uclaf

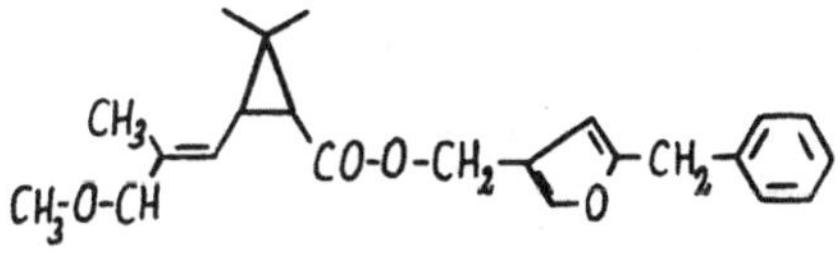

1R cis/trans

neue Isomere

DOS   2 255 581   13.11.72   BASF

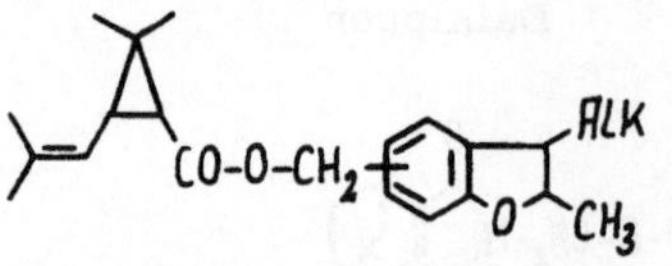

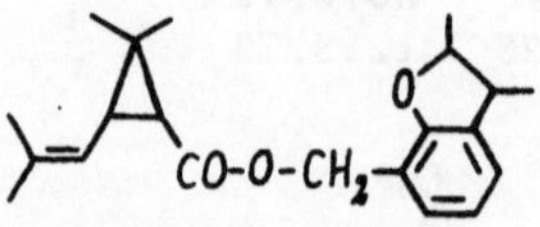

neue Alkoholkomponente

JA   49-80242   30.11.72   Sumitomo

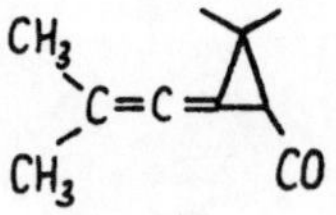

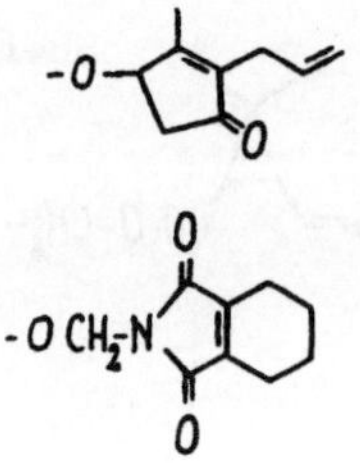

neue Säure

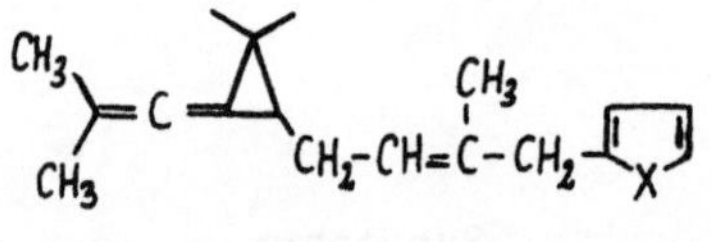

X = O, S, CH=CH

neuartige Struktur

GB   1 410 080   21.12.72   Elliot, NRDC
Pestic. Sci. 1976, 492

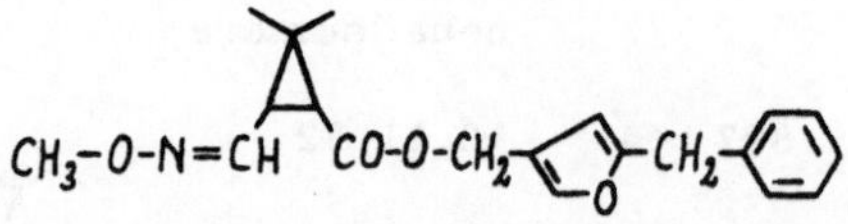

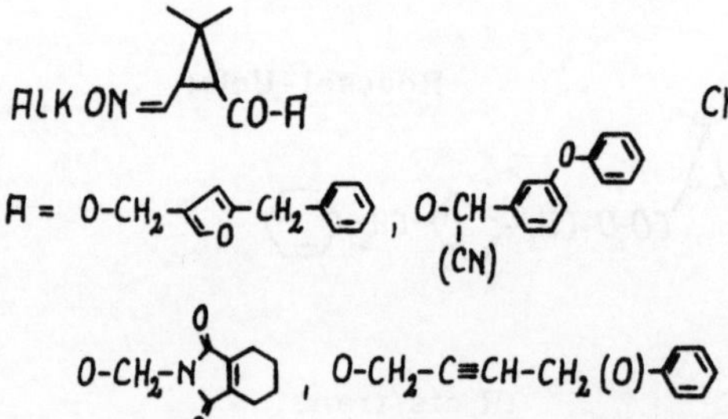

neue Säurekomponente

1973 DOS   2 406 786   9.2.73   Johnson

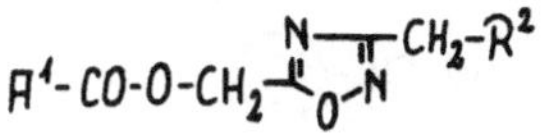

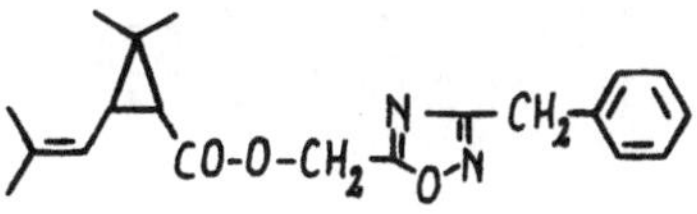

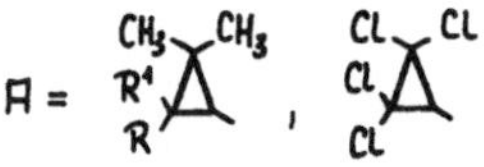

R^1 = H, CH_3

R = CH_3,

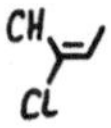

R^2 = Cycloalkenyl,

y = O, S, CH=CH

neue Alkoholkomponente

DOS   2 413 969   23.3.73   Roussel-Uclaf

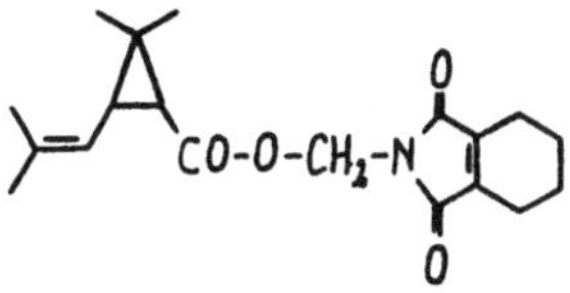

1R cis

neues Isomeres

DOS   2 418 950   20.4.73   Sumitomo

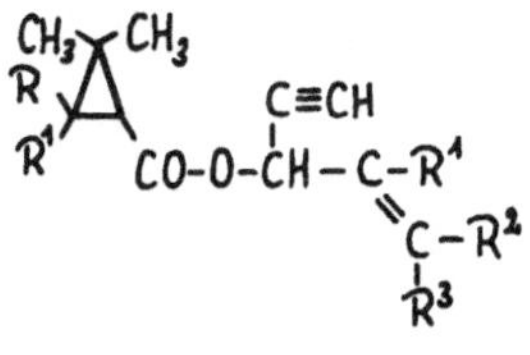

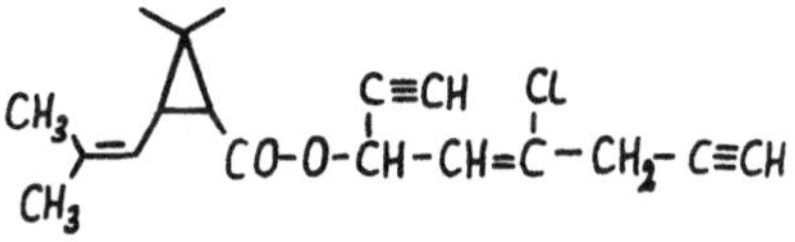

R = H, CH_3

X = CH_3, COOAlk

R^1 = CH_3, $CH \geqq C$

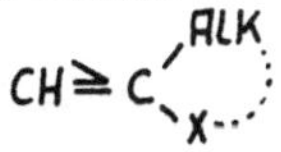

neue Alkoholkomponente

JA   49-125523 10.4.73   Sumitomo

R = H, CH_3

R^1 = H, CH_3, $-CH=C\begin{smallmatrix}Z\\Z\end{smallmatrix}$

X = C≡CH, CN

Y = O, S

Z = CH_3, H, CH_2-O-CH_3

neue Alkoholkomponente

FR   2 226 112   21.4.73   Sumitomo
DOS   2 906 928   23.2.78   Chinoin

(1 R trans) - (d-Alletholon)

neues Isomeres

J. Agric. Food Chem. 21, (1973) 767   Brown, et. al.

neue Kombination   (±) trans

DOS   2 422 977   15.5.73   Shell

X = Cl, O-Phenyl, OAlkinyl,
    Benzyl

neue Alkoholkomponente
neue Kombination

124

FR   2 232 273   7.6.73   Elliott, NRDC

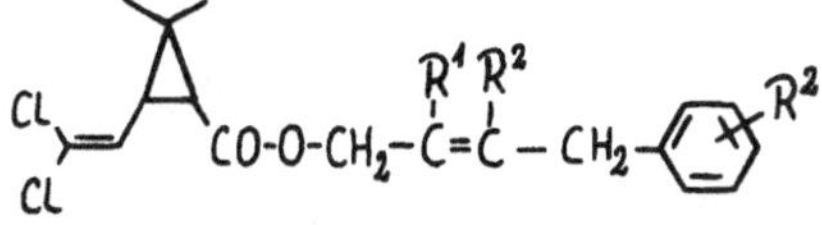

X = CH₂-CH₂, OCO, SCO, NHCO
Y = O, S
Z = H, CH₃, CN, C≡CH
R = Hal, H, CH₃

neue Kombination

NL   7 409 256   10.7.73   Sumitomo

1 R-cis

neues Isomeres

BE   818 128   28.7.73   Sumitomo

R¹ = H, Hal, CH₃, OCH₃
R² = H, Hal, CH₃

DOS   2 436 462   30.7.73   Sumitomo

R = Alk(en, in)yl, Cycloalkenyl,
    Benzyl, O-Phenyl, Hal
R¹ = H, Hal, CH₃

neue Kombination

JA   50-35333   31.7.73   Sankyo

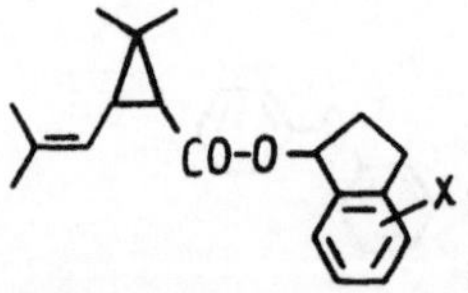

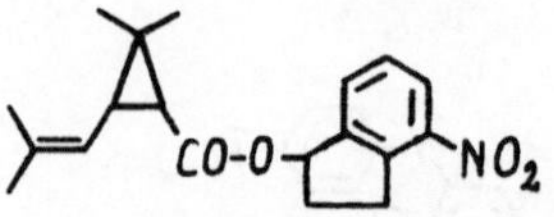

$X = NO_2$, CN, Acyl, COOAlk,
    Hal-Alk(en)yl, OAlk,
    AlkO-Alk-,

              neue Alkoholkomponente

DOS   2 439 177   15.8.73   Elliott, NRDC

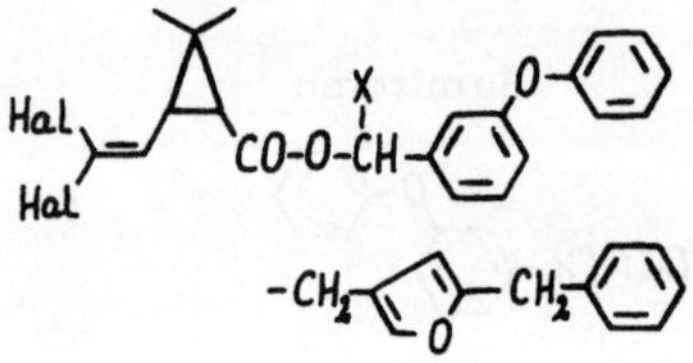

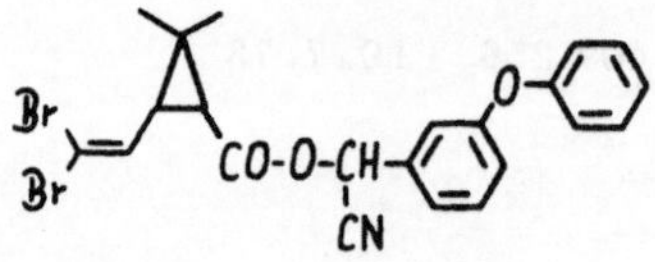

X = H, CN $1R$ cis - S-

          **neues Isomeres mit neuer Größenordnung
          der insektiziden Wirksamkeit**

DOS   2 447 735   8.10.73   Shell
ACS Symp. Sci. 1977, 42 (Pyr. Symp.)   Davis, Searle
C.A. 87, (1977) 79603

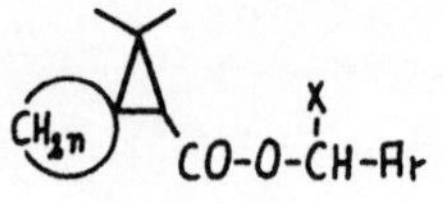

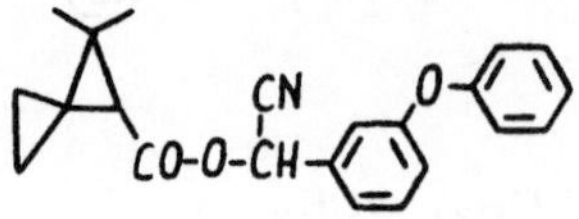

n = 2-5
X = H, CN, C C
Ar = (subst.)Phenyl, Heterocycl.

             neue Säurekomponente

DOS   2 449 643   22.10.73   Roussel-Uclaf

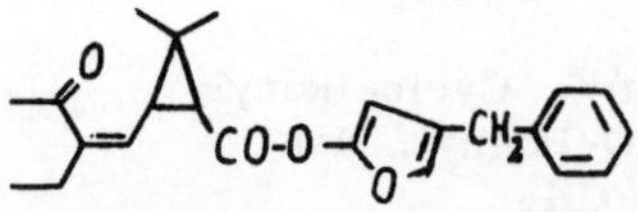

            neue Kombination

JA   50-71821   2.11.73   Sankyo

neue Kombination

JA   50-71829   2.11.73   Katsuda

$R = H, CH_3$

$R^1 = CH_3, \ -CH{=}\!<^{CH_3}_{CH_3} \ , \ CH{=}\!<^{CH_3}_{CO\text{-}O\text{-}CH_3} \ , \quad C_6H_5$

$X = H$, Alk(en, in)yl

$R^2, R^3 = H$, Alk(en, in)yl, OAlk, Cl

neue Alkoholkomponente

JA   50-71828   2.11.73   Katsuda

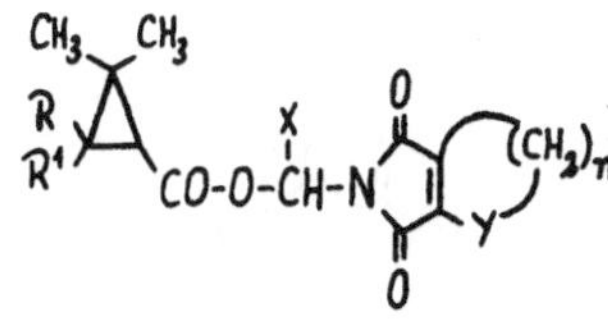

$R, R^1, X = H$, Alk(en, in)yl

$Y = CH_3, O$

$n = 1, 2$

neue Alkoholkomponente

JA   50-89529   13.12.73   Katsuda
C.A. 83, (1974) 173950b

$R = Cl, H$

$R^1 = Cl, \ CH{=}\!<^{Hal}_{Hal}$

$Hal = Cl, Br$ neue Säurekomponente

GB   1 438 129   21.12.73   Shell

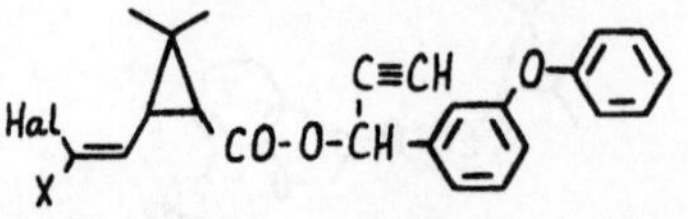

X = H, Hal

neue Kombination

1974   JA   50-129736   3.4.74   Sumitomo

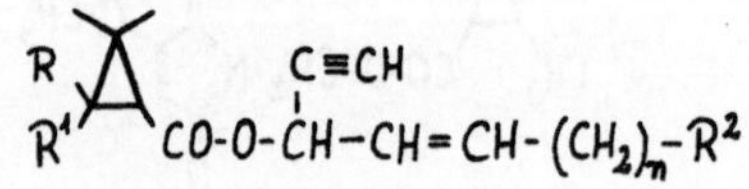

R = H, CH_3
R^1 = H, CH_3,

X = CH_3, Cl, H, CH = CH_2
n = 0, 1
R^2 = (Oxa)-Cycloalk(en)yl

neue Alkoholkomponente

JA   50-155622   10.6.74   Sankyo

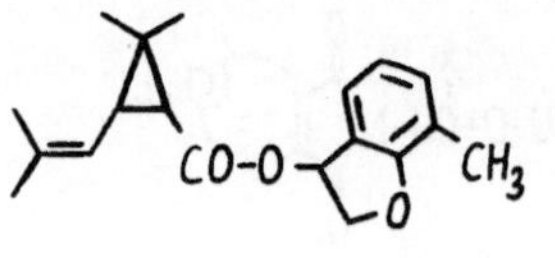

neue Kombination

FR   2 271 196   16.5.74   Aries

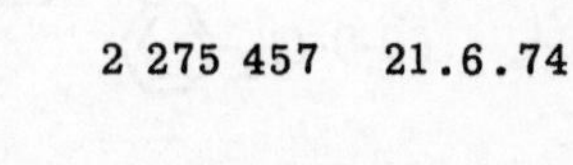

n = 3-6

neue Kombination

FR   2 275 457   21.6.74   Aries

neue Alkoholkomponente

FR   2 281 918   12.8.74   Elliott, NRDC

R^1 = CH_3, H   X = H, CN
R^2, R^3 = CH_3, H R^4 = Hal, CH_3, H

neue Säurekomponente

JA   51-125739   1.10.74   Sumitomo

R = H, CH_3
X = H, C CH, CN
Y = O, S
R^1 = YAryl, CH_2Ar
R^2 = Aryl, C≡CH

neue Säurekomponente

DOS   2 547 534   24.10.74   Sumitomo
DOS   2 615 435   9.4.76   Bayer

X = H, CN, C≡CH

neue Alkoholkomponente

129

DOS   2 548 450   1.11.74   Ciba-Geigy

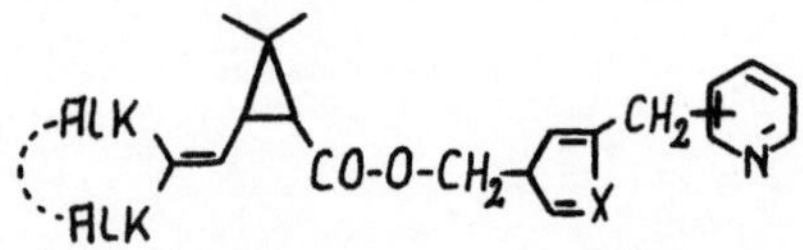

R = H, Cl
R^2 = H, Hal, OAlk, Alk

neue Kombination

FR   2 290 415   6.11.74   Aries

R = OCH$_3$, Cl
n = 2-5

neue Kombination

FR   2 290 435   6.11.74   Aries

X = O, S

neue Alkoholkomponente

FR   2 297 834   6.11.74   Aries

n = 2-5

m = 2-4

X = O, S, CH=CH-
Y = O, S, CH$_2$

neue Alkoholkomponente
neue Säurekomponente

130

JA   76-125736   26.11.74   Sumitomo

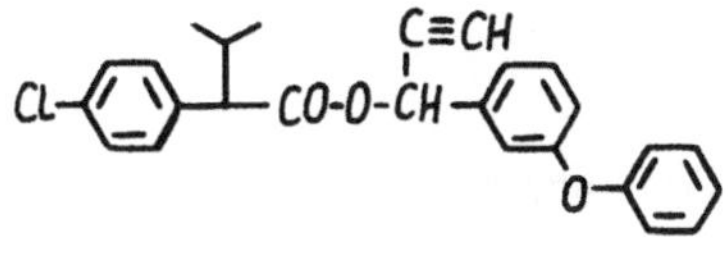

neue Kombination

US   3 987 193   3.12.74   Shell

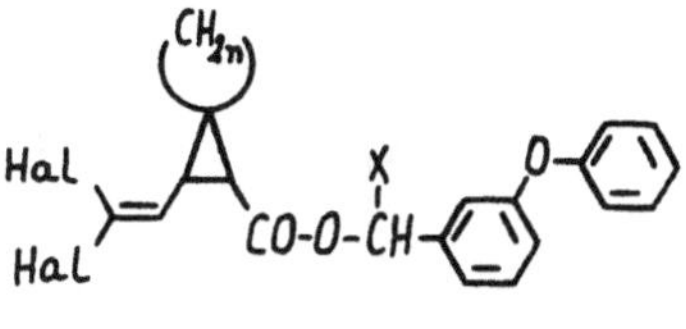

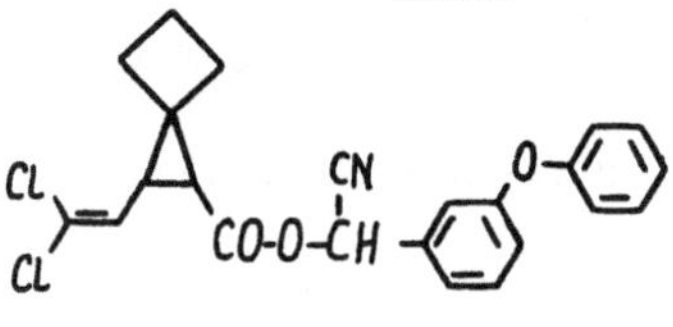

n = 2, 3
X = H, CN, C≡CH

neue Säurekomponente

DOS   2 554 883   5.12.74   ICI

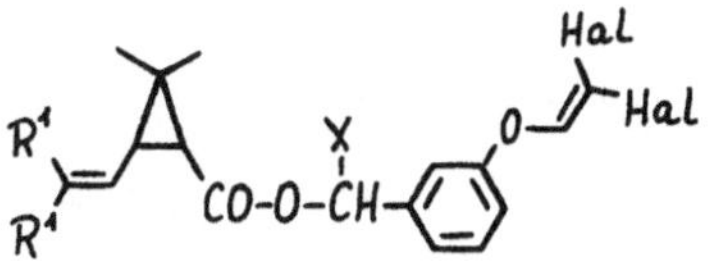

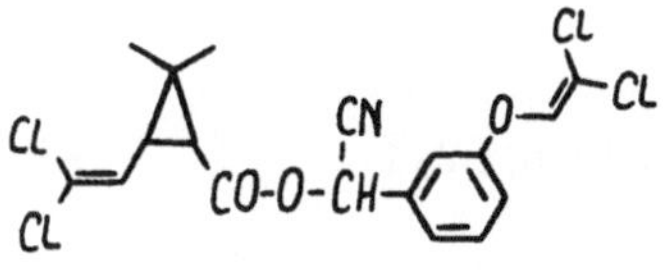

R = Hal, Alk
X = H, CN

neue Alkoholkomponente

DOS   2 554 634   5.12.74   Sumitomo

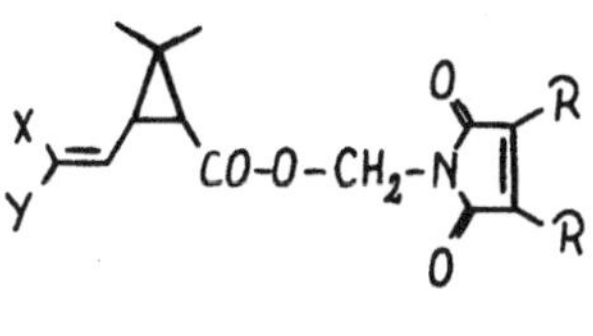

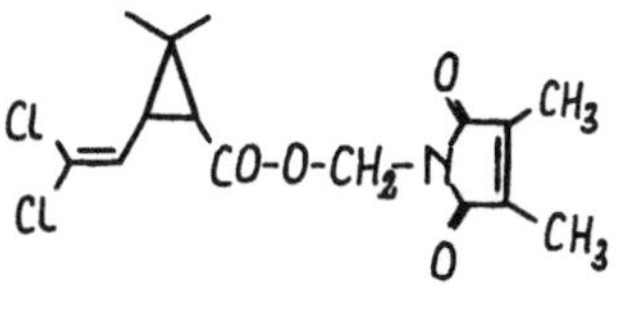

X = H, Hal, Alk
Y = Hal, Alk
R = Alk(en)yl, Phenyl, Benzyl

neue Kombination

1975   JA   51-79719   18.1.75   Katsuda

neue Säurekomponente

FR   2 297 834   16.1.75   Aries

R = Alk(en, in)yl

R^1 = Alk(en, in)yl, (Het)-Aryl

neue Kombination

US	3 962 458	13. 2.75	Am. Cyanamid
US	4 087 523	20.10.75	Ciba-Geigy
JA	51-148024	11. 6.75	Sumitomo

$\widehat{B}$ = Benzo-, kein Substit.

X = H, CN, C≡CH

neue Kombination

BE	841 727	13.5.75	Ciba-Geigy

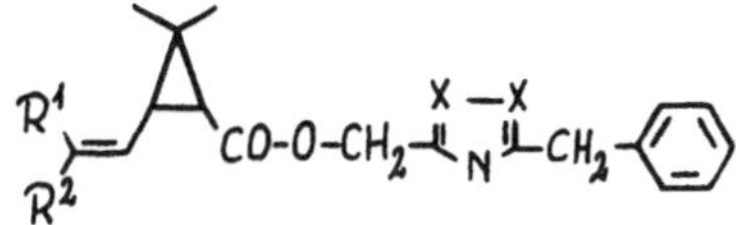 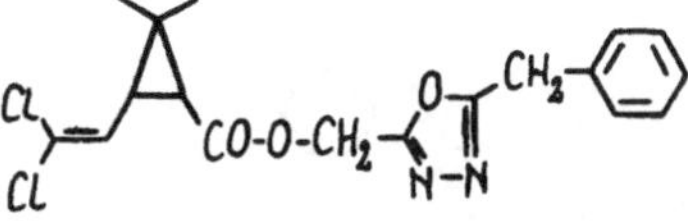

R^1 = Hal
R^2 = Hal, CH_3
X = N, bzw. O

neue Alkoholkomponente

JA	52-34 927	6.9.75	Dainippon

R^1 = H, CN, C≡CH
X = O, S, CH=CH-
R^2 = Allyl, Propargyl, Benzyl, Phenyl,
Furyl, Phenoxy, Phenylthio

neue Säurekomponente

BE   846 543   26.9.75   Ciba-Geigy

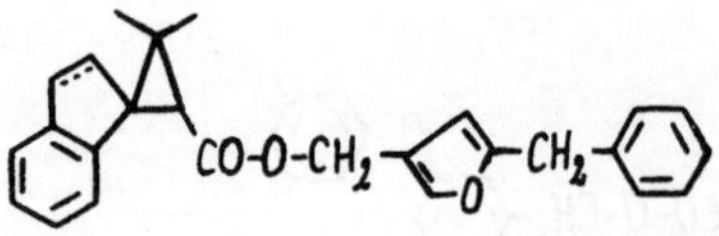

neue Kombination

BE   846 544   26.9.75   Ciba-Geigy

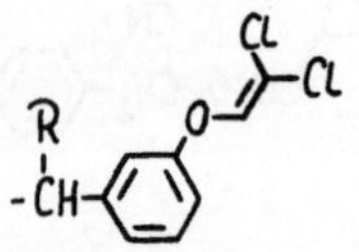

R = H, CN

neue Kombination

DOS   2 647 368   23.10.75   Ciba-Geigy
JA   52-128369   17.4.76   Nissan

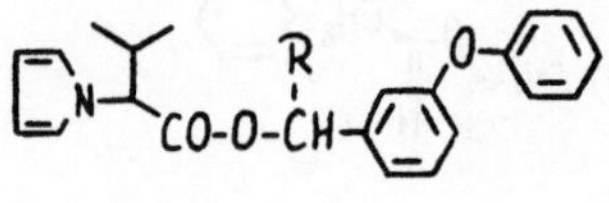

R = H, CN

neue Säurekomponente

US   4 045 575   3.11.75   Shell

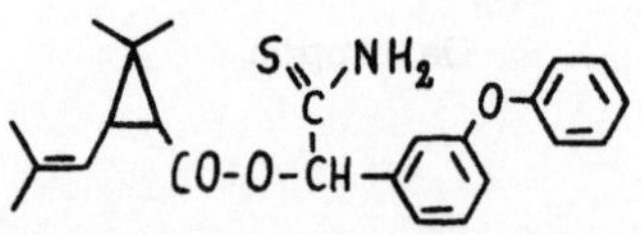

neue Alkoholkomponente

134

DOS   2 653 189   26.11.75   Holan (CSIRO)
Nature 272, 5655 (1978) 734

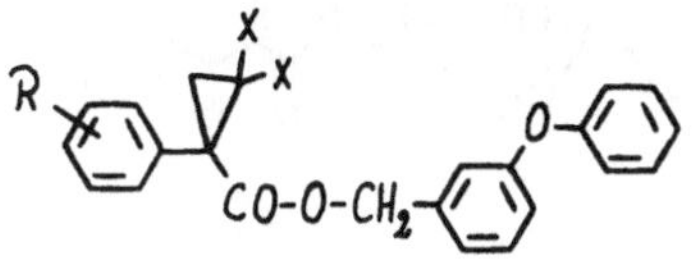

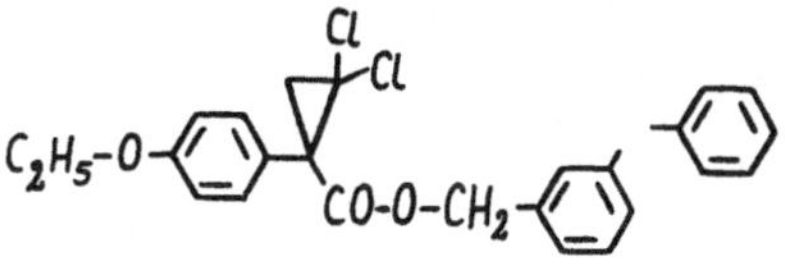

R = Hal, Alk, OAlk
X = Hal, CH_3

neuartiger Wirkstofftyp

DOS   2 622 978   22.12.75   Shell

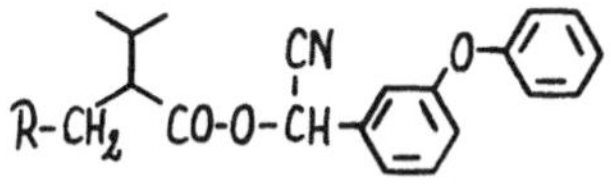

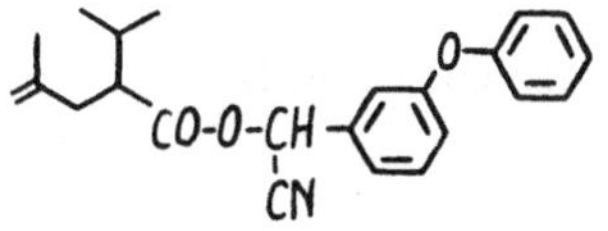

R = Alk(en)yl, Phenyl

neue Kombination

JA   52-82724   29.12.75   Dainippon

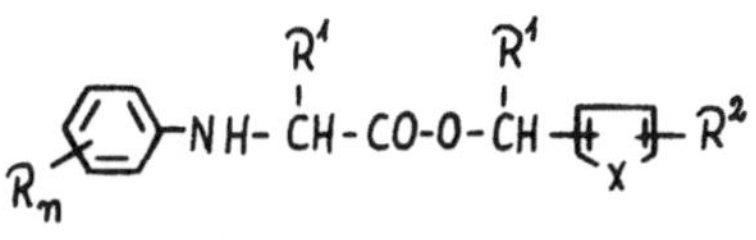

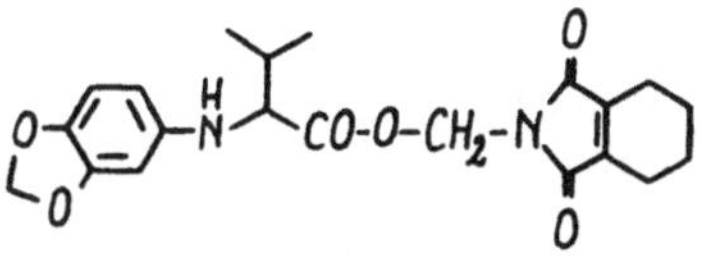

R = Hal, H, NO_2, CN, Alk(en, in)yl, Acyl,

Haloalk(en, in)yl, 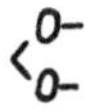 , AlkOOC

n = 1-5

R^1 = Alk(en, in)yl, Haloalk(en)yl
X = O, S, CH=CH
R^3 = H, CN
R^4 = H, Alkyl, Propargyl, Benzyl,
       Phenyl, Alkoxy

neue Säurekomponente

1976   JA   52-83719   1.1.76   Kuraray

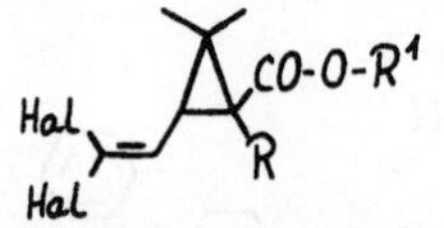

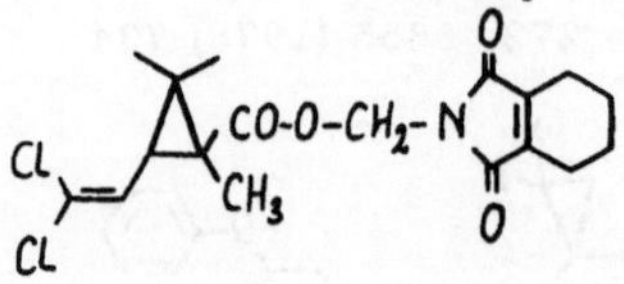

R = CH$_3$, CN, CO-CH$_3$, COOAlk,

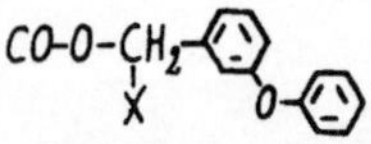

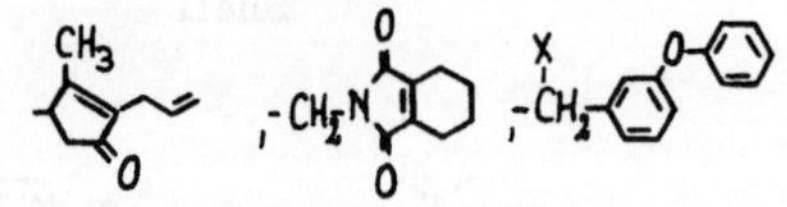

X = H, CN, C≡CH

neue Säurekomponente

JA   52-83720   1.1.76   Kuraray

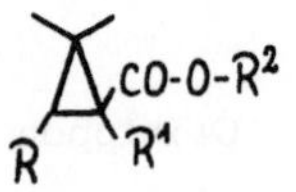

R = Hal-C≡C-, CHal$_3$CH$_2$-
R^1 = H, CH$_3$

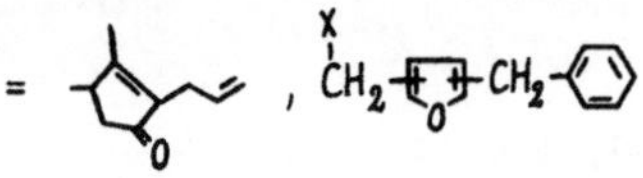

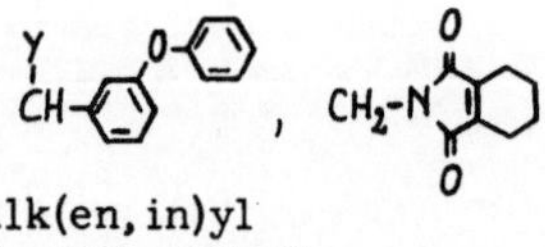

X = Alk(en, in)yl
Y = H, CN, HC≡C-

neue Säurekomponente

JA   52-93746   31.1.76   Sankyo

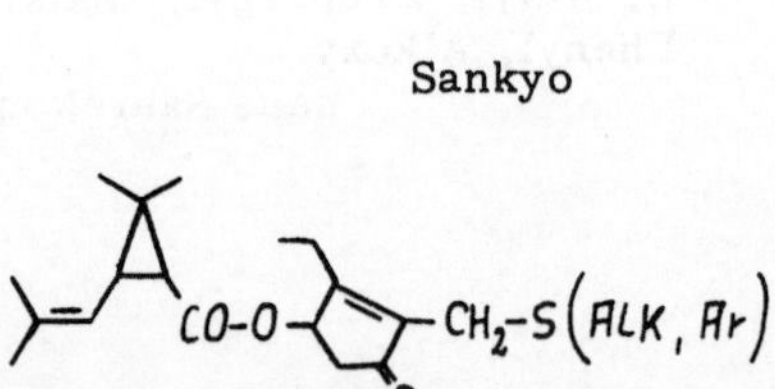

neue Alkoholkomponente

DOS   2 706 222   16.2.76   Ciba-Geigy

neue Alkoholkomponente

DOS   2 706 184   17.2.76   Ciba-Geigy

X = H, Hal. CH_3
R^1 = H, CN, C≡CH

neue Säurekomponente

DOS   2 712 333   22.3.76   Shell

n = 2-4

neue Säurekomponente

DOS 2 2 713 651   1.4.76   Ciba-Geigy

neue Säurekomponente

US   4 088 782   2.4.76   Am. Cyanamid
BE   855 518   10.6.76   Ciba-Geigy
JA   53-108954   7.3.77   Nissan

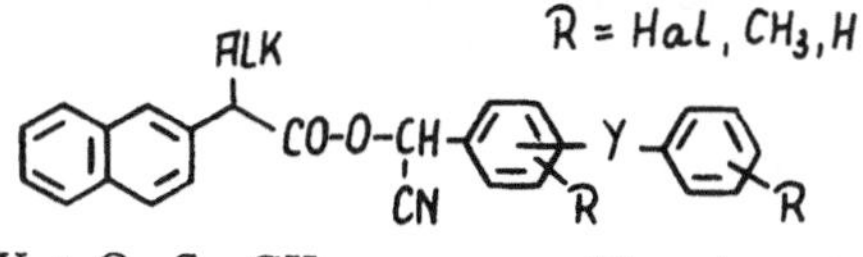

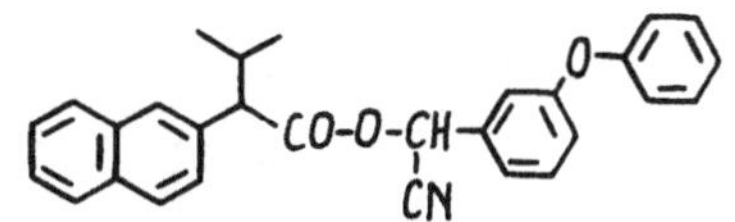

Y = O, S, CH_2 neue Säurekomponente

137

C. Faktensammlung

US   4 091 110   12.4.76   ICI

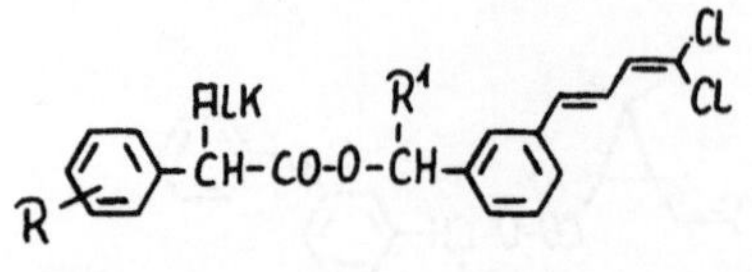

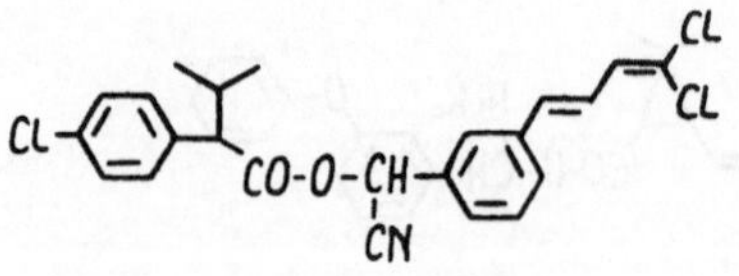

R = Hal, Alkyl
R^1 = H, CN

neue Kombination

DOS   2 717 414   22.4.76   Elliott, NRDC

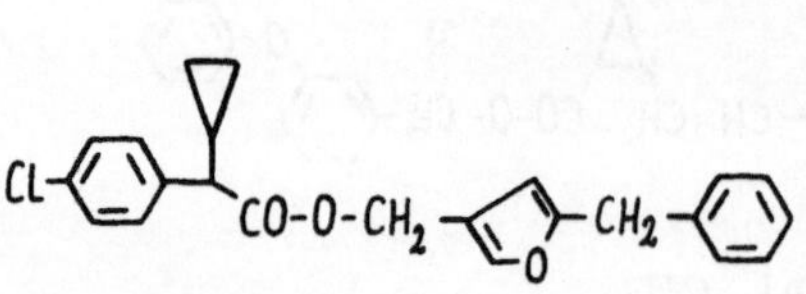

neue Säurekomponente

DOS   2 719 561   5.5.76   Ciba-Geigy

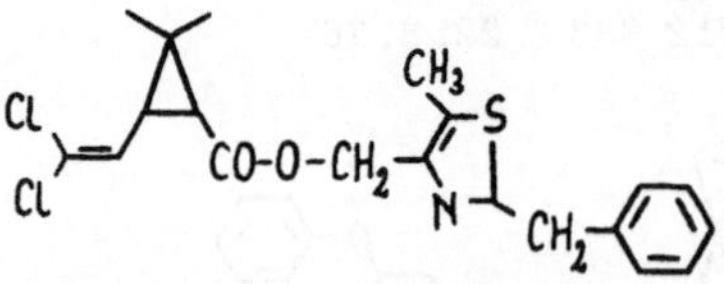

neue Alkoholkomponente

DOS   2 848 495   17.5.76   Ciba-Geigy

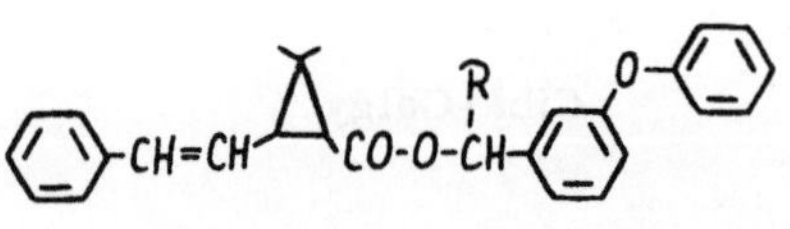

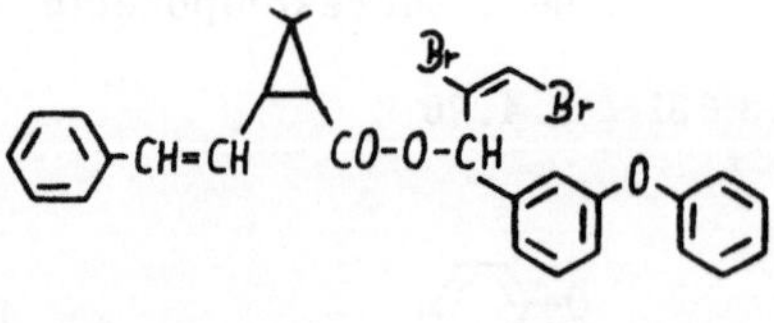

R = Vinyl, Di-Trihalovinyl

neue Alkoholkomponente

US   4 175 134   17.6.76   Shell

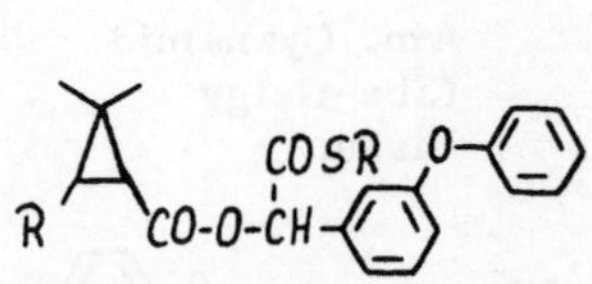

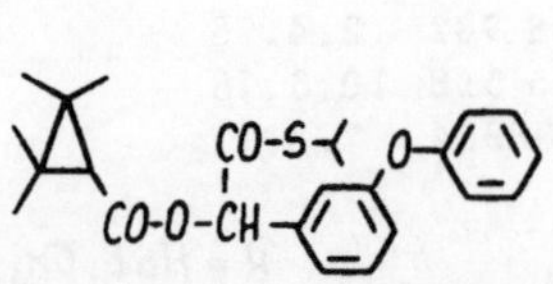

neue Alkoholkomponente

DOS   2 727 909   24.6.76   Ciba-Geigy

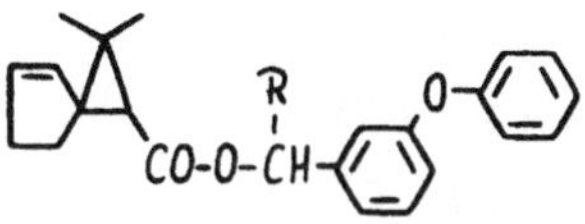

R = H, CN, CH_3

       neue Säurekomponente

BE   855 670   12.7.76   Ciba-Geigy

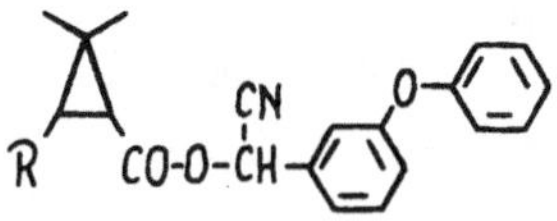

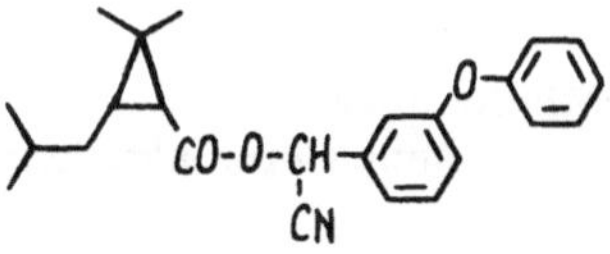

R = (verzweigt) Alkyl

       neue Säurekomponente

DOS   2 733 740   29. 7.76   Ciba-Geigy
DOS   2 745 008   6.10.77   Bayer

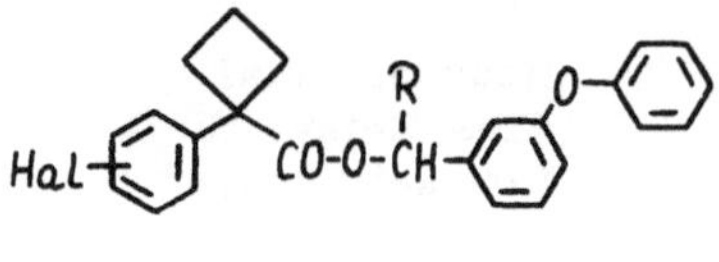

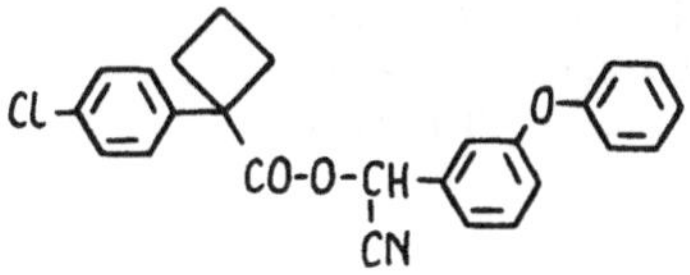

R = H, CH_3, CN, C≡CH
   u.a. bekannte Pyr. Alkohole

       neue Säurekomponente

DOS   2 737 297   18.8.76   Sumitomo
DOS   2 902 478   31.1.78   Roussel-Uclaf

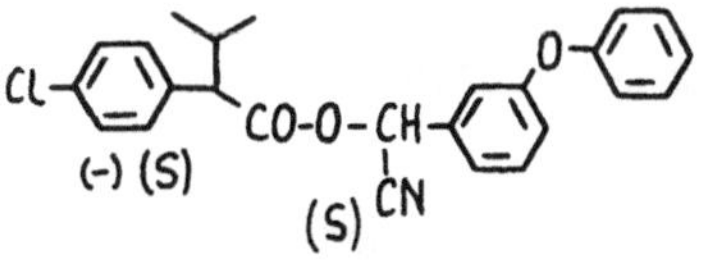

   neues opt. akt. Einzelisomeres

C. Faktensammlung

DOS   2 738 150   27. 8. 76   FMC

R = H, Cl

neue Säurekomponente

BE   858 555   10. 9. 76   Roussel-Uclaf

X = Hal,
opt. akt. Pyrethridsäure

1R trans (S)

neues opt. akt. Einzelisomeres

SU   660 565   3. 9. 76   Ciba-Geigy

neue Säurekomponente

DOS   2 742 546   21. 9. 76   Roussel-Uclaf
DOS   2 805 226   11. 2. 77   Ciba-Geigy
BE   873 201   17. 3. 78   Roussel-Uclaf

(1R cis, S)
(1R trans, S)

u.a. bekannte Pyr. Alkohole

neue Säurekomponente

DOS   2 742 065   22. 9. 76   Ciba-Geigy

neue Alkoholkomponente

DOS   2 743 416   1.10.76   Am. Cyanamid

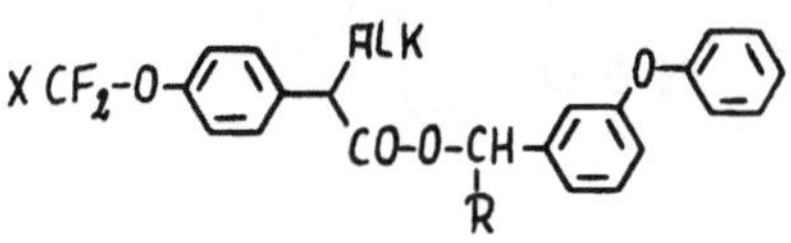

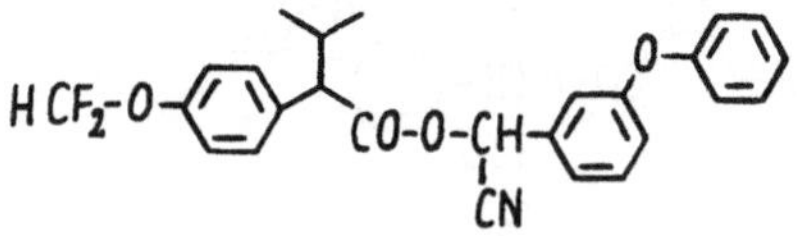

X = H, Cl, CF_2H, CF_3
Alk = C_2 - C_4
R = H, CN

neue Säurekomponente

DOS   2 747 616   26.10.76   Ciba-Geigy

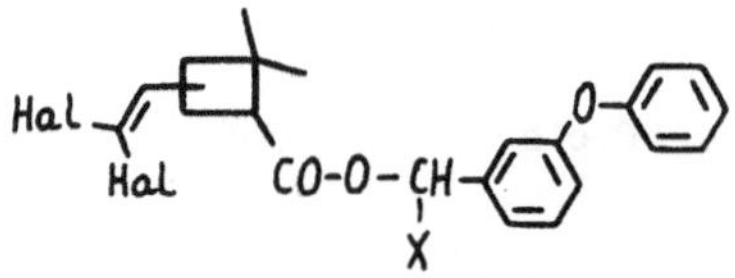

neue Säurekomponente

DOS   2 750 182   12.11.76   Ciba-Geigy
BE   862 499   3. 1.77   Hoffmann-La Roche
DOS   2 810 031   11. 3.77   Kuraray

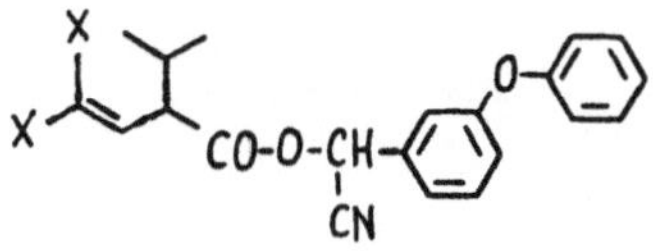

X = Hal, CH_3

neue Säurekomponente

DOS   2 750 169   12.11.76   Ciba-Geigy

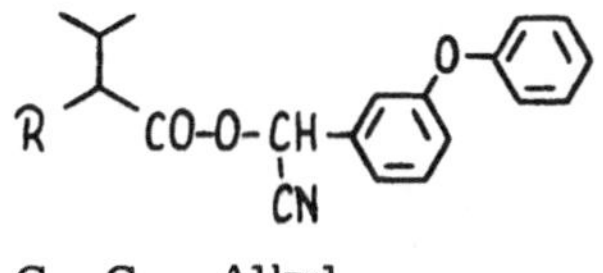

R = C_3-C_{10}-Alkyl

neue Säurekomponente

C. Faktensammlung

DOS   2 750 844   16.11.76   Ciba-Geigy

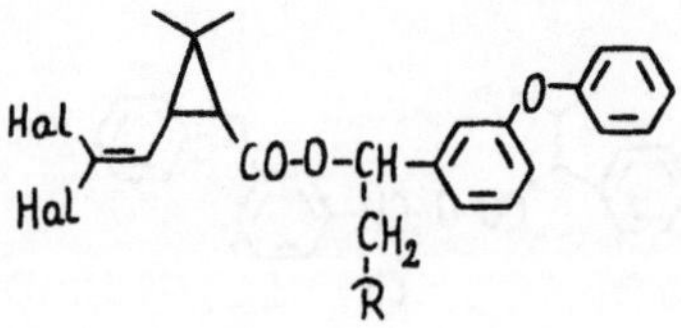

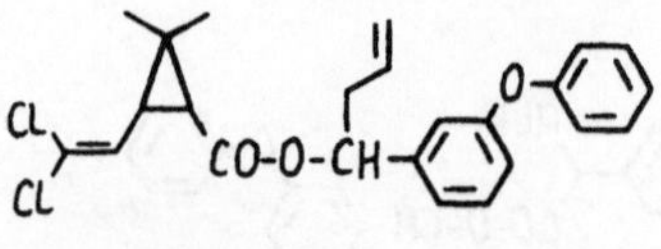

R = (Halo)-vinyl

neue Alkoholkomponente

EP   2 091   22.11.77/30.5.79   Shell

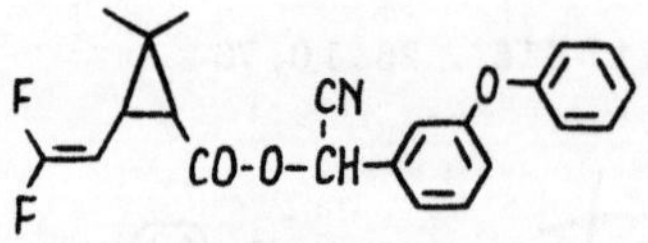

1R cis

neue Verwendung

DOS   2 753 605   1.12.76   Dainippon

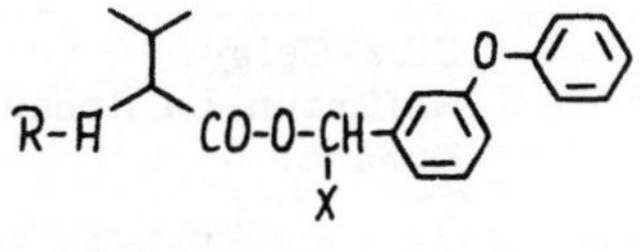

A = O, NH, CH_2
R = Aryl (cyclo)-Alk(en)yl
X = H, CN, C≡CH

neue Säurekomponente

BE   862 109   22.12.76   Bayer
EP   4 022   22.12.76

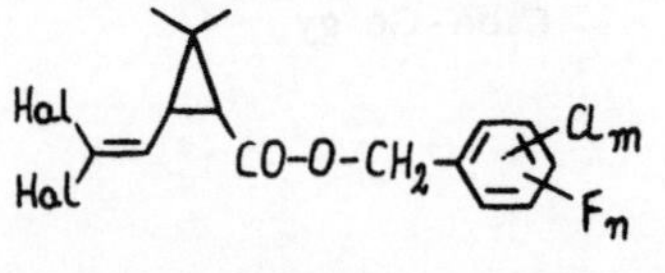

m = 0-5, n = 0-5

neue Alkoholkomponente

142

1977   JA   53-90249   17.1.77   Sumitomo

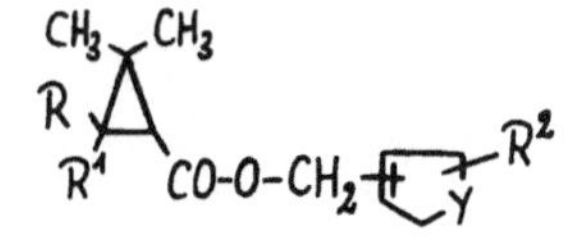

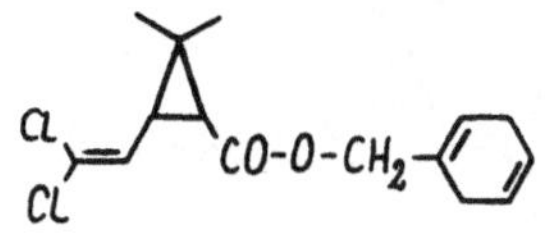

R = H, CH$_3$

R^1 = (ring)=CH- ,   R^2 = ALK

X = Hal, Alk, H
Y = CH$_2$, -CH$_2$-CH$_2$, CH=CH-

neue Alkoho

DOS   2 802 962   24.1.77   ICI
GB   2 000 764   23.3.77   ICI
DOS   2 907 609   28.2.78   Montedison
EP   3 336   20.1.78   FMC

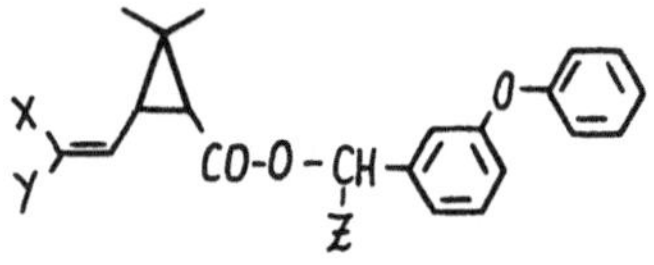

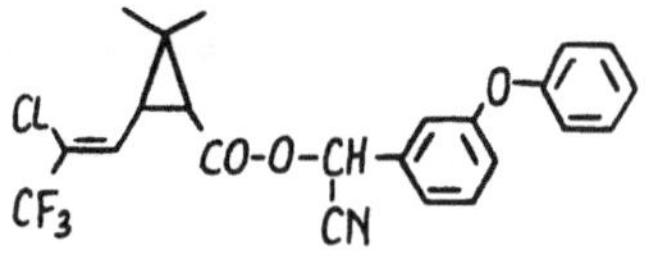

u.a. Pyr. Alkohole

X = Hal
Y = Haloalkyl

neue Säurekomponente

JA   JA   53-92736   26.1.77   Sumitomo

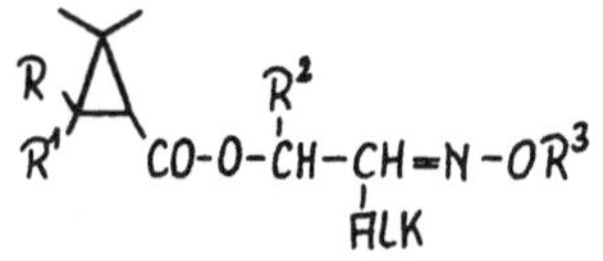

R = H, CH$_3$

R^1 = (ring)=CH-   X = Hal, Alk, H

R^2 = H, C≡CH
R^3 = Alk(en, in)yl, Benzyl, AlkoAlk

neue Alkoholkomponente

JA 53-92768 26.1.77   Sumitomo

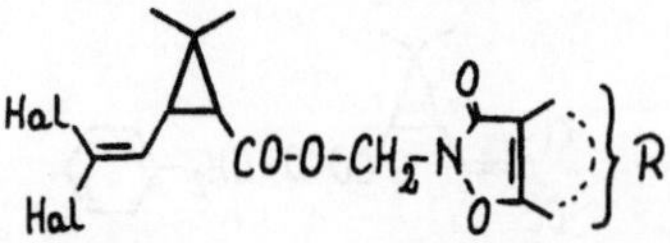

R = Alk(en, in)yl, Benzyl, Aryl,
    AlkoAlk

neue Alkoholkomponente

DOS 2 804 284 2.2.77   FMC

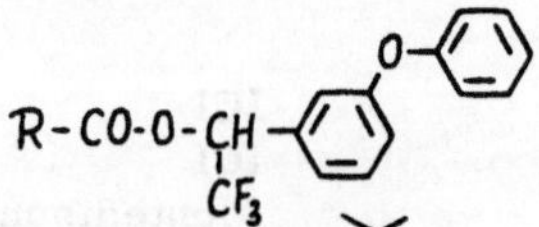

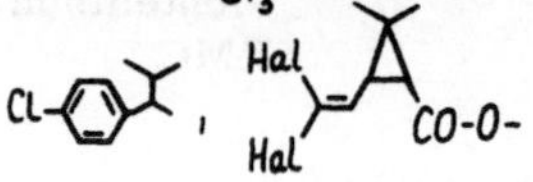

neue Alkoholkomponente

DOS 2 805 274 11.2.77   Ciba-Geigy

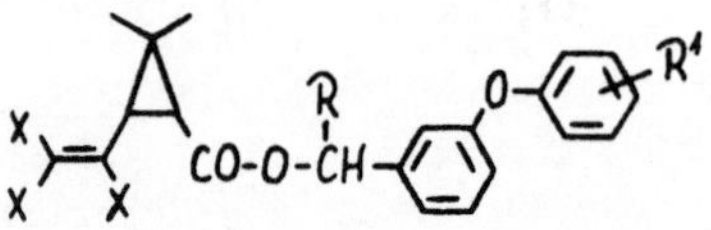

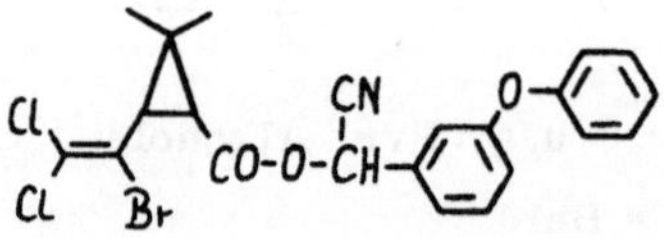

X = Hal, CH_3
R = H, CH_3, CN, CH≡C-
R^1 = H, Hal

neue Säurekomponente

DOS 2 806 664 18.2.77   Shell

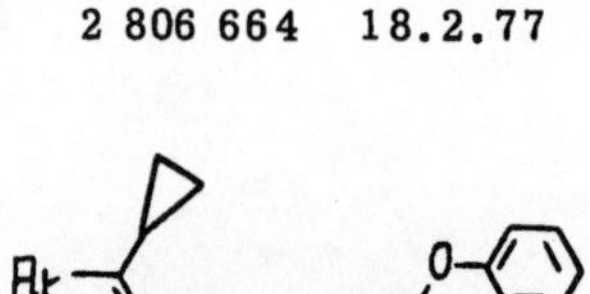

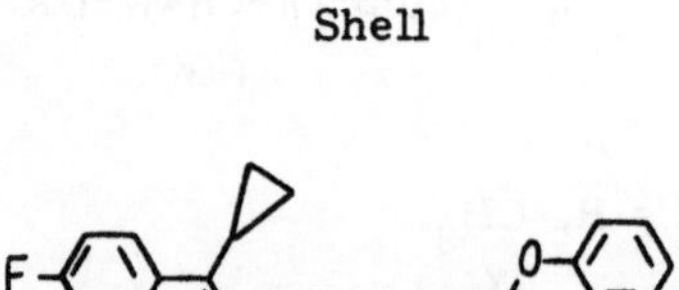

Ar = Hal-⟨⟩- , ⟨⟩-

neuartiger Wirkstoff

DOS   2 709 264   3.3.77   Bayer

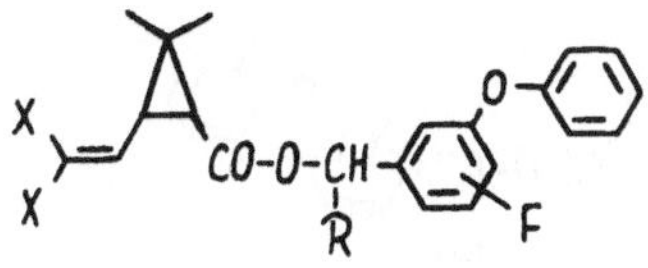

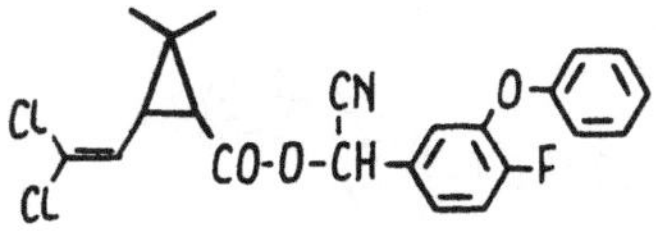

X = Hal, CH_3
R = H, CN, C≡CH,

neue Alkoholkomponente

DOS   2 808 627   3.3.77   Am. Cyanamid

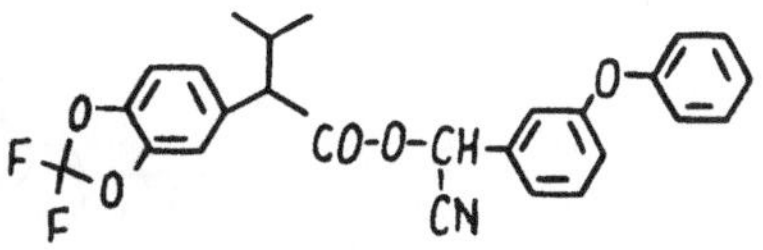

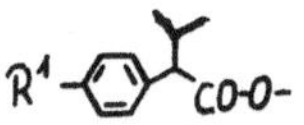

R^1 = Hal, Alk, AlkO
   =HalAlkO

neue Säurekomponente

DOS   2 810 031   11.3.77   Kuraray

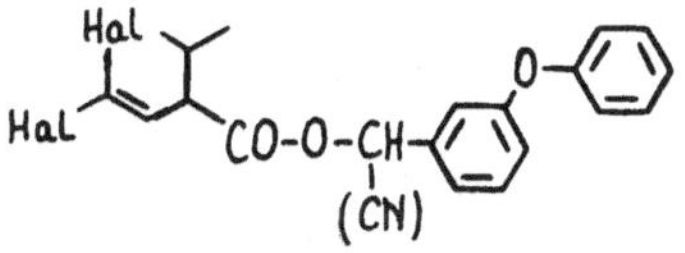

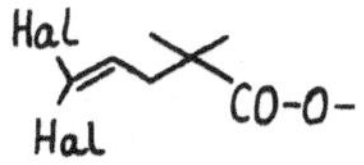

neue Säurekomponente

DOS   2 810 871   14.3.77   Shell
EP   4 754   31.3.78   Mobil Oil

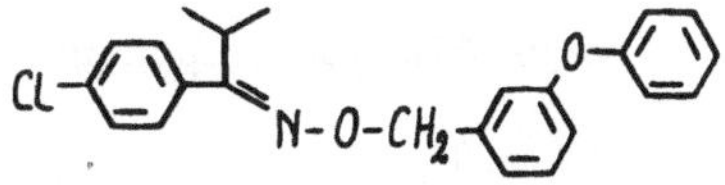

neuartiger Wirkstoff

US   4 163 787   14.3.77   Dow Chemical

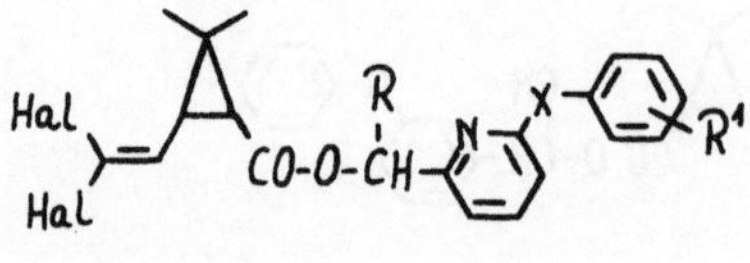

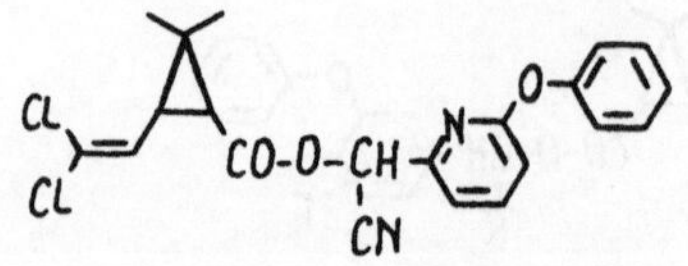

R = H, CN, C≡CH
X = O, S
R^1 = Hal, CF$_3$, OAlk, SAlk,
        Alk-SO$_2$-

neue Alkoholkomponente

DOS   2 812 169   21.3.77   Zoecon

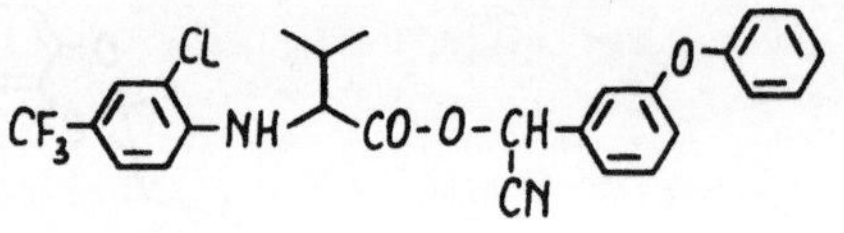

neue Säurekomponente

BE   865 430   31.3.77   Shell

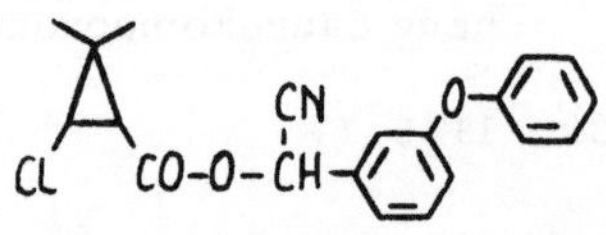

neue Säurekomponente

US   4 096 272   13.5.77   Stauffer

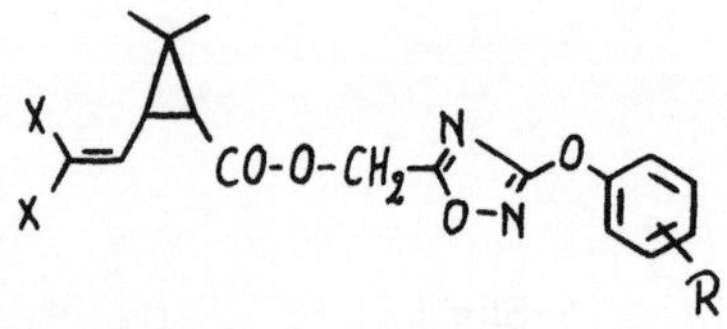

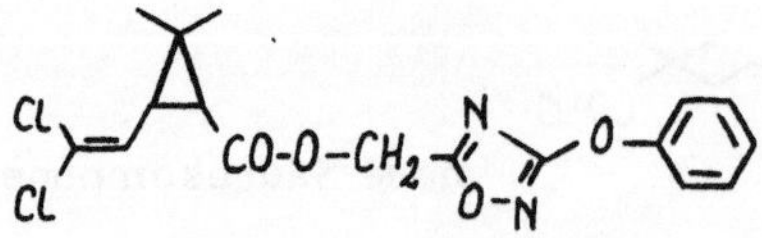

X = Cl, CH$_3$
R = CH$_3$

neue Alkoholkomponente

US   4 096 273   13.5.77   Stauffer

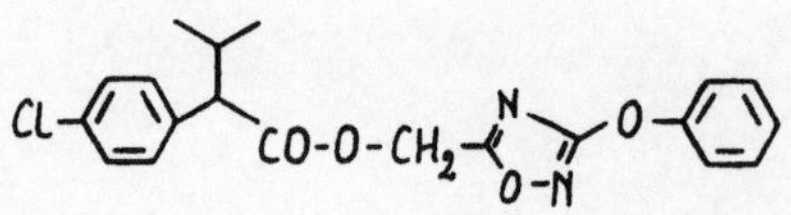

neue Kombination

US   4 134 985   13.5.77   Stauffer

neue Alkoholkomponente

JA   53-144550   18.5.77   Sankyo

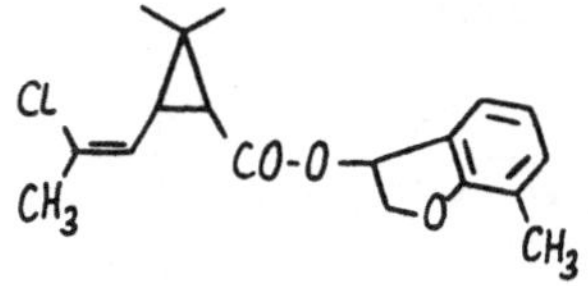

neue Kombination

NL   7806 273   10.6.77   Sumitomo

R = o, p, Cl, O-CH_3, Alk

neue Alkoholkomponente

JA   54-12348   17.6.77   Sumitomo

R = Furyl, CH_3S, CH_3-CO
R^1 = Pyrethroidalkohol

neue Säurekomponente

US   4 079 149   30.6.77   Shell

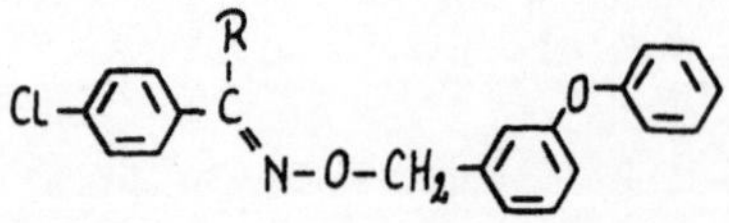

R = CCl_3,

neuer Wirkstofftyp

NL   7806586   20.6.77   Sumitomo

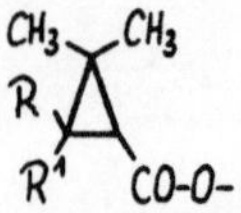

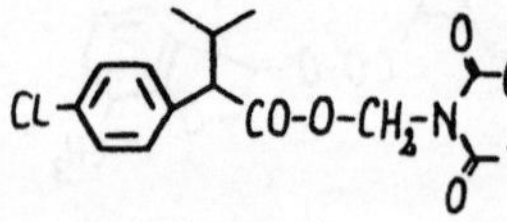

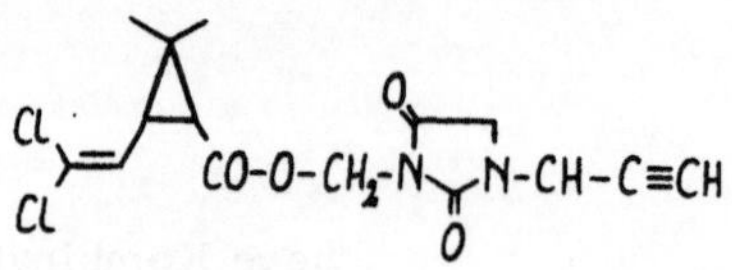

R = H, CH_3

R^1 = -CH=N-O-CH_3, $CH=$

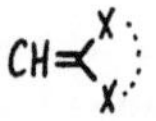

X = Hal, CH_3, Vinyl
R^2 = Alk(en, in)yl
n = 1, 2

neue Alkoholkomponente

EP   229   30.6.77   Shell

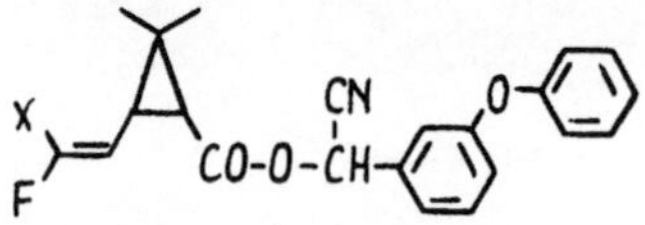

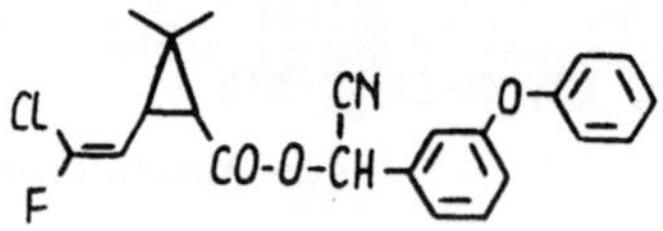

X = Cl, Br, J   1R cis
Y = H, CN, C≡CH

neue Isomerenmischung

DOS   2 829 329   5.7.77   Ciba-Geigy
EP   508   20.7.77   Ciba-Geigy

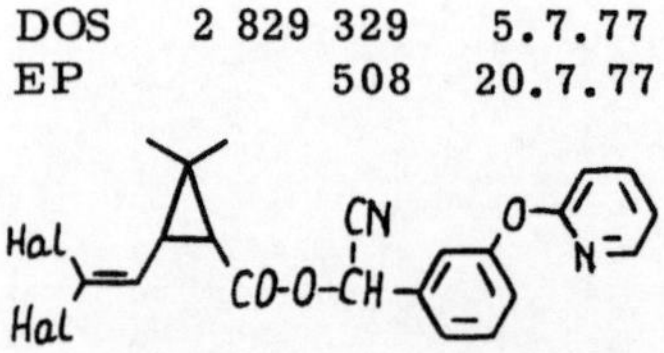

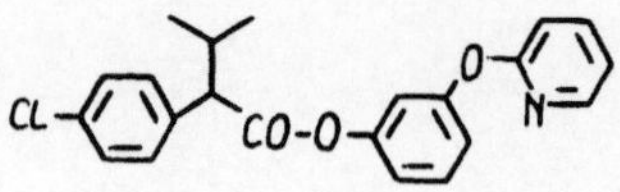

neue Alkoholkomponente

DOS   2 730 515   6.7.77   Bayer

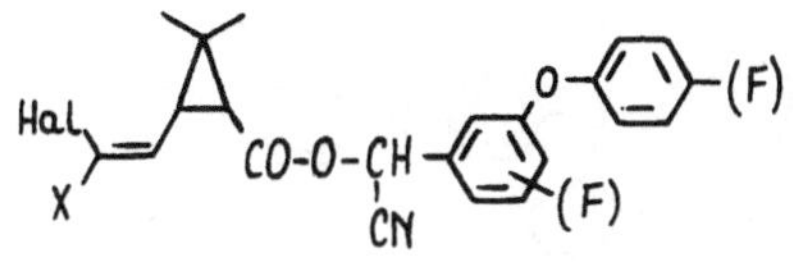

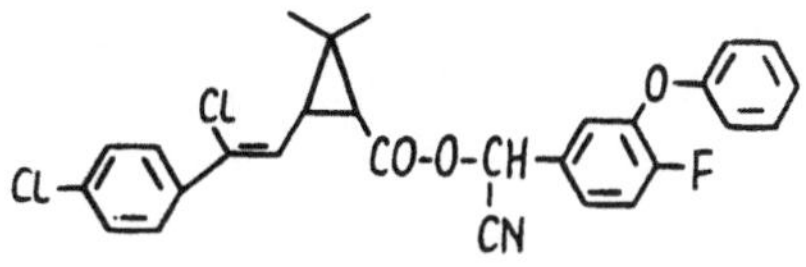

X = Hal,   Hal,   S- ,

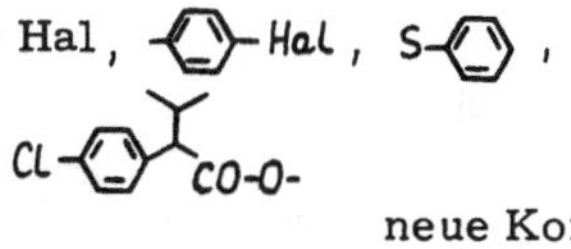

neue Kombination

DOS   2 739 854   3.9.77/15.3.79   Bayer

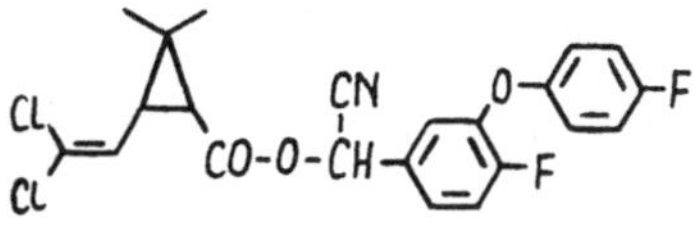

neue Alkoholkomponente

EP   1 712   6.7.77   FMC

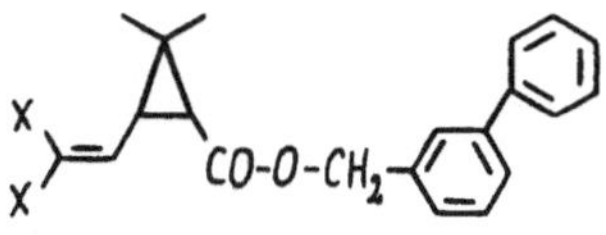

X = Hal, CH$_3$

neue Alkoholkomponente

JA   54-22344   20.7.77   Sankyo

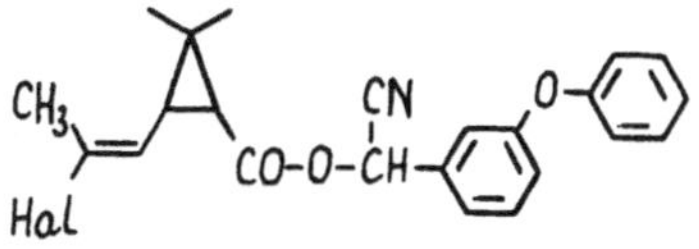

neue Kombination

149

EP   506   20.7.66   Ciba-Geigy

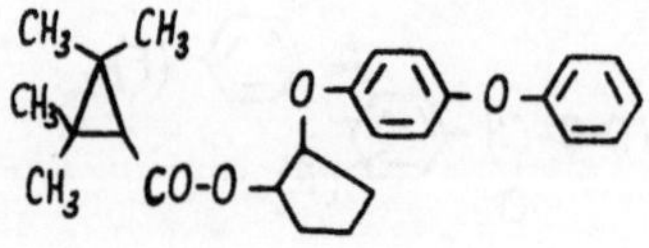

neue Alkoholkomponente

JA   54-44633   10.9.77   Nissan

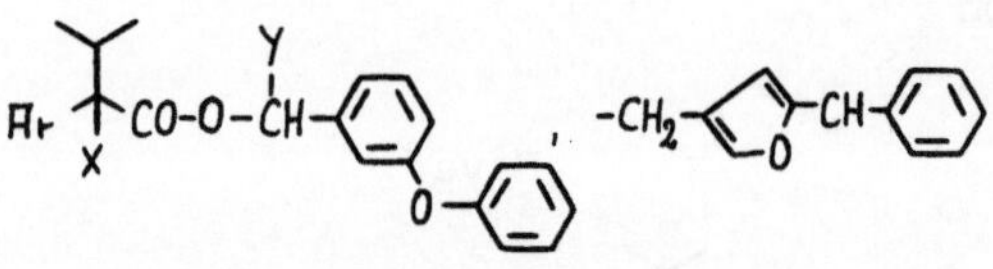

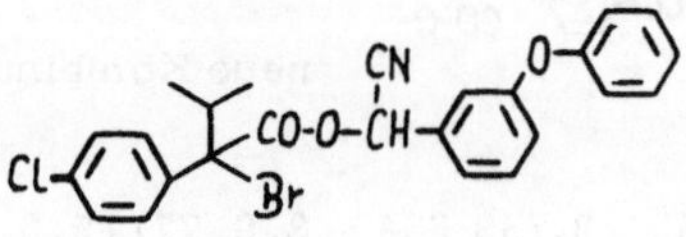

Ar = Cl-◯ , ◯- , ◯◯

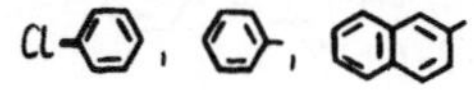

X = CH_3, Hal
Y = H, CN, Cl

neue Säurekomponente

DOS   2 843 134   6.10.77   Ciba-Geigy

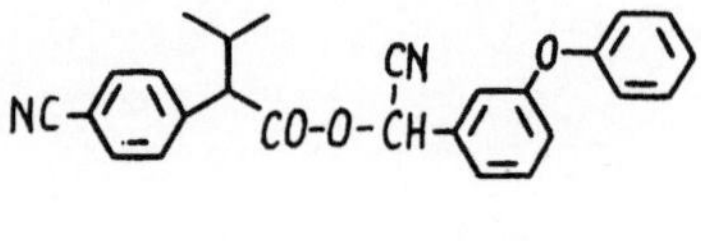

neue Säurekomponente

DOS   2 843 073   6.10.77   Ciba-Geigy

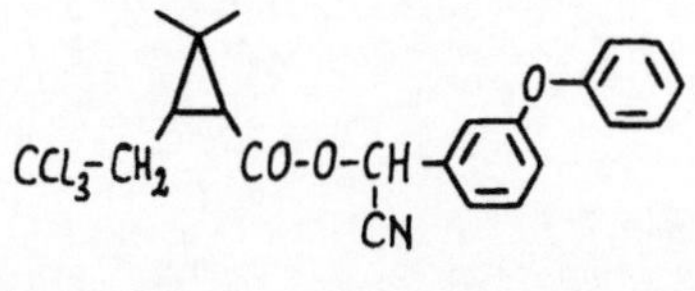

neue Säurekomponente

DOS   2 843 760   7.10.77   Sumitomo

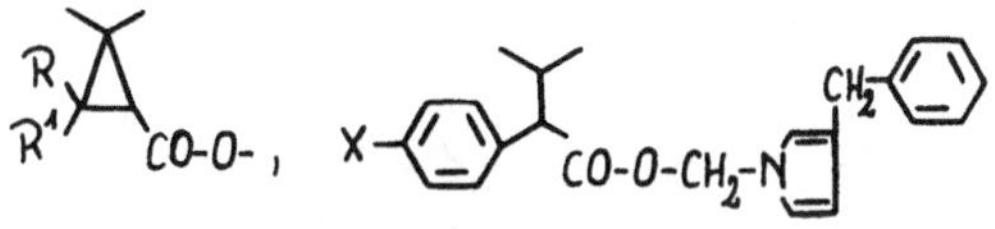

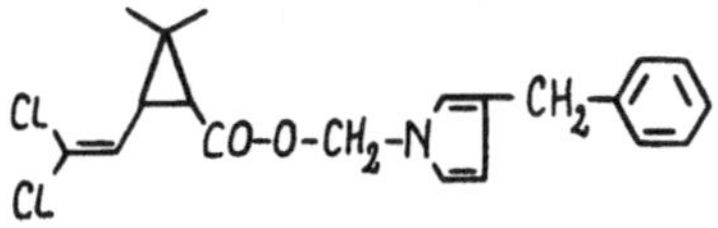

R = H, CH$_3$
R^1 = CH$_3$,   CH=C$\big\langle^X_X$
X = Hal, CH$_3$

neue Alkoholkomponente

JA   54-66662   8.11.77   Katsuta

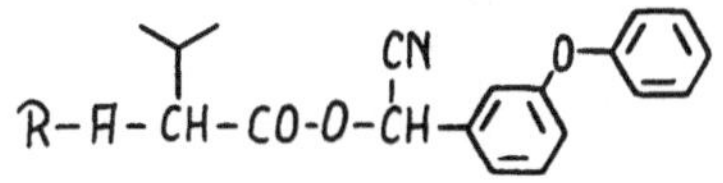

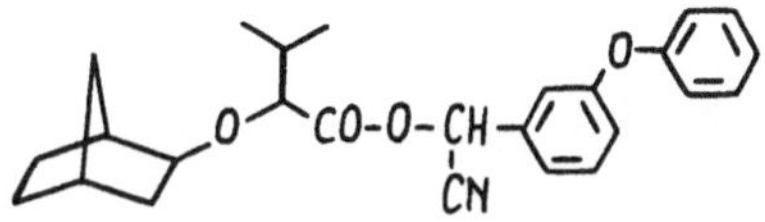

A = O, NH, S, CH$_2$-

R =

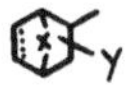

X = O, S, CH$_2$, (CH$_2$)$_2$
Y = Hal, Alk

neue Säurekomponente

EP   1 824   9.11.77   Ciba-Geigy

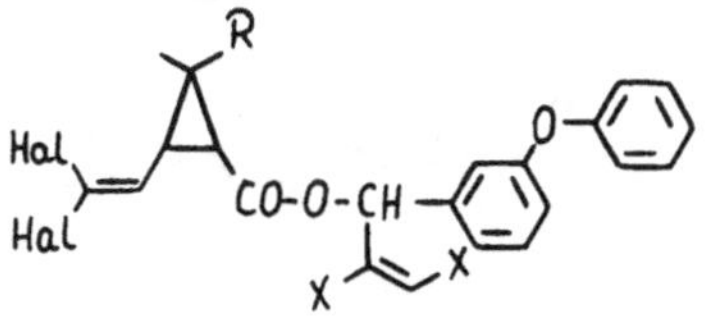

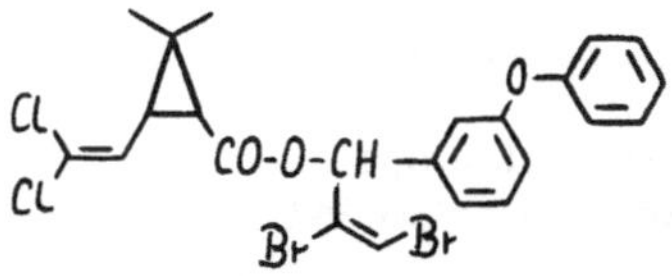

R = H, CH$_3$
X = H, Br

neue Alkoholkomponente

DOS   2 848 495   11.11.77   Ciba-Geigy

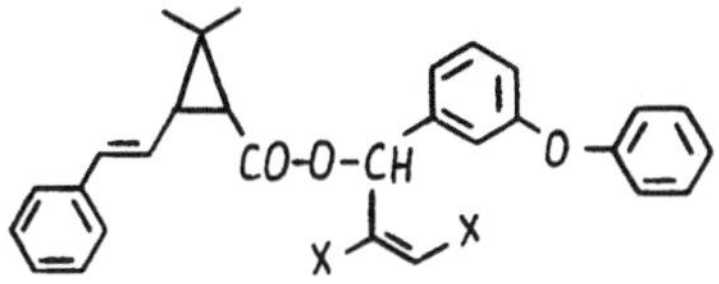

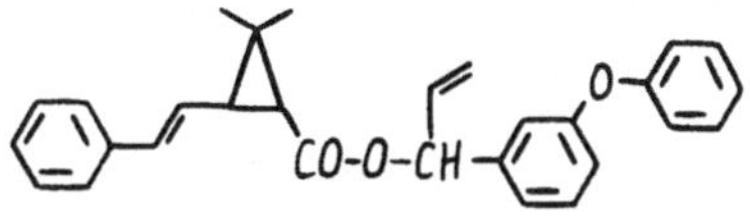

X = H, Br

neue Kombination

C. Faktensammlung

DOS   2 849 942   21.11.77   Elliot, NRDC

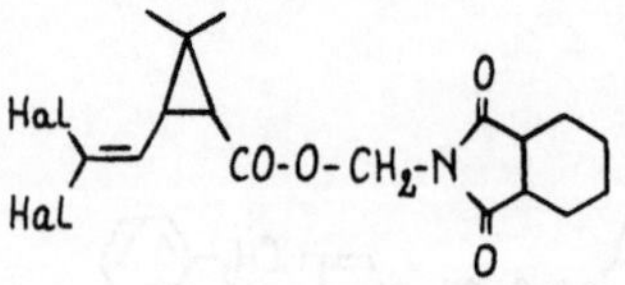

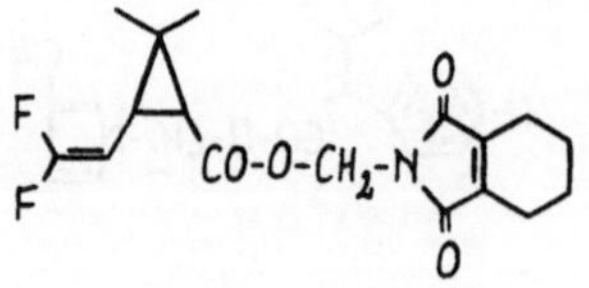

neue Einzelisomere

1R cis bzw. trans

EP   2091   22.11.77   Shell

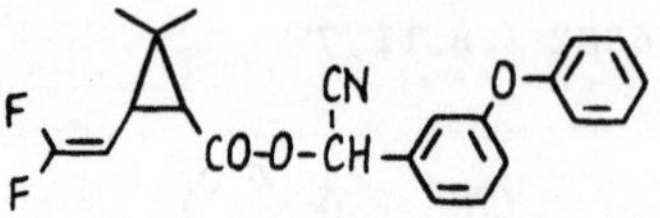

1R cis - S (bzw. R/S)

neues Einzelisomeres

DOS   2 851 428   1.12.77   Dainippon
J. Pestic. Sci. 1978, 437   Minamite et. al.
EP   4316   16.3.78   Ciba-Geigy

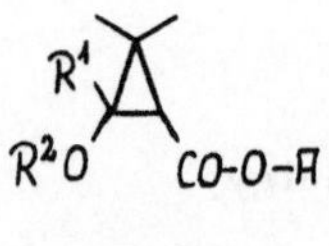

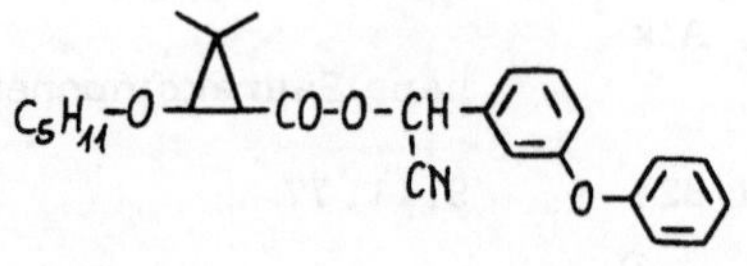

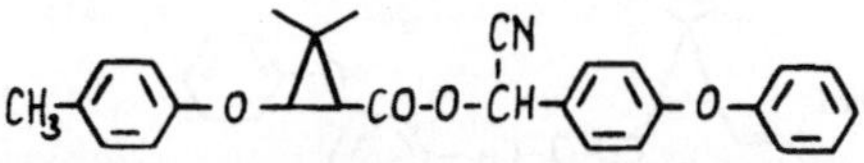

A = Pyrethroidalkohol
R^1 = H, CH_3
R^2 = (Halo)-Alk(en)yl
        Phenyl, Cycloalkyl

neue Säurekomponente

EP   2620   19.12.77   CSIRO Aust.

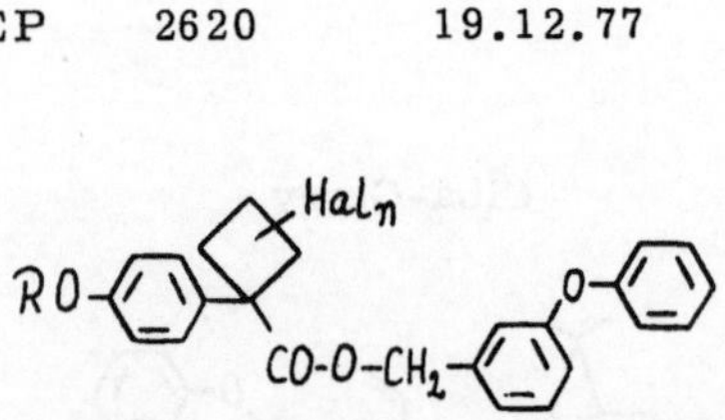

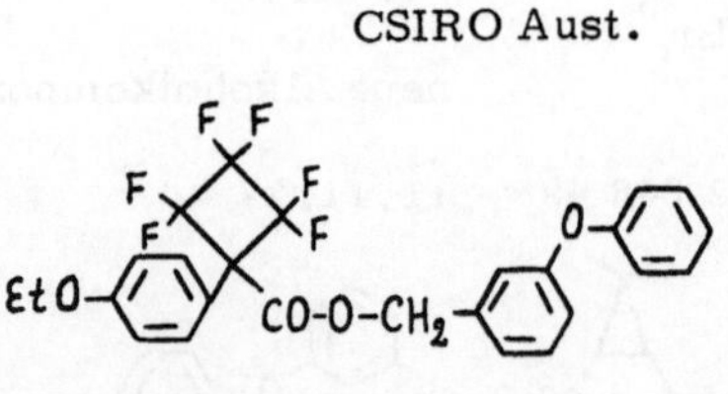

neue Säurekomponente

GB   2 010 819   27.12.77   Nissan

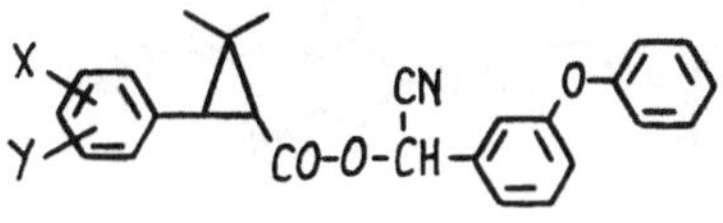

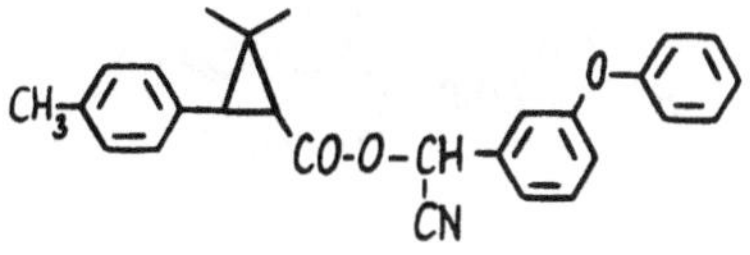

X = H, Hal, Me, OAlk, CF$_3$, OPhenyl
    -O-CH$_2$-O

neue Kombination

1978   DOS   2 856 719   3.1.78   Ciba-Geigy

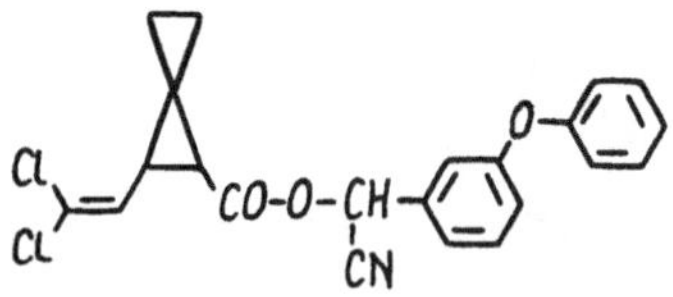

neue Säurekomponente

DOS   2 903 057   21.1.78   Sumitomo

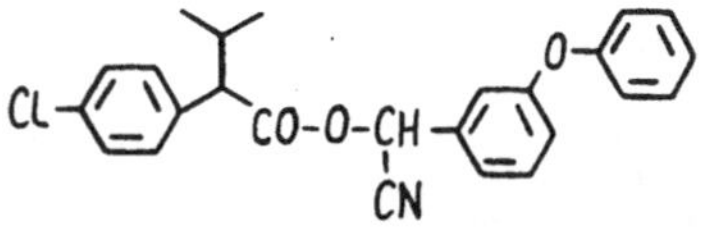

(S, S) + (R, R)

neues Isomerengemisch

DOS   2 851 428   21.1.78   Dainippon

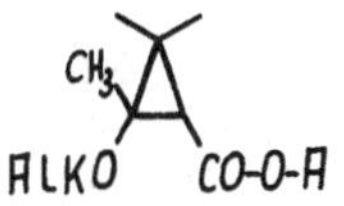

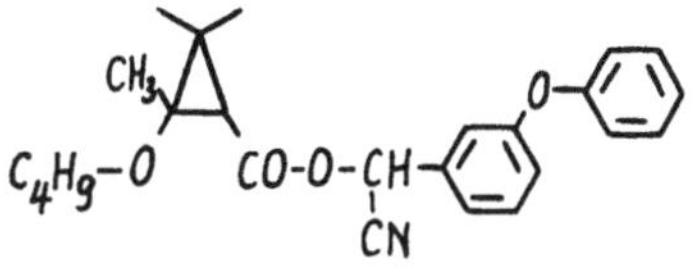

A = Pyrethroidalkohol

neue Säurekomponente

DOS   2 904 460   9.2.78   Ciba-Geigy

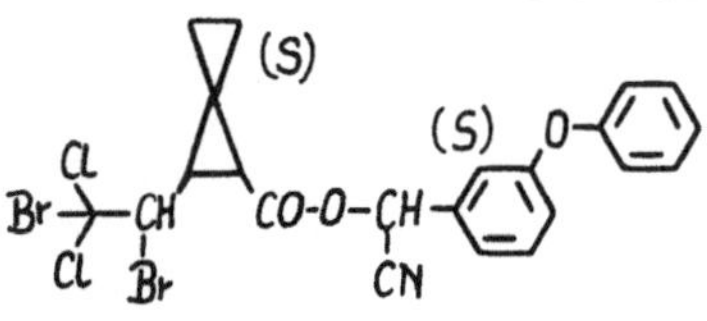

neue Säurekomponente

C. Faktensammlung

BE   874 392   23.2.78   Chinoin Gyog.

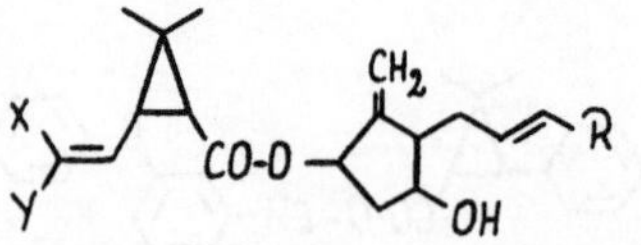

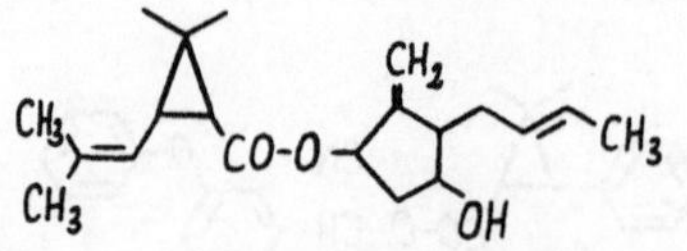

X = Hal, CH$_3$
Y = Hal, CH$_3$
R = H, Alk(en)yl

1 R trans,
opt. akt. Alkohol

neue Alkoholkomponente

BE   874 515   28.2.78   Montedison

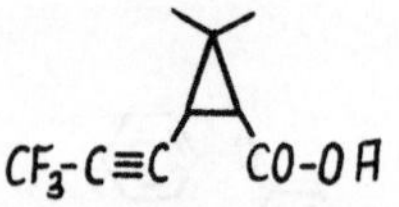

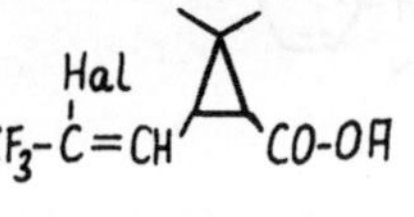

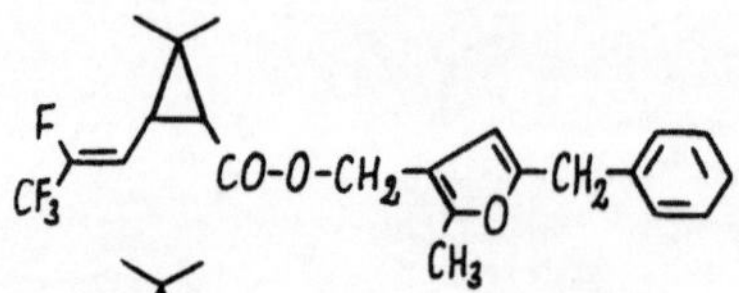

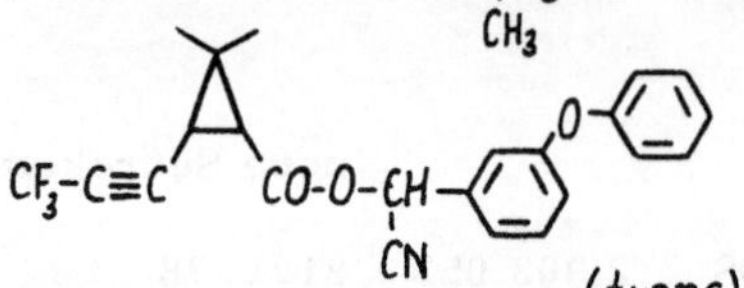

A = Pyrethroidalkohol

(trans)

neue Säurekomponente

JA   54-117444   4.3.78   Katsuda

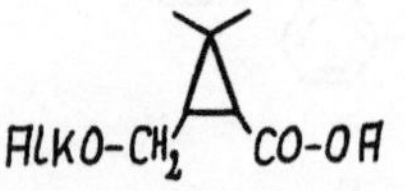

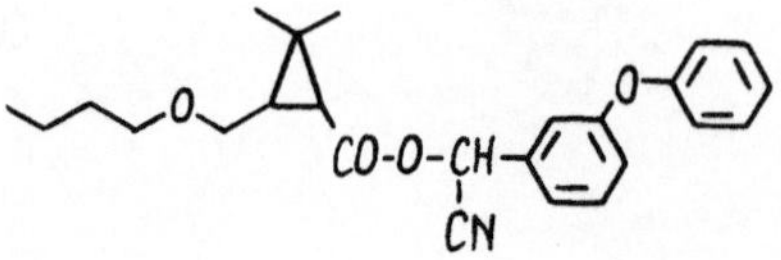

A = Pyrethroidalkohol

neue Säurekomponente

DOS   2 903 268   17.3.78   Roussel-Uclaf

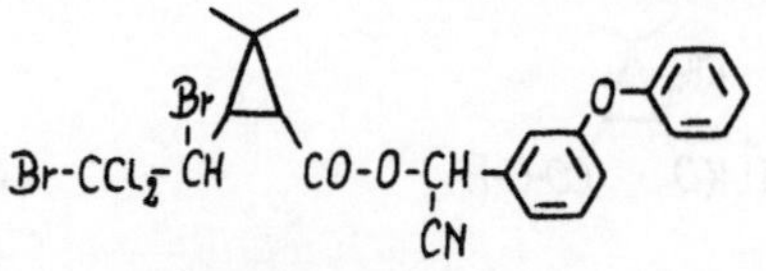

1 R trans- S
1 R cis-   S

neues Isomerengemisch

DOS   2 909 827   20.3.78   Am. Cyanamid

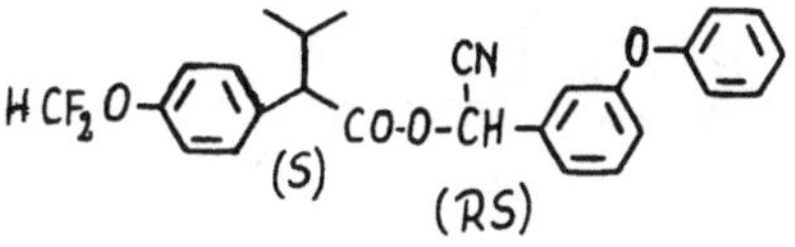

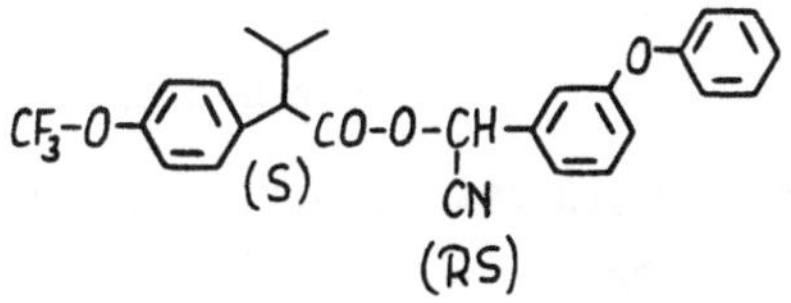

neue Isomerengemische

US   4 151 293   23.10.78   Abbott

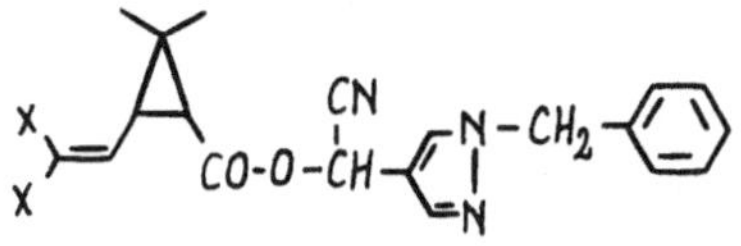

X = Hal, CH$_3$

neue Alkoholkomponente

JA   54-130536   31.3.78   Sumitomo

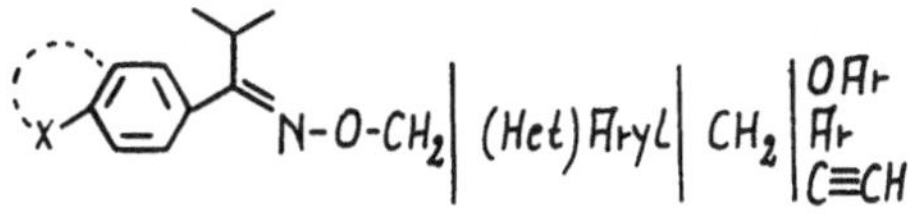

X = Hal, Alk, Acyl, NC-,

Variationen neuer Wirkstofftypen
neues Isomeres

DOS   2 810 634   17.3.78   Bayer

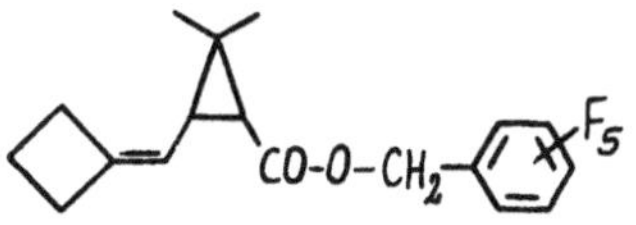

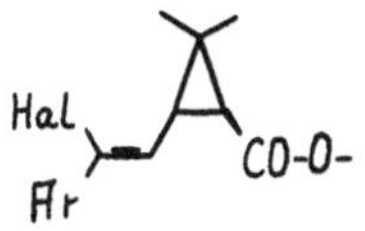

neue Kombinationen

US   4 178 293   14.4.78/11.12.79   Zoecon

X = Hal, CF$_3$
n = 1-3

neue Säurekomponenten

DOS   2 819 788   5.5.78/8.11.79   Bayer

R = Hal, Alk, OAlk
X = H, CF$_2$H
Y = H, Hal, OCF$_2$H
X, -Y = -OCF$_2$-CF$_2$O, -OCF$_2$-O

neue Alkoholkomponenten

EP   5882   2.6.78/11.12.79   Shell

$1(R)$-cis   CH$_3$-O-N=/ CO-O-R

R = Pyrethroidalkohol

neues Isomeres

1980   EP   7255   6.6.78/23.1.80   Roussel-Uclaf

$1(R)$-(S)

neues Isomeres

DOS   2 825 314   9.6.78/20.12.79   Bayer

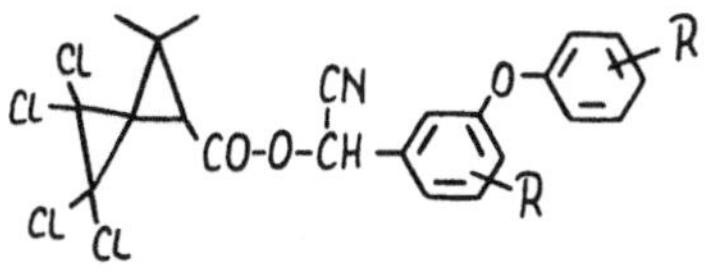

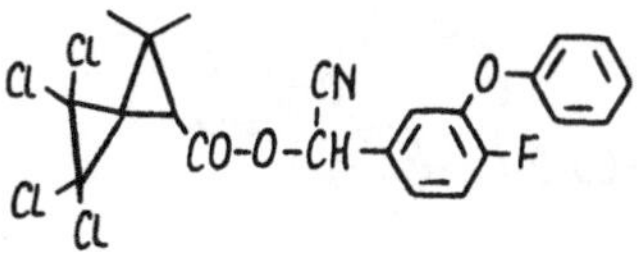

R = H, Hal

           neue Säurekomponente

DOS   2 925 315   26.6.78/10.1.80   Ciba-Geigy

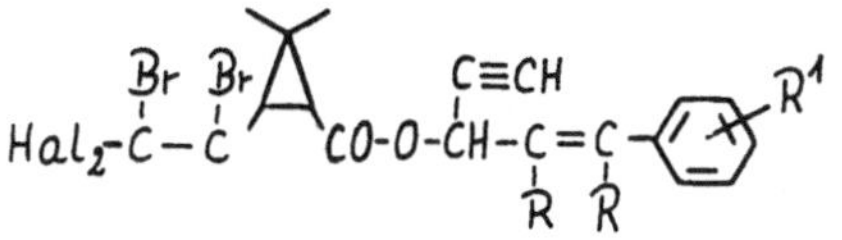

R = Hal, Alk
R^1 = R^1, NO_2, OCH_2-O-, OAlk

           neue Alkoholkomponente

DOS   2 925 290   26.6.78/10.1.80   Ciba-Geigy

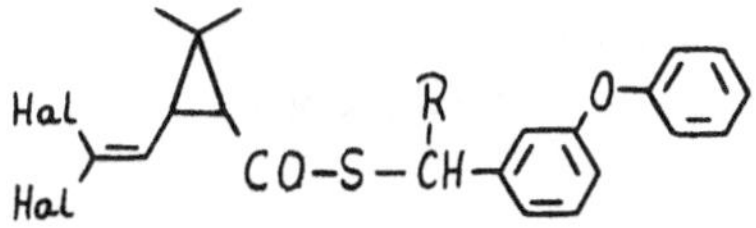

R = H, CN, C≡CH

           neue Alkoholkomponente

EP   6600   27.6.78/9.1.80   Ciba-Geigy

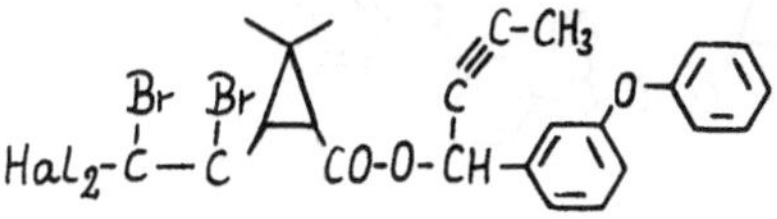

           neue Alkoholkomponente

DOS   2 925 570   27.6.78/17.1.80   Ciba-Geigy

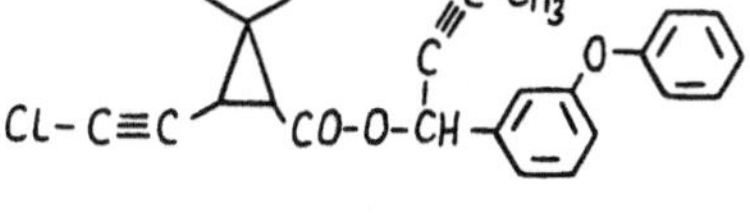

           neue Kombination

EP   6630   3.7.78/9.1.80   Ciba-Geigy

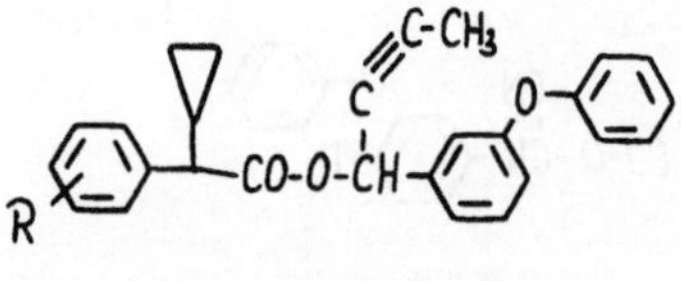

R = Hal, Alk, OCH_3

neue Kombination

DOS   2 832 213   21.7.78/31.1.80   Bayer

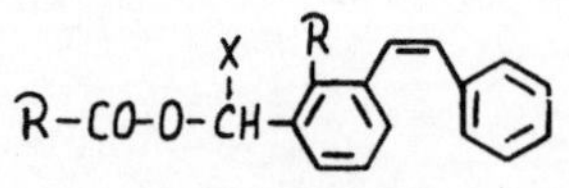

R = Pyrethroidsäure
X = H, CN

neue Alkoholkomponente

Jap. J. Sanit. __29__, (1978) 219   Sumitomo

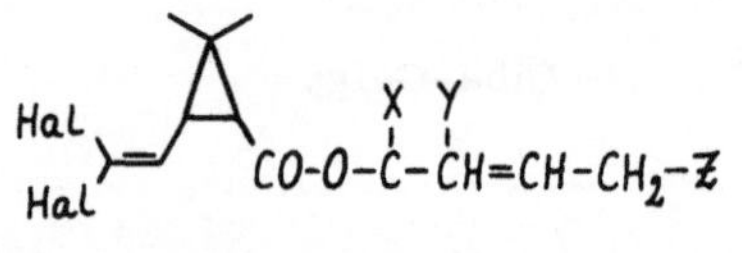

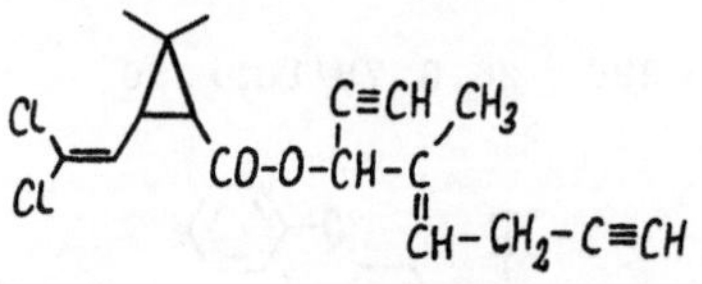

X = H, C≡CH
Y = H, CH_3
Z = C≡CH, CH=CH_2

neue Kombination

EP   6354   27.6.78/9.1.80   ICI Austral.

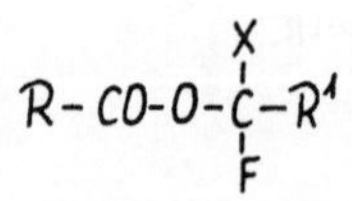

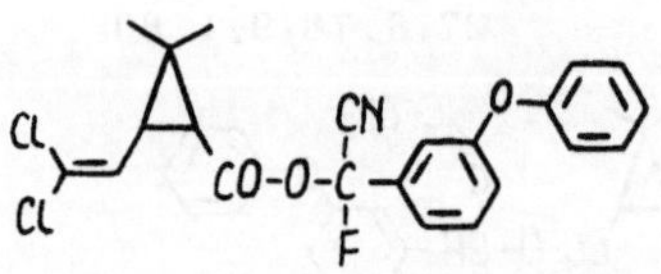

R = Pyrethroidsäurerest
R^1 = Pyrethroidalkoholrest
X = H, CN, F

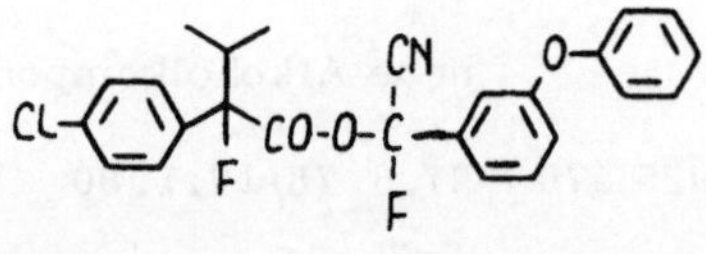

neue Alkoholkomponente
neue Säurekomponente

DOS   2 926 408   3. 7.78   Shell

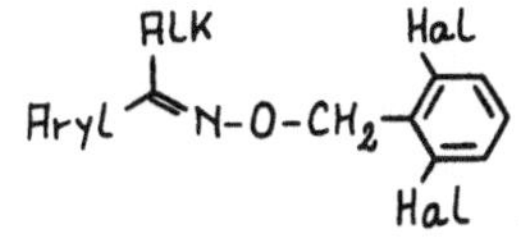

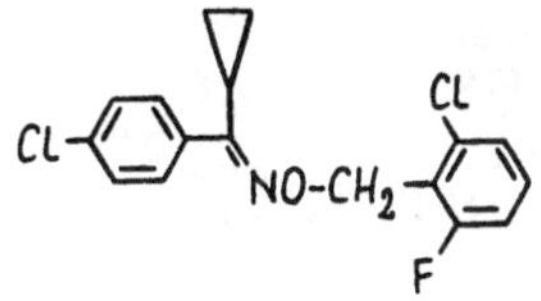

Neue Kombination mit
anderem Wirkungsspektrum

JA   55 9043   6. 7.78   Nissan

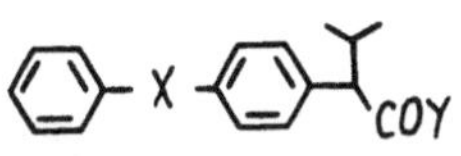

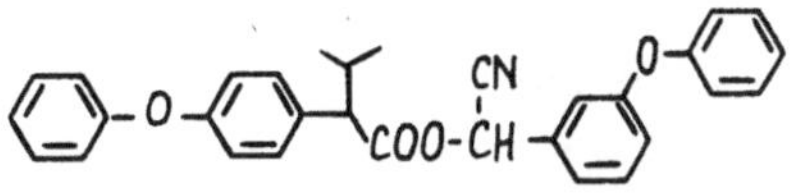

X = O, S, SO_2, CH_2
Y = Pyrethroid-Alkohol

Neue Säurekomponente

JA   55 9044   6. 7.78   Nissan

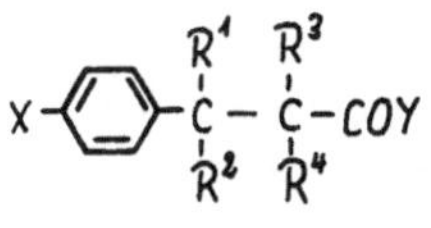

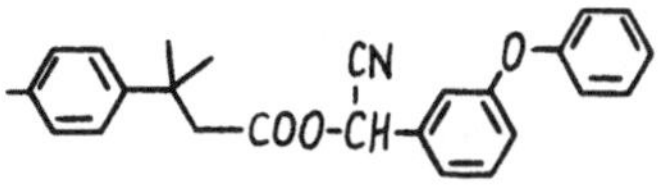

X = H, Hal, Alk., AlkO
R^1, R^2, R^3, R^4, Alk, Hal, CN, Phenyl, H
Y = α-Cyano-Pyrethroid-Alkohol

Neue Säurekomponente

JA   55 9049   6. 7.78   Sumitomo

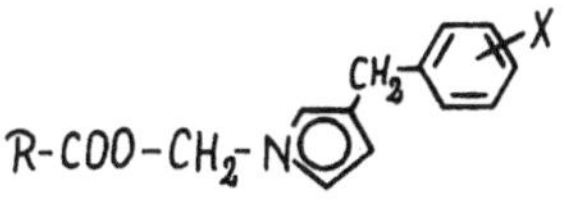

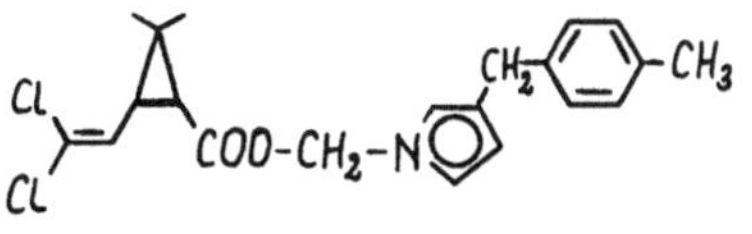

R = Pyrethroidsäurerest

Neue Alkoholkomponente

C. Faktensammlung

JA   55 17323   21. 7. 78   Sumitomo

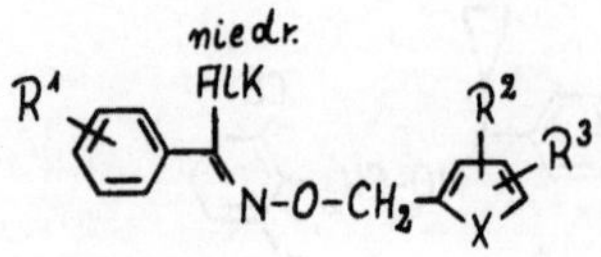

X = O, S
R^1 = (O,S)Alk
R^2 = Alk(en,in)yl
R^3 = Alk

Neue Kombination

US   4 189 598   24. 7. 78   Zoecon

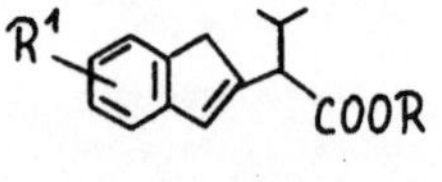

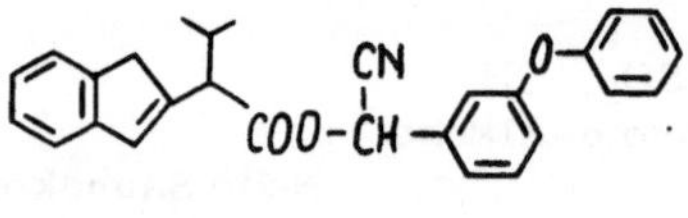

R^1 = H, Hal, (O)Alk
R = Pyrethroid-Alkohol   Neue Säurekomponente

JA   55 20732   31. 7. 78   Sumitomo

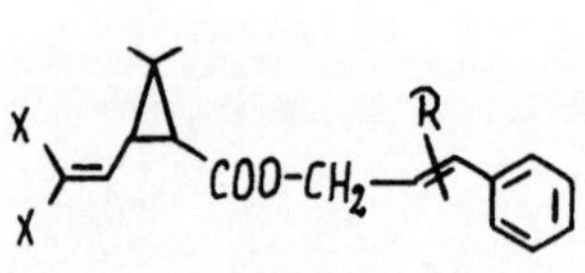

X = F, Br
R = H, Hal, CH_3

Neue Kombination

JA   55 28942   21. 8.78   Kuraray

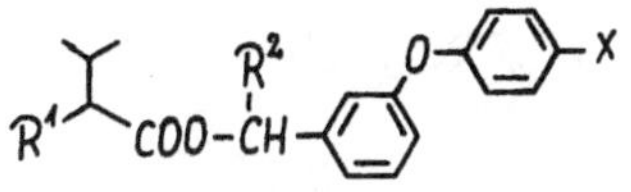

R^1 = H, ω-Halovinyl, ω-Haloallyl
R^2 = H, CN
X = Hal, CH_3

Fischmindertoxische Kombinationen

DOS   2 837 524   28. 8.78   Bayer

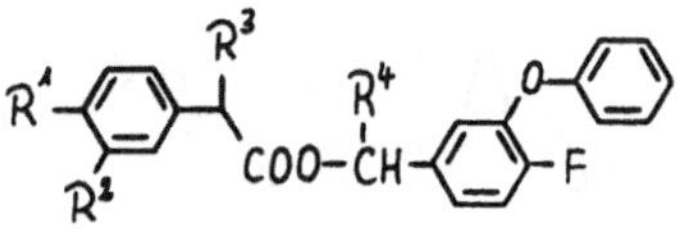

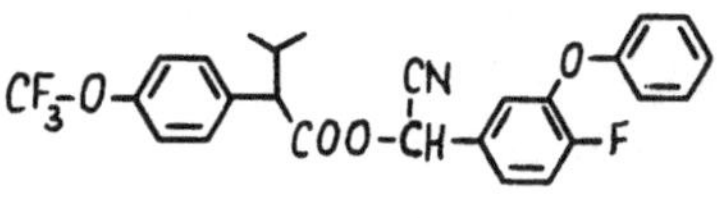

R^1 = HalAlkO, HalAlkS, Hal
R^2 = H, Hal, (O)Alk
R^3 = Et, n,i-Propyl, Cyclopropyl
R^4 = H, CN

Neue Kombination

EP   8 867   28. 8.78   Am. Cyanamid

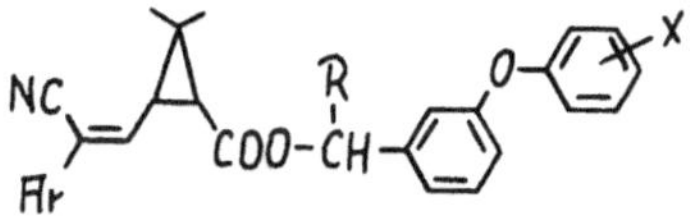

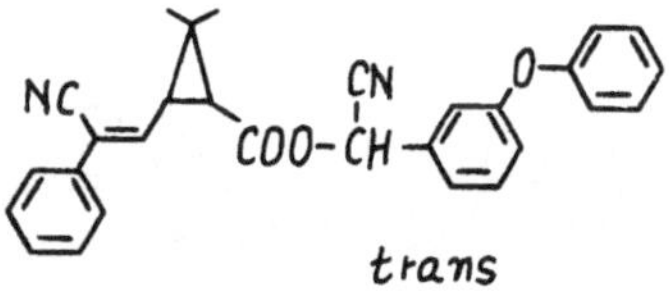

Ar = subst. Phenyl, 2-Naphthyl, 2-Thienyl; R = H, CN
X = H, Hal, CH_3(O)

JA   55 33452   31. 8.78   Sumitomo

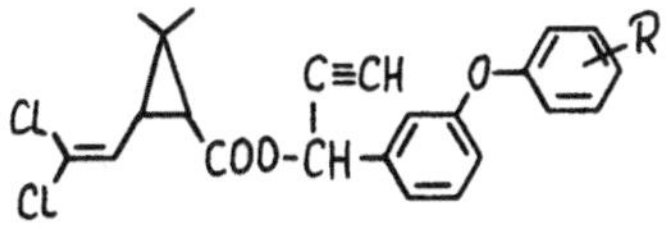

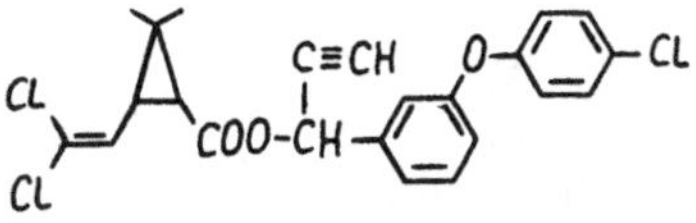

R = m, p Cl

Fischmindertoxische neue Kombination

JA   55 36435   7. 9.78   Nippon Soda

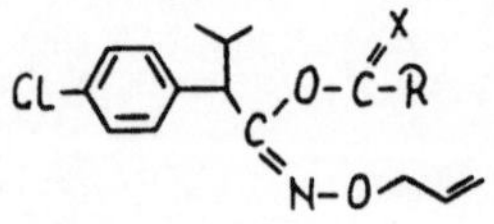

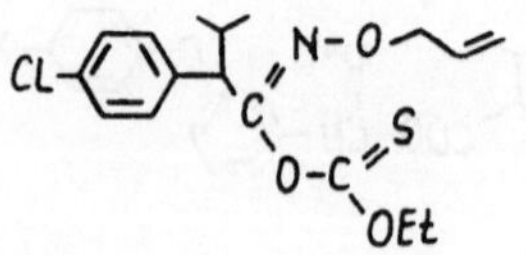

X = O, S
R = OAlk, OPhenyl

Neue akaricide Struktur

JA   55 38341   11. 9.78   Sumitomo

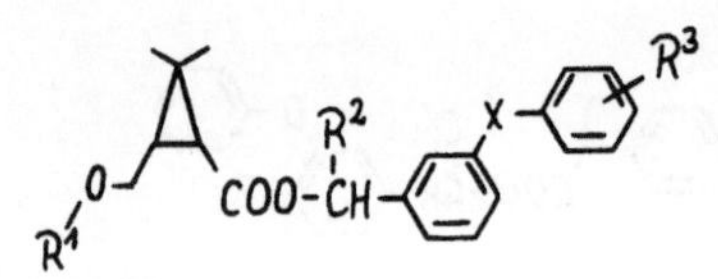

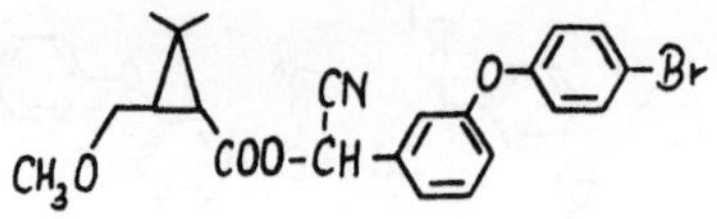

R^1 = C_{1-5} Alk(en, in)yl
R^2 = H, CN, C $\equiv$ CH
R^3 = Hal, $CH_3(O)$
X = O, S, CH_2

Neue fischmindertoxische Kombination

DOS 2 936 726   12. 9.78   Philagro

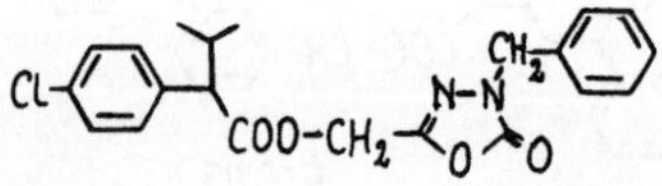

Neuer Alkohol

DOS 2 935 575   12. 9.78   Nissan

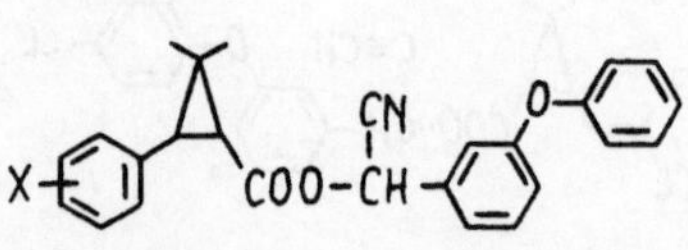

X = C_{2-10}Alkyl   Fischmindertoxische neue Ester

JA   50 383353   13. 9.78   Nippon Soda

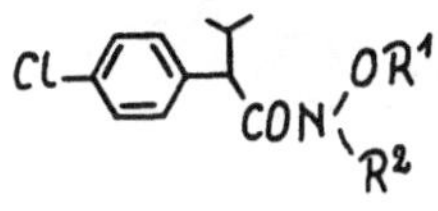

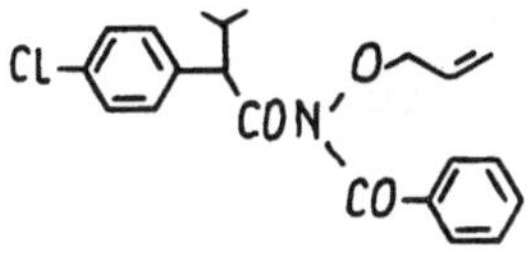

R^1 = Alk(en)yl
R^2 = Alk, COAlk, COAr

Neue akaricide Strukturen

BE   878 773   14. 9.78   Sorex

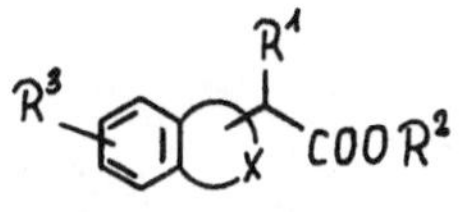

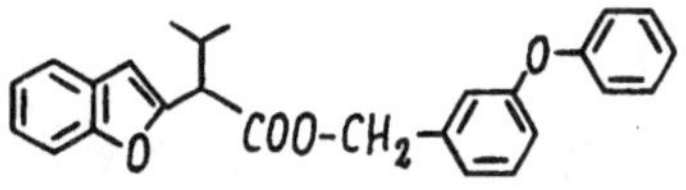

X = Heteroalk(en)ylen
R^1 = Alk(en)yl
R^2 = Pyrethroid-Alkohol
R^3 = H, Hal, Alk

Neue Säurekomponenten

JA   55 40659   19. 9.78   Katsuda

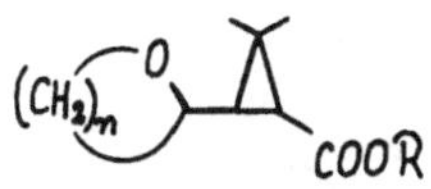

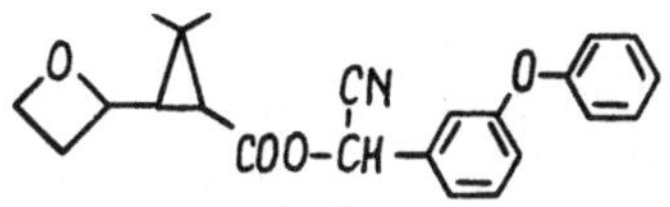

R = Pyrethroid-Alkohol

Neue Säurekomponenten

EP   9 709   29. 9.78   Bayer

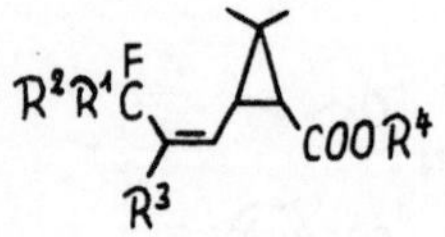

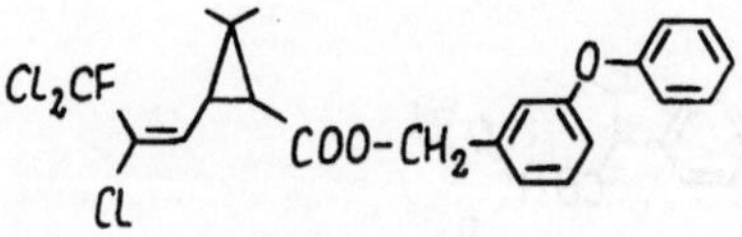

R^1 = H, Hal, Alk
R^2 = Hal, Alk
R^3 = Hal, CF_3, R^1R^2CF-
R^4 = Pyrethroid-Alkohol

Neue Säurekomponente

EP   9 708   29. 9.78   Bayer

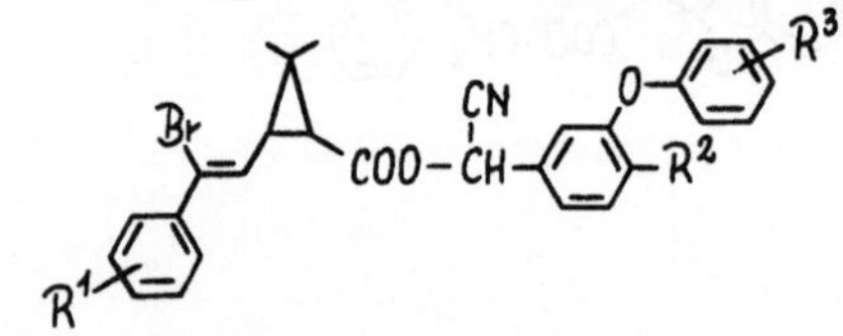

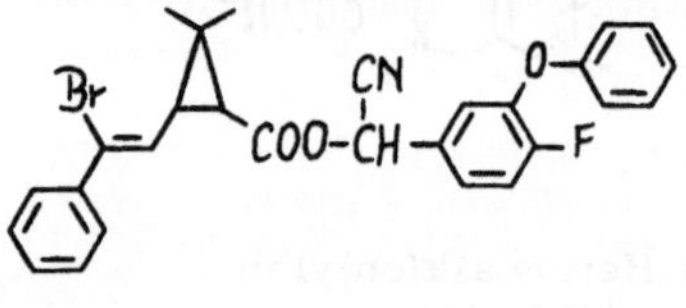

R^1, R^3 = H, Hal,
R^2 = Hal   Neue Säurekomponente

BE   879 141   13.10.78   Shell
BE   879 142

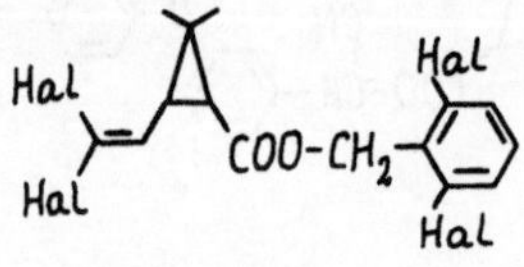

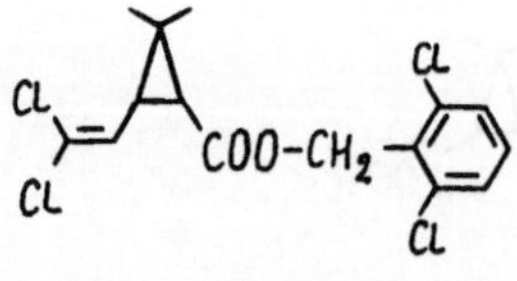

Hal = Cl,Br, F

1R cis

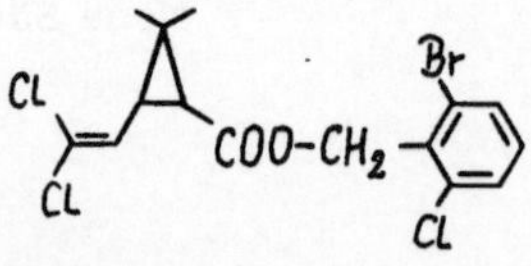

Neue acaricide Kombination

164

I. Zusammenstellung von Patentanmeldungen synthetischer Pyrethroid-Wirkstoffe

GB   2 034 301   16.10.78   Council Sci..Ind. Res.

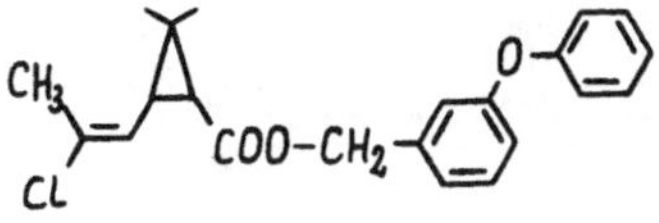

Neues Isomeres   1 R cis

DOS 2 942 618   23.10.78   Shell

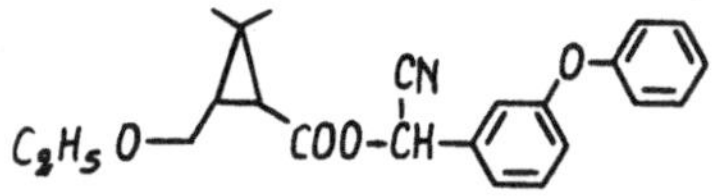

1 R cis; (R, S)
Neues Diastereomerengemisch

EP   10 727   26.10.78   Ciba-Geigy

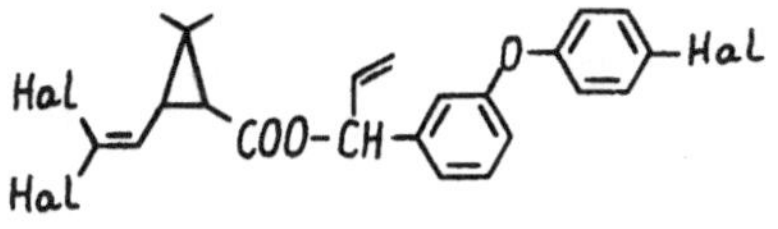

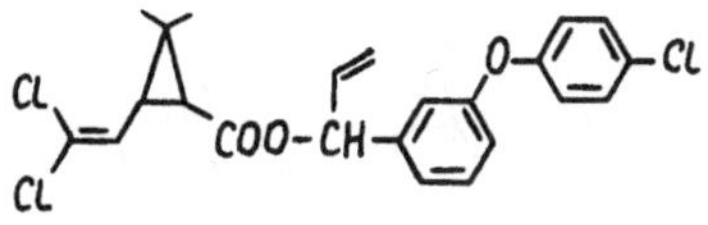

Neue Alkoholkomponente

DOS 2 943 394   27.10.78   Sumitomo

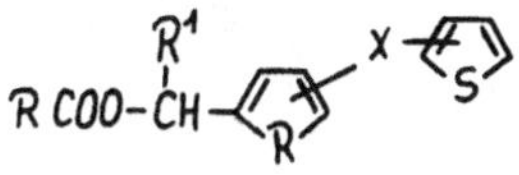

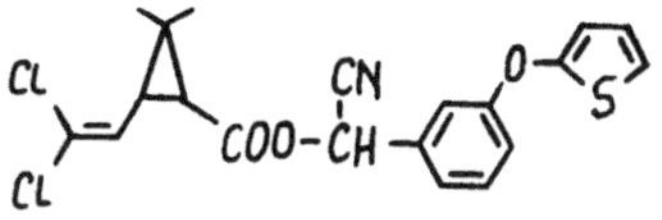

R = Pyrethroidsäure
R^1 = H, CN, C≡CH
R^2 = -CH=CH-, O, S
X = O, S, CH$_2$

Neue Alkoholkomponente

165

EP   10 879   27.10.78   ICI

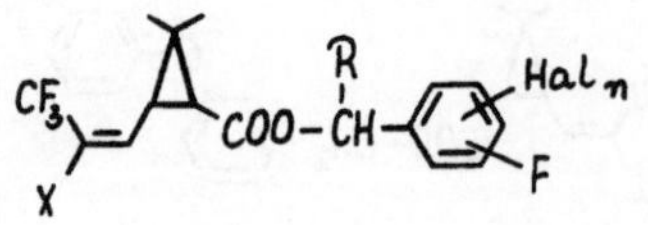

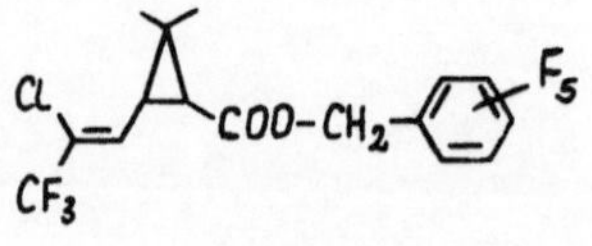

X = CF_3, Hal
R = H, CN
Hal = F, Cl
n = 0-4

1 R cis

Neue Kombination

US   4 206 230   13.11.78   Mobil Oil

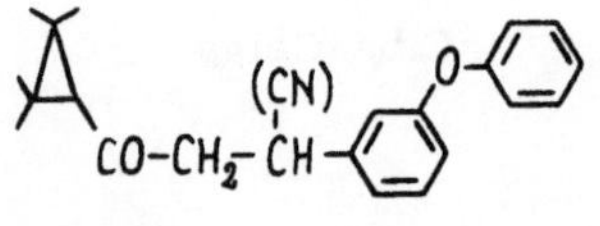

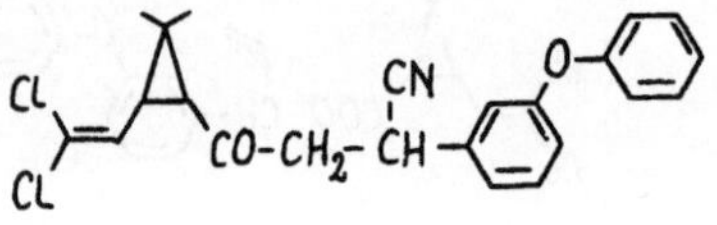

Nicht-Esterpyrethroide

DOS 2 947 127   22.11.78   Sumitomo

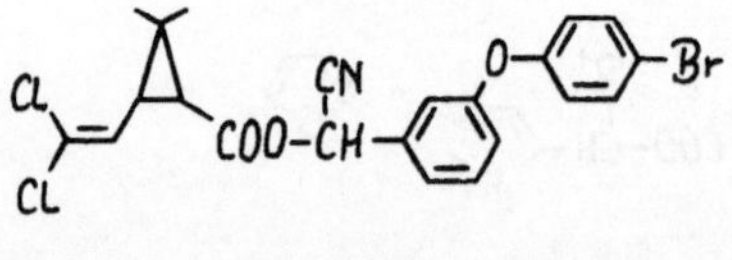

1 R-trans (R, S)

Neues fischmindertoxisches Diasteromerenpaar

NL   79   8 503   22.11.78   Sumitomo
JA   55 73 648   22.11.78
JA   55 73 649   22.11.78

($\pm$) trans

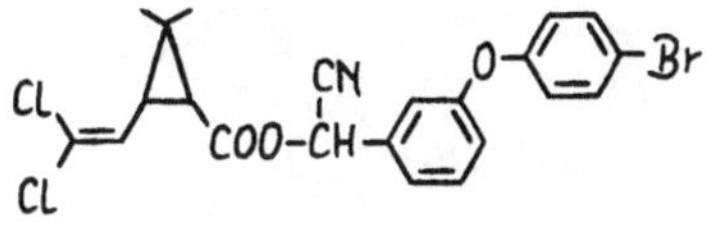

($\pm$) trans

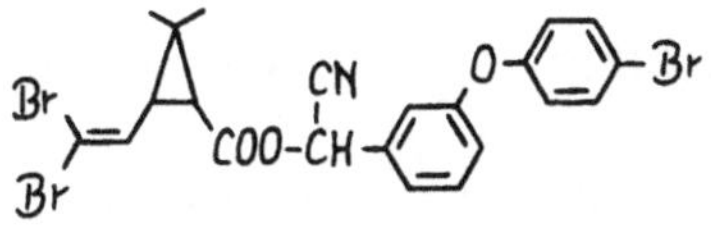

($\pm$) trans

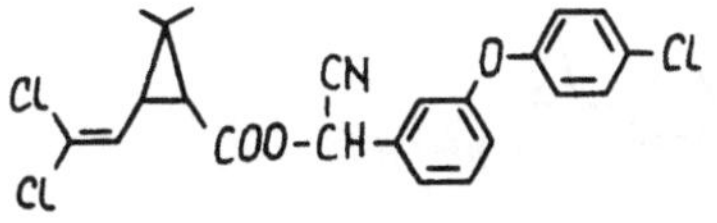

Neue für Reisbau geeignete Fischmindertoxische Isomere

EP   12 273   2.12.78   BASF

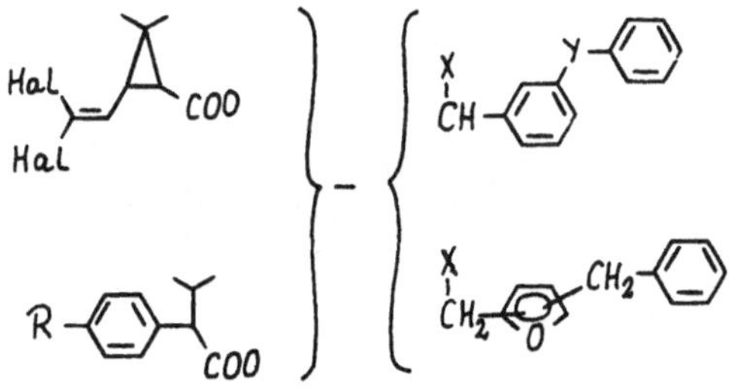

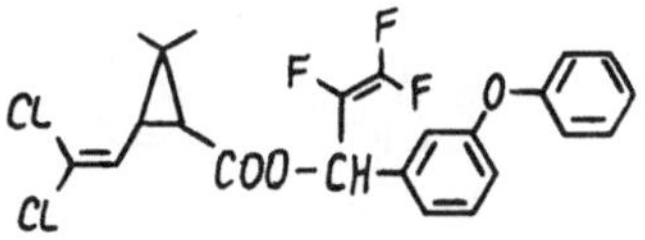

X = Hal_3
Y = O, S, CH_2
R = Hal, (O)Alk, $CHal_3$, CN, NO_2

Neue Alkoholkomponente

WP   80 01 163   4.12.78   FMC

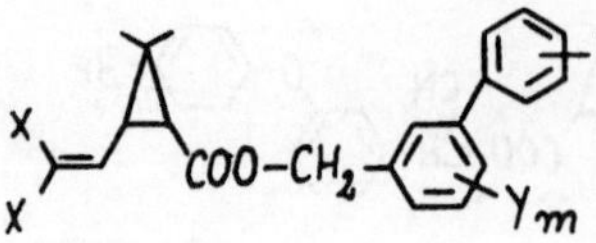

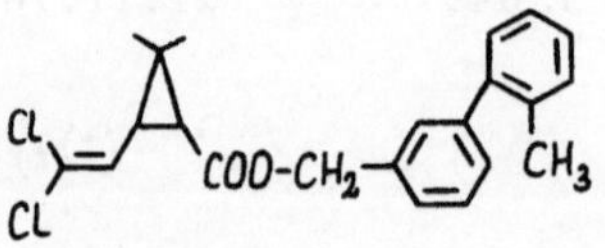

X = Cl, Br, Alk

Y = Hal, Alk(O)   Neue Alkoholkomponente

DOS   2 949 342   11.12.78   Nissan

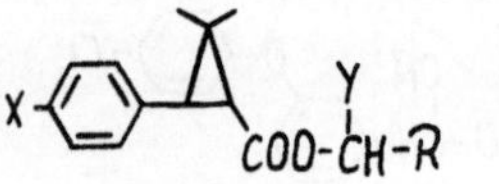

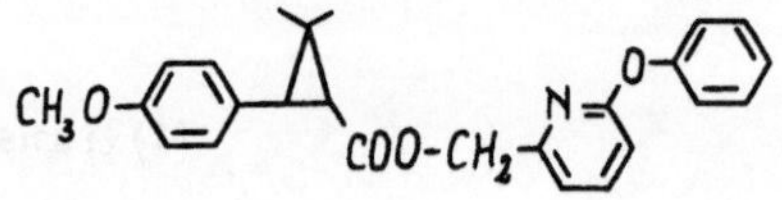

X = H, Hal, Alk(O, S), CF_3, CN
Y = H, CN

Z =

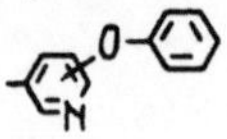

Neue Kombinationen

JA   55 81836   13.12.78   Katsuda

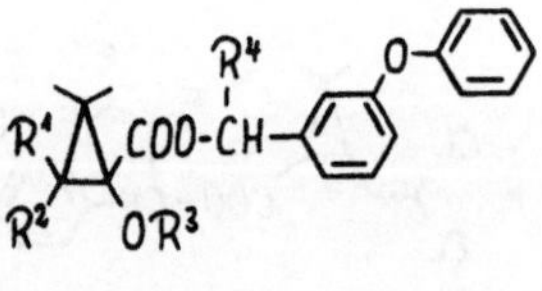

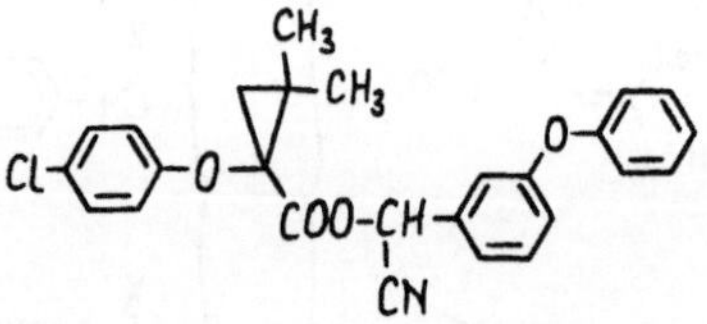

R^1, R^2 = H, Alkyl
R^3 = C_1-C_6-Alkyl, Haloak(en)yl, Aryl

Neue Säurekomponenten

168

JA	55 98150	19. 1.79	Sumitomo
JA	55 100338	23. 1.79	Sumitomo

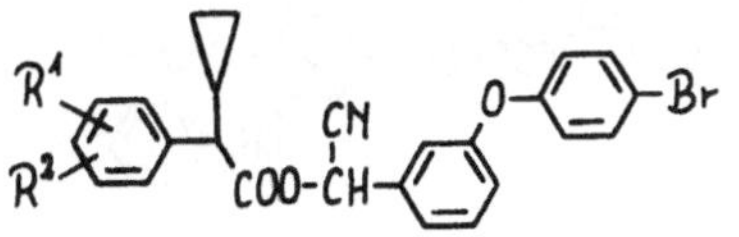

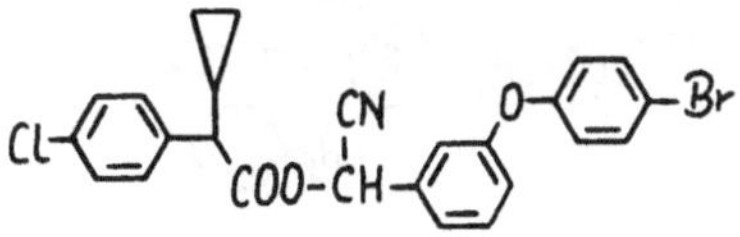

R^1 = Alk(O), Hal –O–CH_2–O–
R^2 = H

Neue Kombinationen

JA	55 100340	23. 1.79	Katsuda

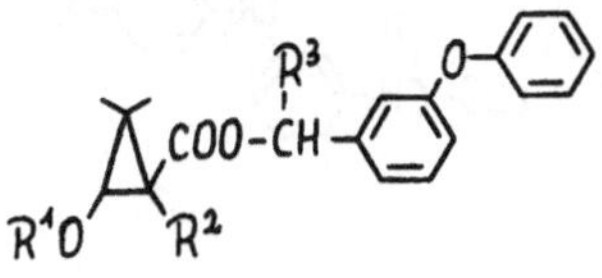

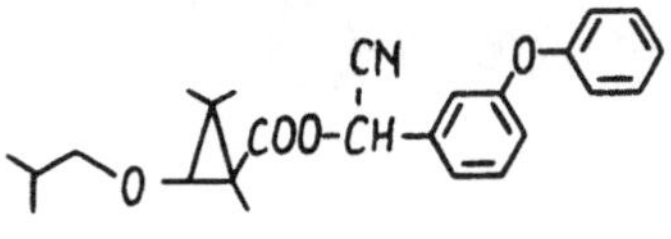

R^1 = C_1-C_6 (Hal)alk(en)yl(O), Aryl
R^2 = C_1-C_4 Alkyl
R^3 = H, CN, CF_3

Neue Säurekomponenten

BE	881 550	6. 2.79	Sumitomo

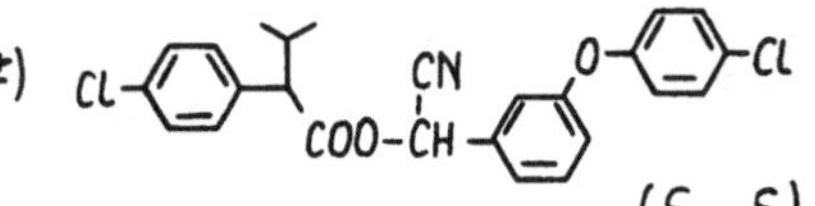

(S, S)
(R, R)

Neues Diasteromerenpaar mit erhöhtem Insekticidanteil

EP   14 593   11. 2.79   FMC

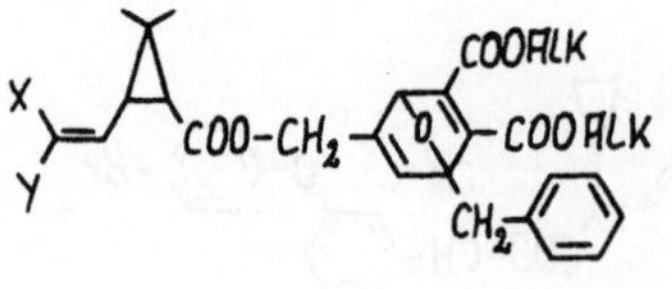

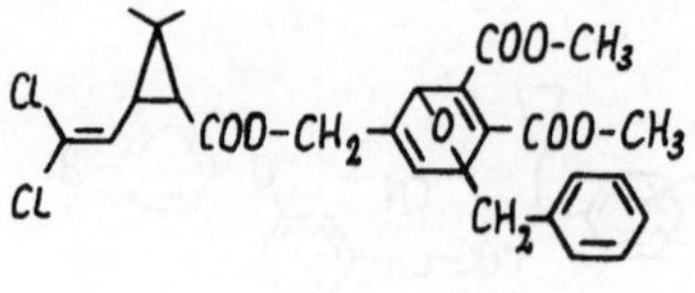

X, Y = Hal, Alk, HalAlk, subst. Phenyl

Neue Alkoholkomponente

EP   15 238   14. 2.79   Ciba-Geigy

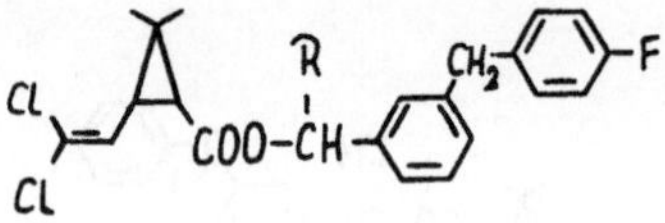

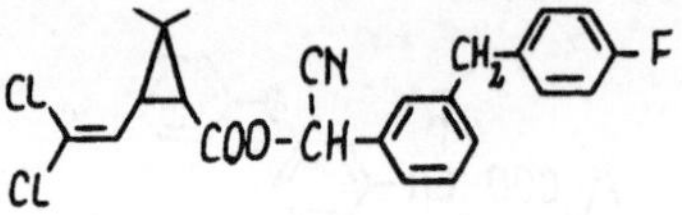

R = H, CN, HC≡ C-, CH₃-C ≡ C-

Neue Alkoholkomponente

EP   16 513   14. 2.79   ICI

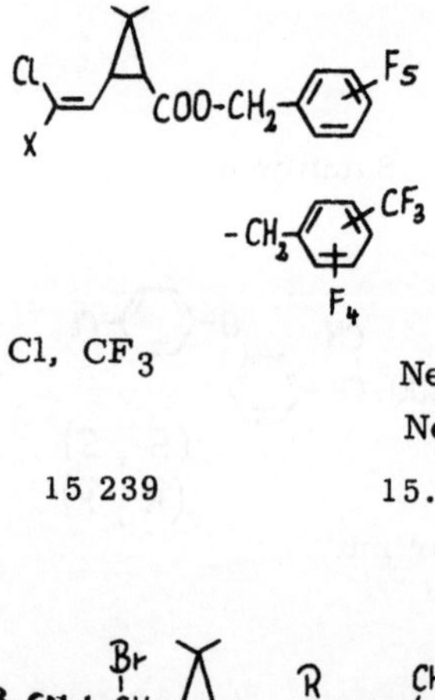

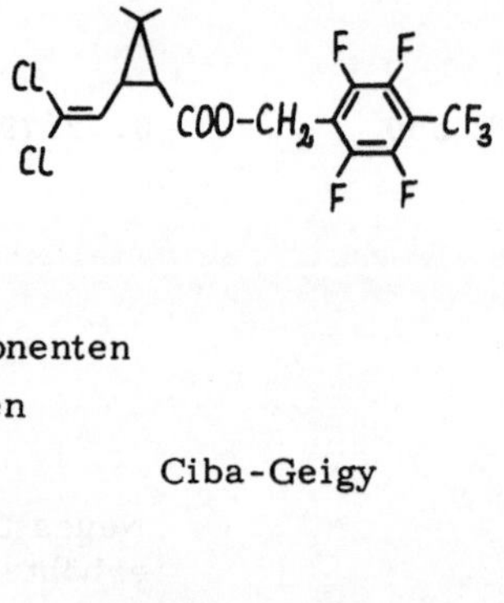

X = Cl, CF₃

Neue Alkoholkomponenten
Neue Kombinationen

EP   15 239   15. 2.79   Ciba-Geigy

R = H, CN, HC≡ C-, CH₃-C ≡ C-

Neue Kombination

170

DOS   3 006 922   27. 2.79   Sumitomo

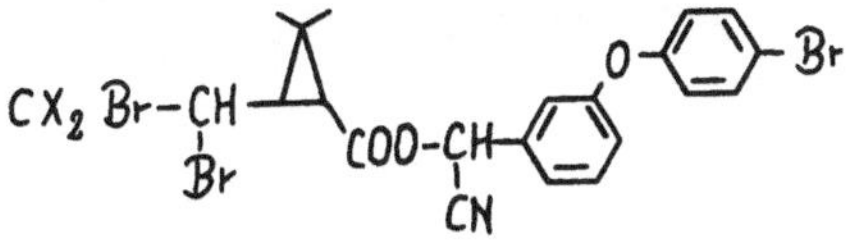

X = Cl, Br

Neue Kombinationen

DOS   3 012 302   3. 3.79   Kuraray

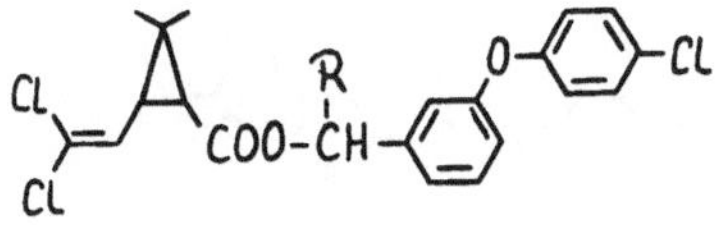

R = H, C $\equiv$ CH

Neue Alkoholkomponente

US   4 219 562   8. 3.79   Shell

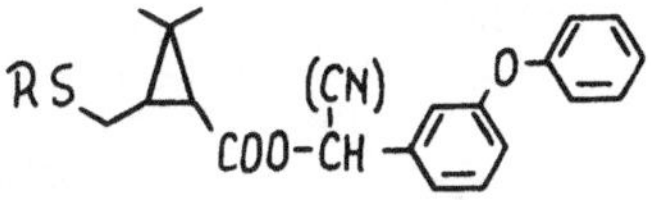

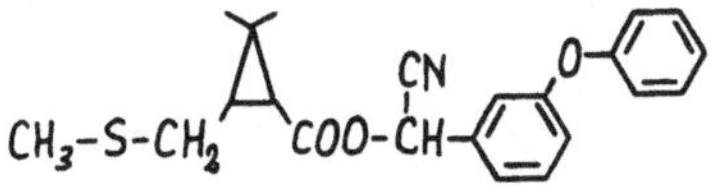

$1\,R$ cis

R = C_1-C_{10} (Hal)Alkyl
    Aralkyl, C_3-C_4-Alken(in)yl, C_3-C_7 Cycloalkyl, Aryl

Neue Säurekomponenten

US   4 200 758   19. 3.79   Zoecon
US   4 200 759   19. 3.79

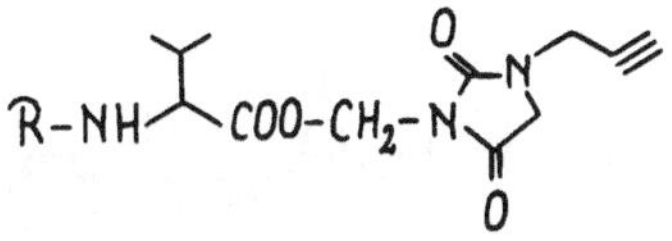

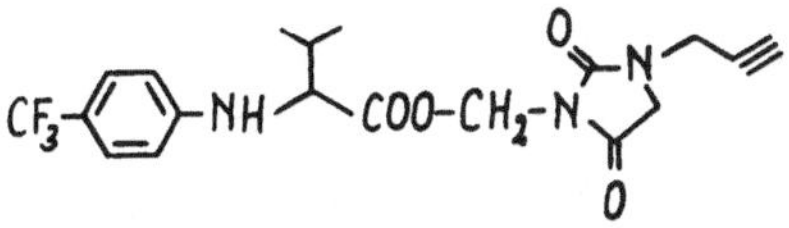

R = CF_3- 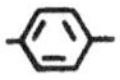 , Cycloalk(en)yl

Neue Kombinationen

C. Faktensammlung

EP   18 894   26. 4.79   Roussel-Uclaf

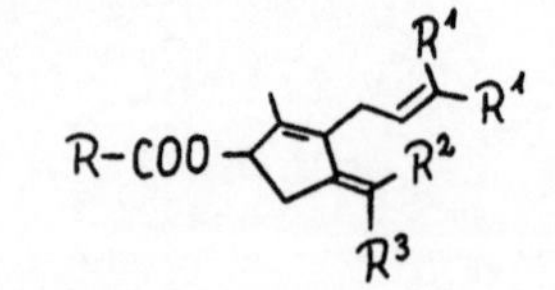

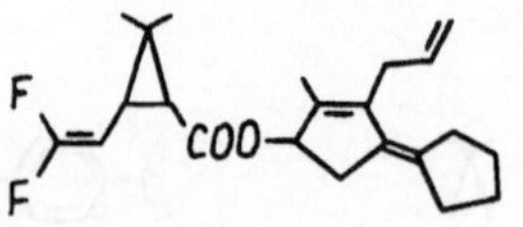

R = Pyrethroidsäurerest
R^1 = H, Hal, Alk
R^2, R^3 = H, Hal, COOAlk, CN, Aralkyl, Aryl

$R^2 + R^3$ = Alkylen   Neue Alkoholkomponente

DOS 2 919 820   16. 5.79   Bayer

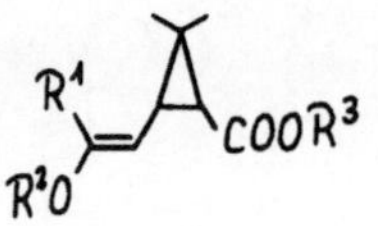

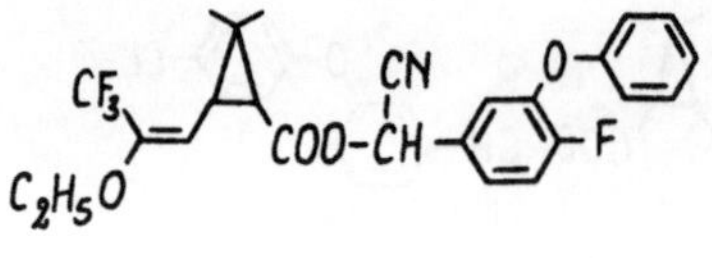

R^1 = Fluoralkyl
R^2 = (Cyclo)alkyl, Aralkyl, Aryl
R^3 = Pyrethroidalkoholrest

                    Neue Säurekomponente

US   4 219 563   21. 6.79   Shell

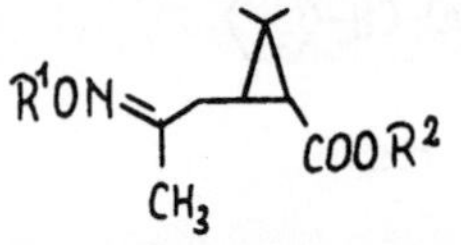

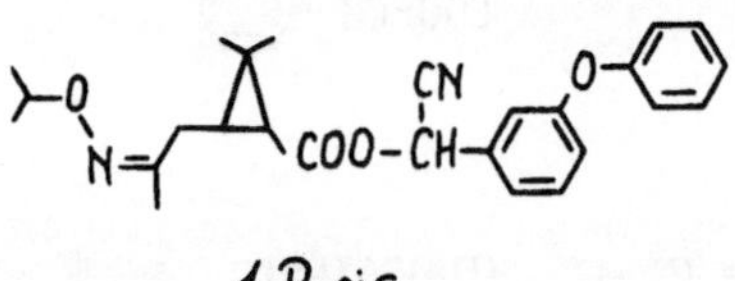

R^1 = C_1-C_{10} (Hal)Alk
        C_3-C_7 Cycloalkyl, C_2-C_4 (Hal)Alken(in)yl, Aryl, Aralkyl
R^2 = Pyrethroidalkoholrest

                    Neue Säurekomponente

US   4 219 565   26. 6.79   Shell

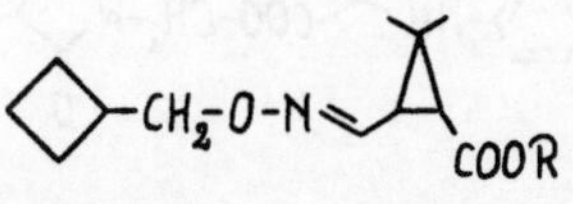

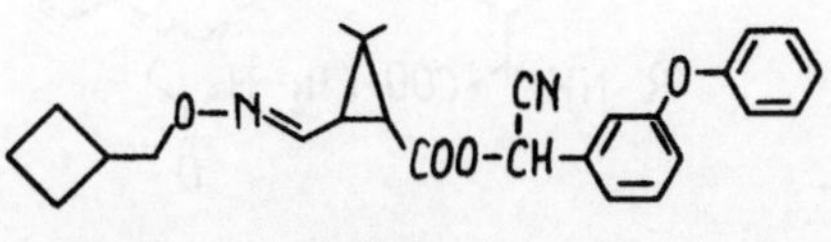

R = Pyrethroidalkohol

                    Neue Säurekomponente

II. Zusammenstellung biologischer Daten von synthetischen Pyrethroid-Insektiziden

Im Folgenden wird in Tabellen durch die Zusammenstellung publizierter biologischer Wirkungsdaten das insektizide Potential einer größeren Zahl von Pyrethroiden in bezug auf maßgebliche Molekülvariationen dargestellt, sowie andere interessierende biologische Fakten aufgeführt, wie Warmblütertoxizität und einige typische Ergebnisse aus dem praktischen landwirtschaftlichen Einsatz. Aus der unterschiedlichen Wirkung nahverwandter Pyrethroide gehen die notwendigen Strukturmerkmale und -notwendigkeiten für eine Wirkung hervor. Biologische Daten von lebendigen Objekten sind niemals genau reproduzierbar. So sind für die absoluten Toxizitäten (LD_{50} ng/Insekt) eines Pyrethroides, meist am Testobjekt Hausfliege (*musca domestica*) und Senfkäfer (*phaedon cochleariae*), gelegentlich aber auch von anderen Insekten, Werte mit sehr großer Streuung publiziert. Die Vergleichbarkeit wird dadurch sehr erschwert. Die relativen Insektentoxizitäten im Vergleich zu einem gleichzeitig mitgeprüften Standardinsektizid schwanken auch, erlauben aber eine viel bessere Abschätzung der Wirkpotenz und ein planmäßiges Optimieren innerhalb einer Serie, auf jeden Fall innerhalb einer am gleichen Ort und zur gleichen Zeit durchgeführten Prüfung. Deswegen wurden der besseren Übersicht und Vergleichbarkeit wegen relative Insektentoxizitäten angegeben. Hierbei bedeutet stets der größere Zahlenwert in der Tabelle auch eine stärkere insektizide Wirksamkeit oder eine höhere Toxizität gegen das betreffende Insekt, und dementsprechend eine geringere lethale Dosis (oder absolute Toxizität in Gewichtseinheiten). So heißt z.B. die Angabe: rel. Toxizität der Verbindung A = 100, der von B = 10 und der Verbindung C = 500, daß die Verbindung C 50mal toxischer als B und 5mal toxischer als A ist. Entsprechendes gilt für die relative Wirkgeschwindigkeit, auch hier bedeutet ein xmal größerer Zahlenwert eine xmal schnellere Wirkung.

Relative Toxizitäten verschiedener Insektizid-Typen* [556]

Insektizid	Gegen		Toxizitätsverhältnis LD_{50} Ratte/LD_{50} Fliege
	Hausfliege	Baumwollinsekten	
Malathion	0,2	—	50
DDT	1	1	11
Carbaryl	—	1	
Diazinon	2	—	
Parathion	3	1,5	9
Dimethoate	5	—	389
Pyrethroide:			
Pyrethrine	1		74
Permethrin	5	10	
Cypermethrin	10	25	
Fenvalerate	4	20	
Dekamethrin	100	100	5320

C. Faktensammlung

Relative Toxizitäten verschiedener Insektizide gegen die Hausfliege [557]

Parathion	100	*Pyrethroide:*	
Parathion-Methyl	110	Pyrethrum	6
Malathion	4	Tetramethrin	12
Chlorfenvinphos	80	Resmethrin	300
HEOD	120		
γ-BHC	60		
DDT	18		

Pyrethroide in der Landwirtschaft

a) Auswirkung der Anwendung von Pyrethroiden im Baumwollbau gegen Heliothisraupen [503]

Pyrethroid	Aufwand g/ha	Zahl d. Anwendungen	Saisonale Aufwandmenge kg/ha·Saison	Baumwollernte als kg/ha Baumwollkerne
Fenvalerat	150	11	1,6	2 500
Cypermethrin	100	10	1,0	2 530
alte Standards:				
Toxaphen	1 000		21	
DDT	500	je 21	10	1 220
Parathion	750		15	

b) gegen Erbsenmottenraupen im Erbsenbau [504]

Dekamethrin	7.5 g/ha	99 % Wirkungserfolg
Permethrin	50 g/ha	93 % Wirkungserfolg

c) gegen Kohlweißlingsraupen [504]

Dekamethrin	7.5 g/ha	95 % Wirkungserfolg
Permethrin	50 g/ha	95 % Wirkungserfolg
DDT	700 g/ha	95 % Wirkungserfolg

d) gegen Heliothis im Baumwollbau [504]

	Aufwandmengen (Spanien)		(Mexico) relativ
	Absolut	Relativ	
Dekamethrin	12,5–18,8 g/ha	1–1,5	1
Cypermethrin	100–150 g/ha	8–12	4
Fenpropanat	100–150 g/ha	8–12	
Permethrin	125 g/ha	10	8
Fenvalerat	10–180 g/ha	12–15	6

Relative Toxizität von synthetischen Pyrethroiden gegen verschiedene Insekten im Vergleich zum klassischen Phosphoresterinsektizid Parathion

Insektizid	Wirkung gegen Insekten						
	Musca domestica	Phaedon cochlearia	Plutella maculipennis	Spodoptera littoralis	Heliothis zea	Tetranychus urticae	Literatur
Standard Parathion	100	100	100	100	100	100	505
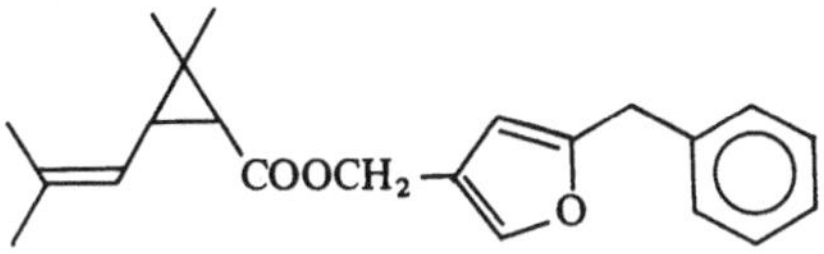 Resmethrin	300						505
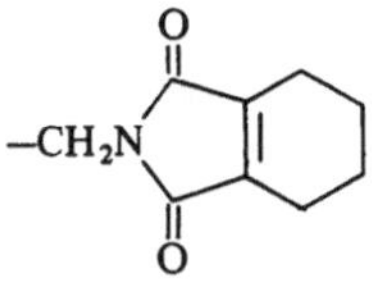 Tetramethrin	12						505
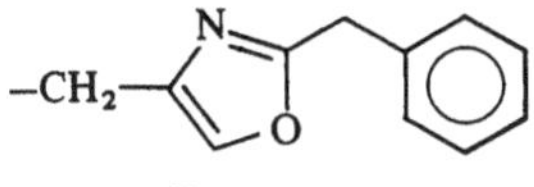	60						505
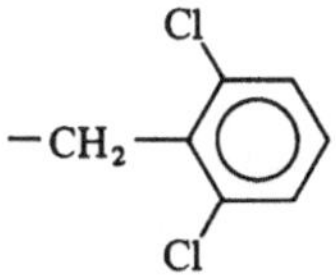	2						505
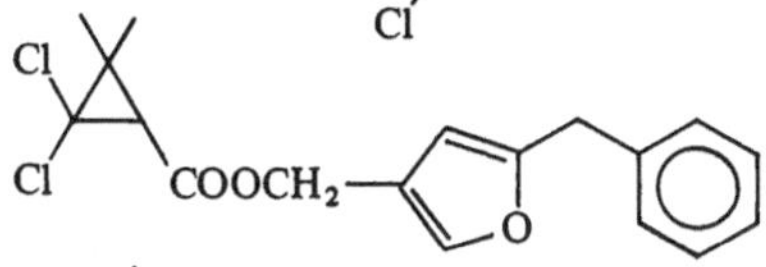	26						505
	60						505
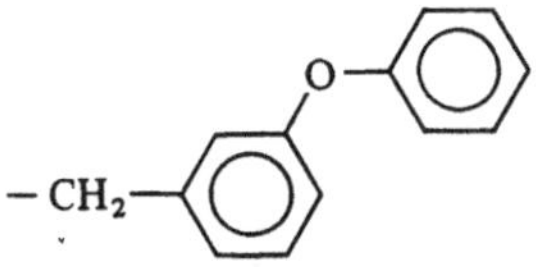	54	10	5	570		30	391
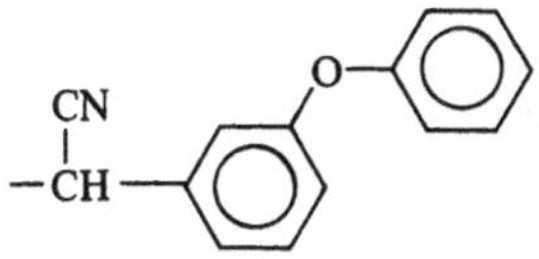	100	60	10	1500		24	391
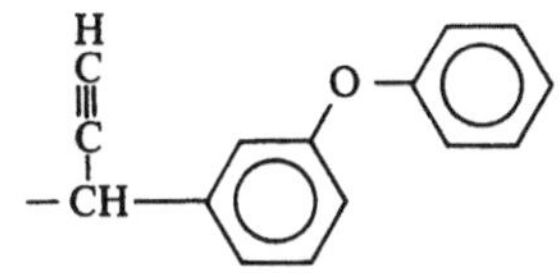	80	30		650		10	391

Insektizid	Wirkung gegen Insekten						
	Musca domestica	Phaedon cocchlearia	Plutella maculipennis	Spodoptera littoralis	Heliothis zea	Tetranychus urticae	Literatur
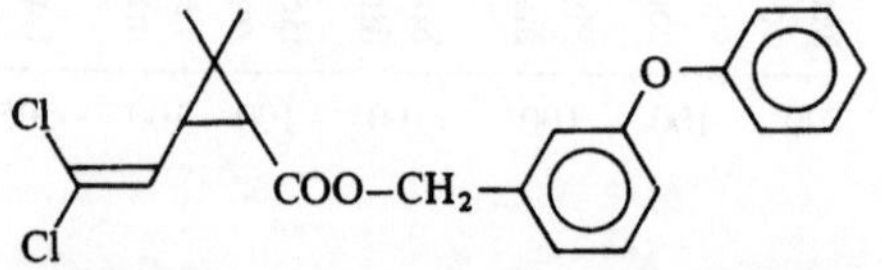 Permethrin	130	12		2000	620		391
Cypermethrin 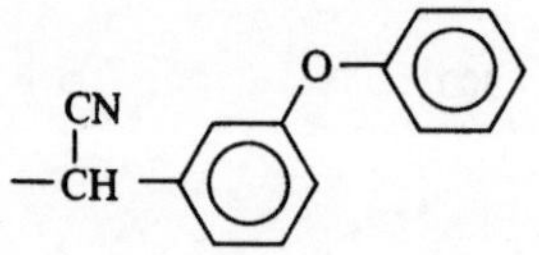	850	110		2000	1320	5	391
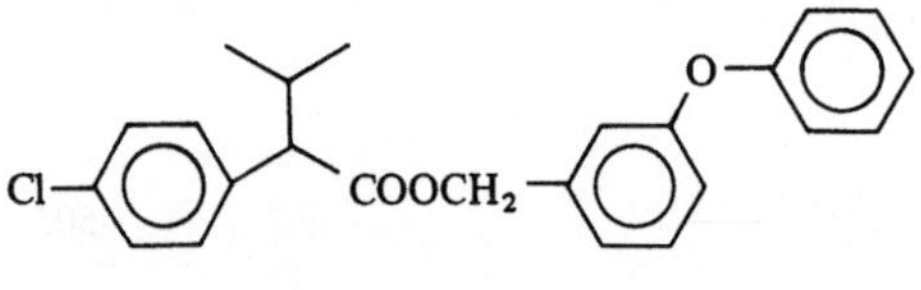	35			110	150	70	507
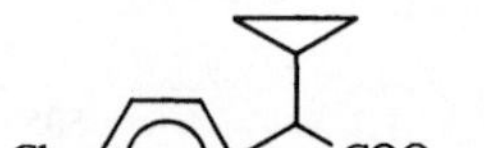	20			100	—	24	507
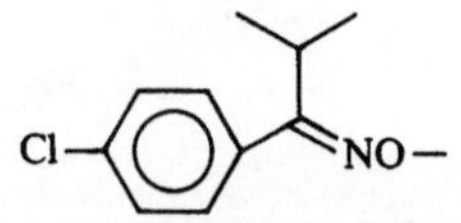	20			60	380	10	507
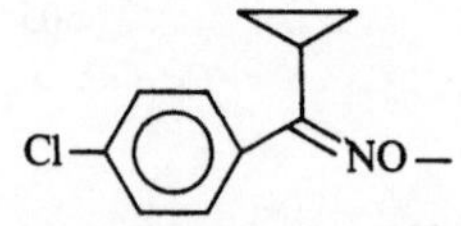	40			210	280	15	507
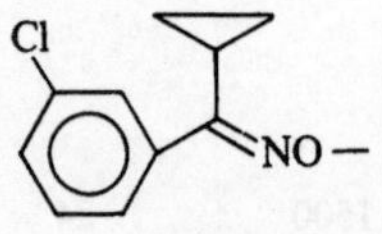	13			20	—	—	507
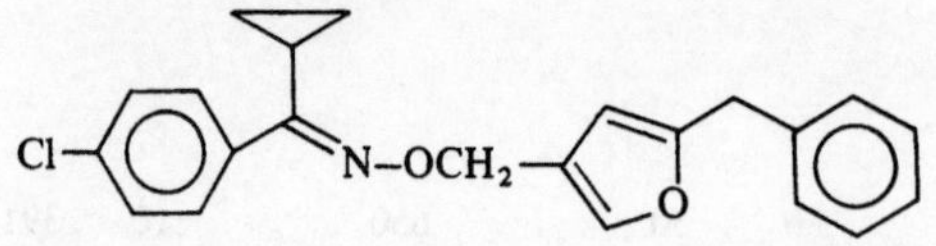	370			110	310	30	507

Relative Toxizität von synthetischen Pyrethroiden gegen die Hausfliege im Vergleich zum natürlichen Pyrethrum

	Rel. Tox.	Lit.		Rel. Tox.	Lit.
tandard Pyrethrum	100	508		100	
H₃C / CO₂CH₂ / H₃C (Allyl)	400	508	–CH₂– (OCH₃ phenoxyphenyl)	10	509
–CH₂– H₃C / H₃C (Propargyl)	200	509	–CH₂– (OCH₃ phenoxyphenyl)	40	509
–CH₂– (phenoxyphenyl)	700	509	–CH₂– (–OCH₃ phenoxyphenyl)	90	509
–CH₂– (CH₃ phenoxyphenyl)	50	509	–CH(CH₃)– (phenoxyphenyl)	100	509
–CH₂– (Cl phenoxyphenyl)	—	509	–CH(vinyl)– (phenoxyphenyl)	100	509
–CH₂– (F phenoxyphenyl)	80	509	–CH(CO₂R)– (phenoxyphenyl)	10	509
–CH₂– (F phenoxyphenyl)	240	509	–CH(CH₂OCH₃)– (phenoxyphenyl)	10	509
–CH₂– (–F phenoxyphenyl)	560	509	–CH(C≡CH)– (phenoxyphenyl)	300	509

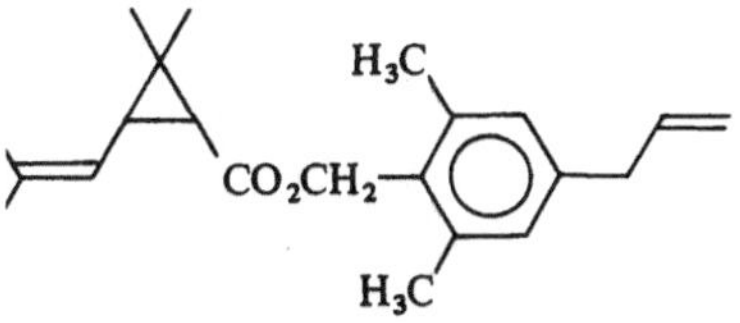

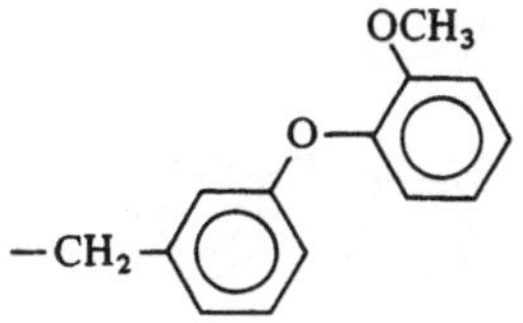

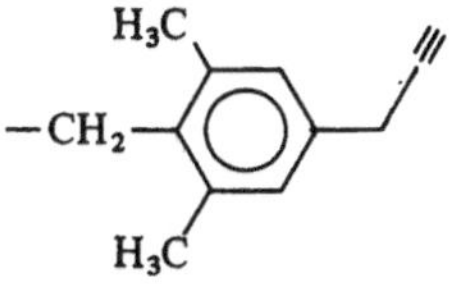

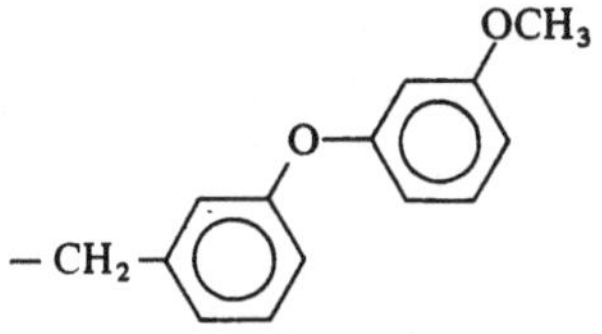

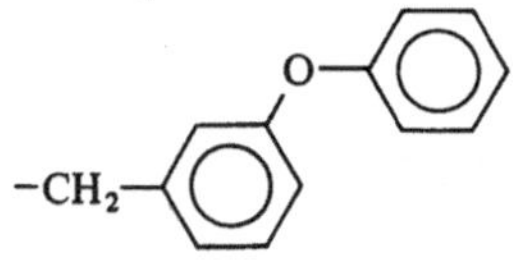

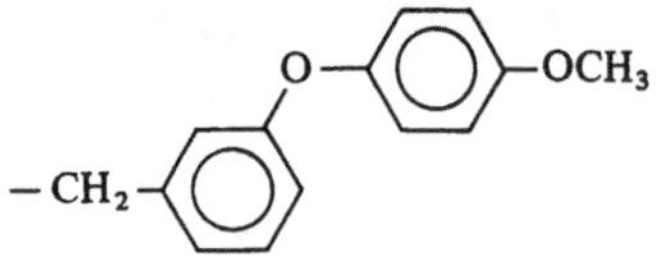

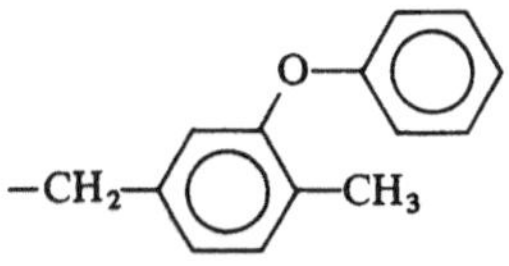

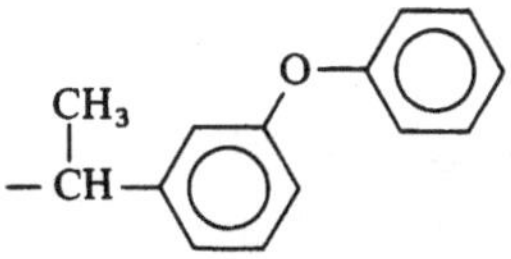

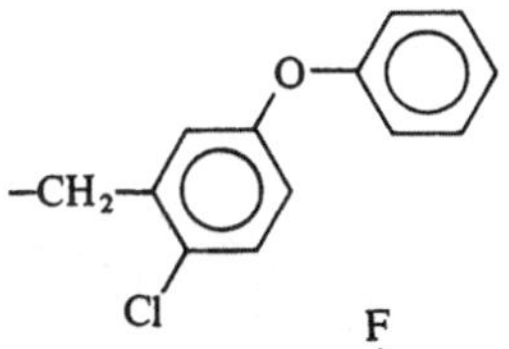

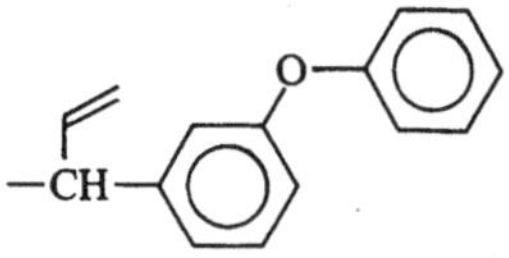

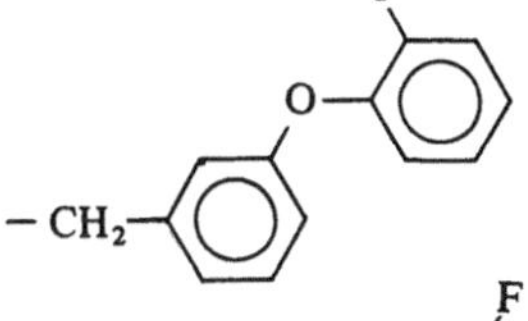

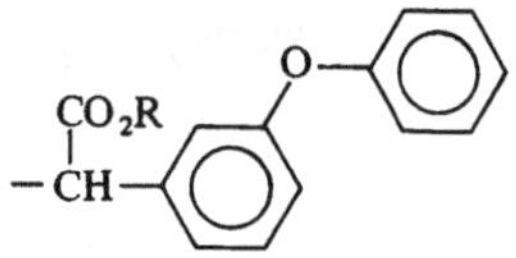

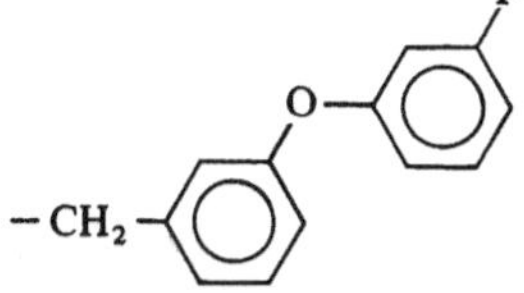

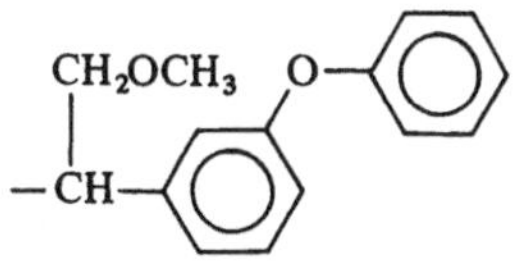

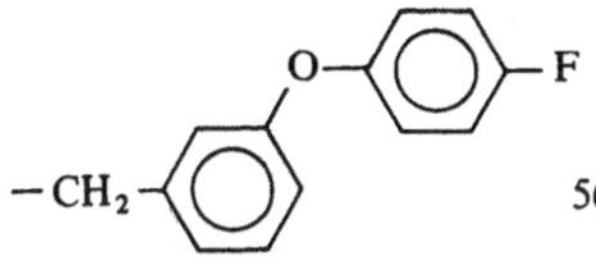

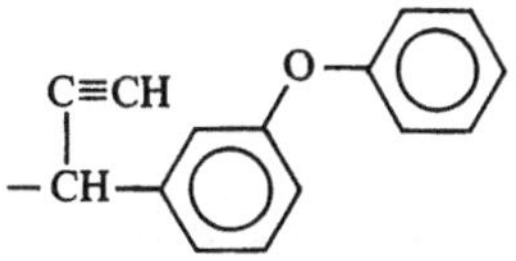

	Rel. Tox.	Lit.
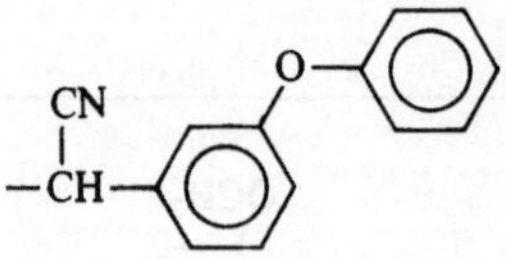	1500	509
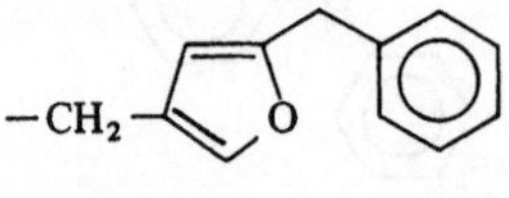	1400	509
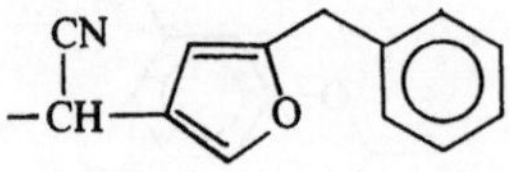	100	509
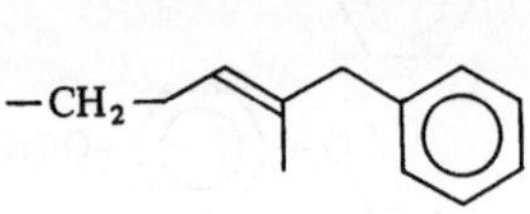	300	509
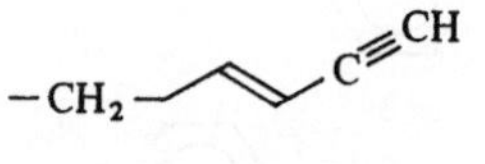	64	511
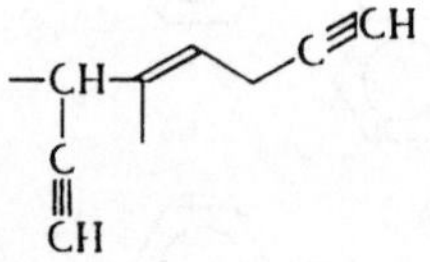	440	511
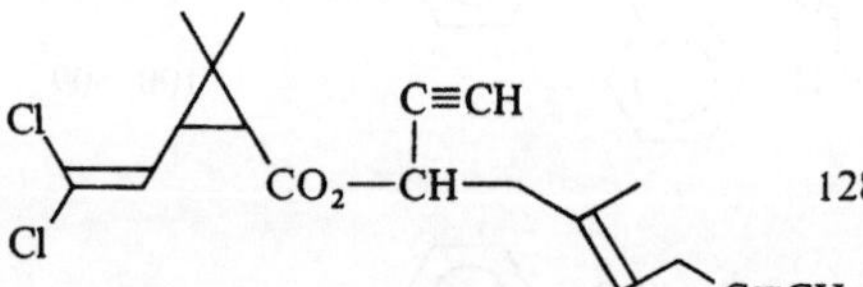	1280	511
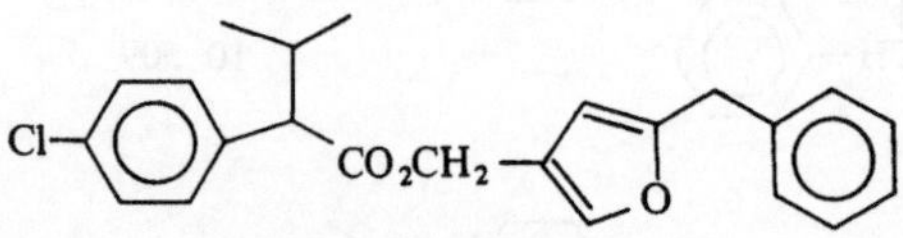	710	510
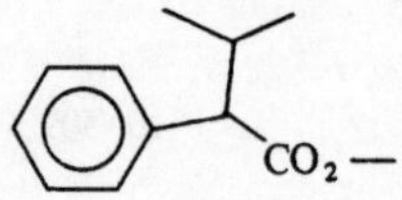	200	510
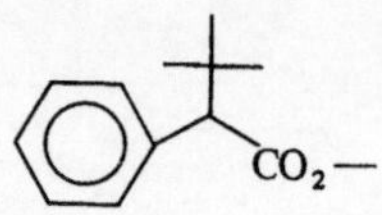	50	510

	Rel. Tox.	Lit.
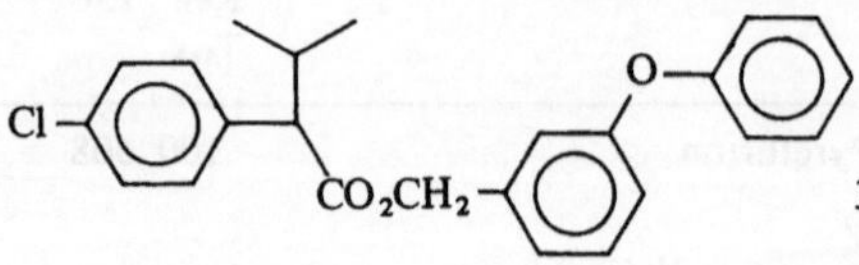	370	510
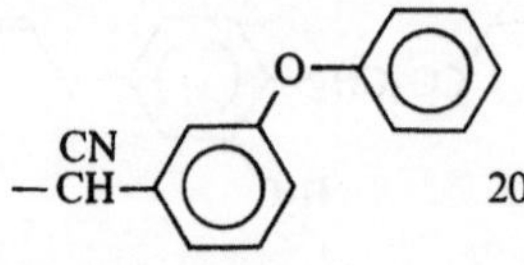	2000	510
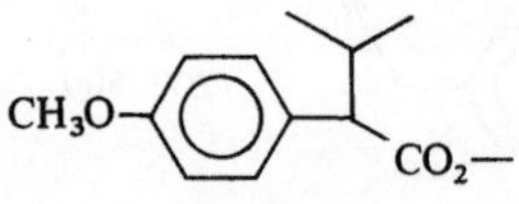	480	510
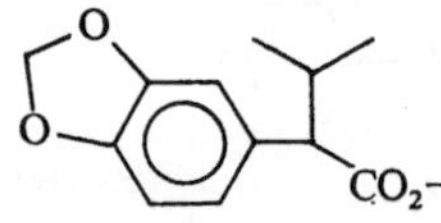	640	510
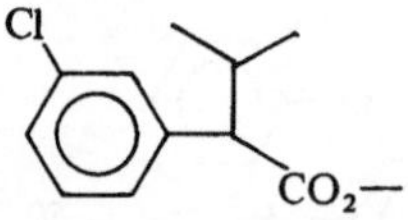	290	510
(−) 1–R–trans 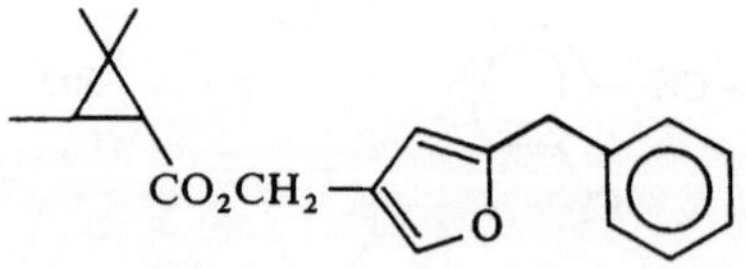	420	512
(+) 1–S–trans	48	510
(−) 1–R–cis	310	512
(+) 1–S–cis	64	512
1–R–trans 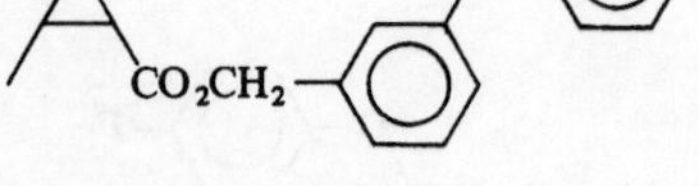	30	512
1–R–cis	120	512

Relative Wirkgeschwindigkeit und Toxizität von synthetischen Pyrethroiden gegen die Hausfliege im Vergleich zum Allethrin

	Rel. Wirkgeschwindigkeit (knock-down)	Lit.	Rel. lethale Toxizität	Lit.
tandard: Allethrin			abs. Tox.	
±)cis/trans R', S'			$LD_{50}=32$ ng pro Insekt	516
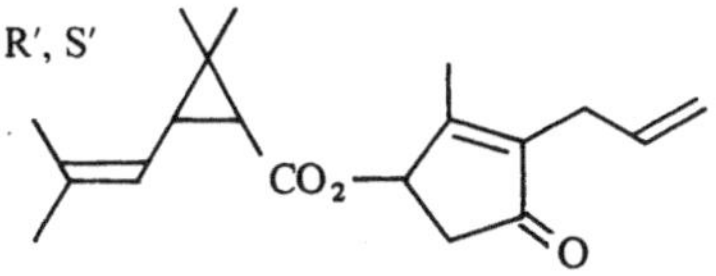	100	513	100	513
(±)trans R'S'	660	513	400	513
(±)trans S'	100	513	100	513
1–R–trans R'S'	1350	513	480	513
1–S–trans R'S'	30	513	30	513
(±)cis R'S'	210	513	180	513
1–R–cis S'			178	522
1–R–cis R'			32	522
1–S–cis S'			14	522
1–S–cis R'			6	522
±)cis/trans 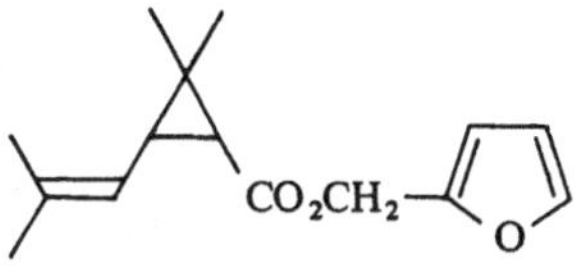	10	514	10	514
±)cis/trans 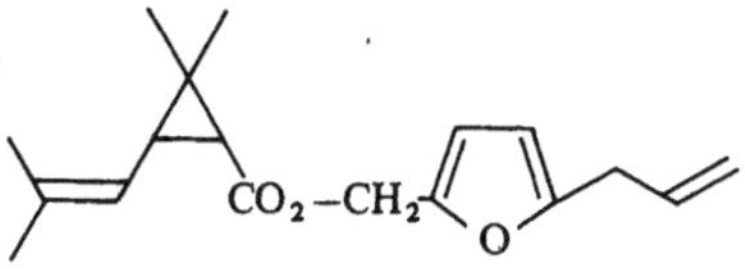	500	514	800	514
1–R–trans 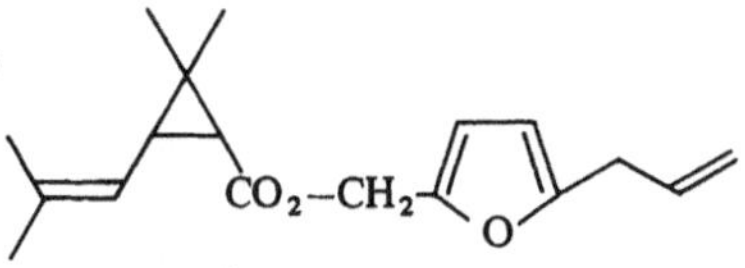	1200	514	1200	514
±)cis/trans, 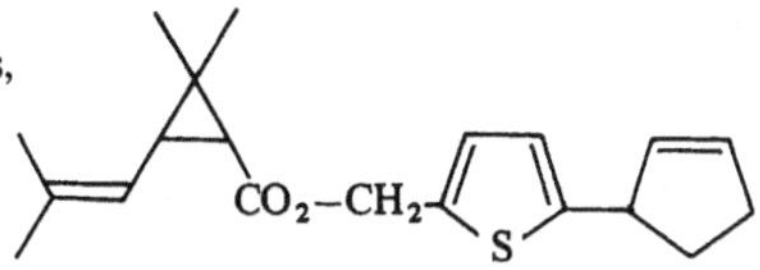			1000	525
±)cis/trans, RS 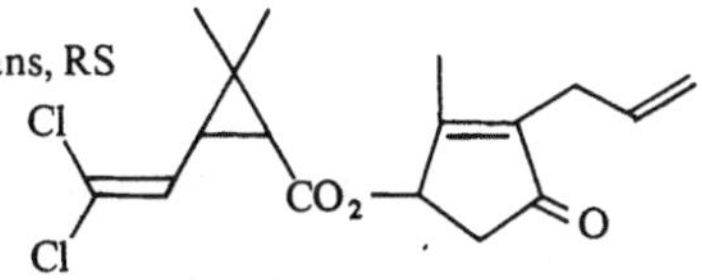	30	94	300	94
±)cis/trans 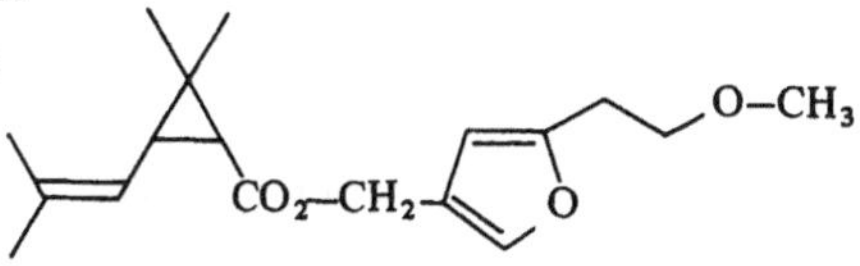			100	517

		Rel. Wirkgeschwindigkeit (knock-down)	Lit.	Rel. lethale Toxizität	Lit.
(±) cis/trans	$-CO_2-CH_2-$ Furyl–CH_2-O-CH_3			10	517
	$-CH_2-$ Furyl–$CH_2CH_2CH_2-O-CH_3$			10	517
	$-CH_2-$ Furyl–$CH_2-CH(CH_3)-O-CH_3$			30	517
	$-CH_2-$ Phenyl–$CH_2-C{\equiv}CH$			50	517
	$-CH_2-$ Phenyl–$CH_2-C{\equiv}C-CH$			300	517
	$-CH_2-CH{=}CH-$ Phenyl			100	518
(±) cis/trans, Z	$-CH_2-C(Cl){=}CH-CH_2-$ Phenyl			240	518
(±) cis/trans, E				360	518
(±) cis/trans	$-CH_2N$ (Tetrahydroisoindol-1,3-dion)	300	519	100	519
	$-CH_2-$ Furyl–CH_2- Phenyl	70	519	1500–1800	519, 520
	$-CH_2-$ Furyl–$CH_2-C{\equiv}CH$	100	519	250	520

	Rel. Wirkgeschwindigkeit (knock-down)	Lit.	Rel. lethale Toxizität	Lit.
:) cis/trans, 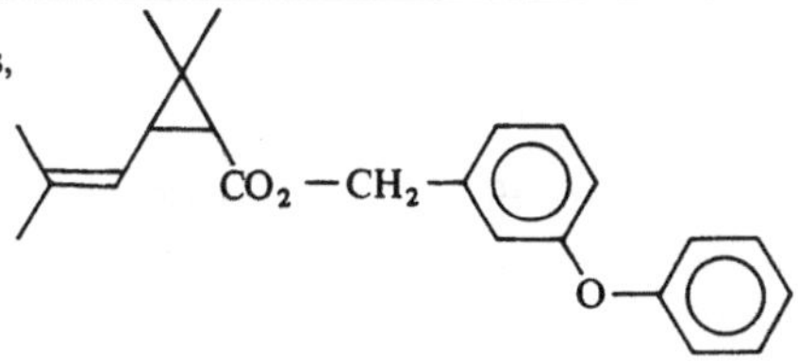	30–50	519	650–1500 680	520 521
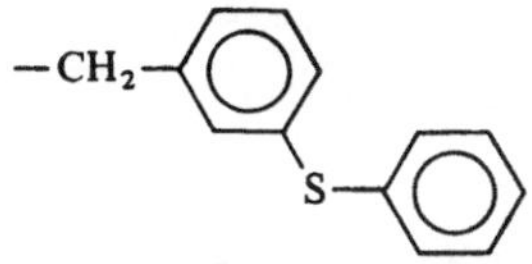			130	519 520
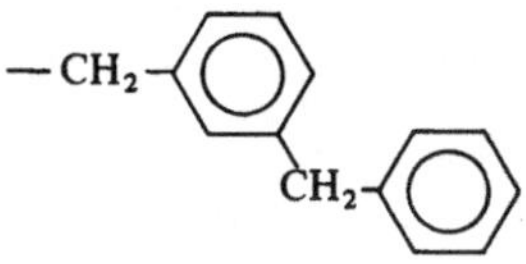			300	520
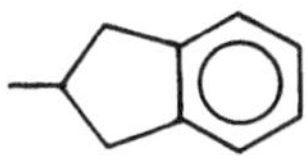			300	522
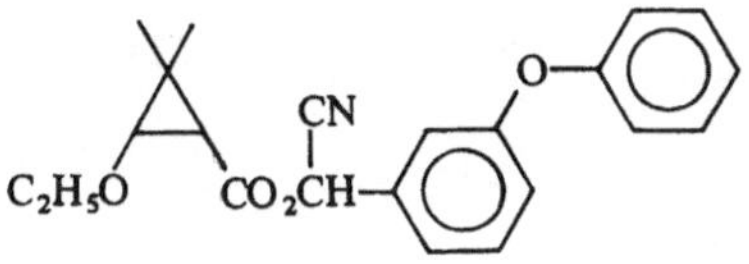			200	521
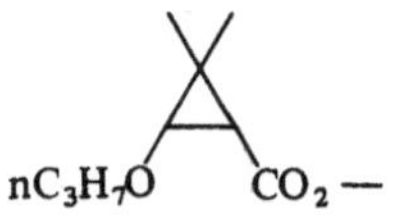			230	521
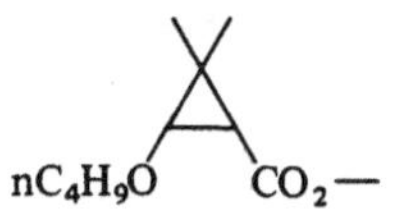			580	521
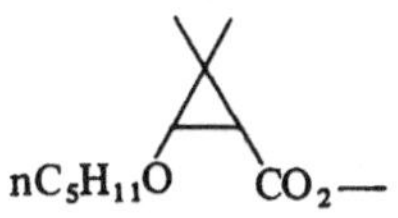			780	521
±) 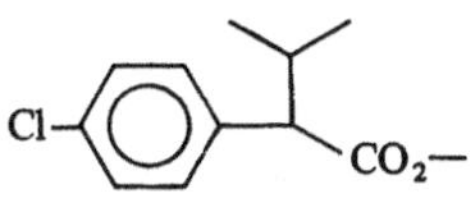			690	521

**Relative Toxizität von Dihydrobenzofuranol-chrysanthematen
gegen die Schabe Periplaneta im Vergleich zu Allethrin**

	Rel. Tox.	Lit.
Standard Allethrin ($\pm$) cis/trans	100	524
	10	524
	120	524
	100	524
	10	524
	80	524
	160	524
	10	524
	—	524
	100	524

Relative Toxizität synthetischer Pyrethroide gegen verschiedene Insekten im Vergleich zu Resmethrin

		musca dom.	phaedon cochl.	ano-pheles	aedes	Lit.
Standard:						
(±) cis/trans Resmethrin	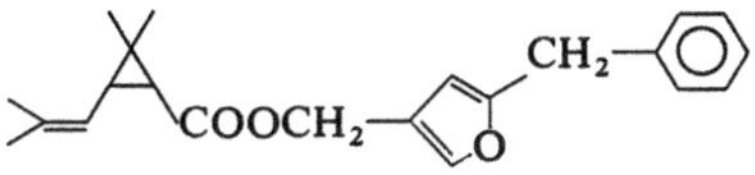	100	100	100	100	
1R trans	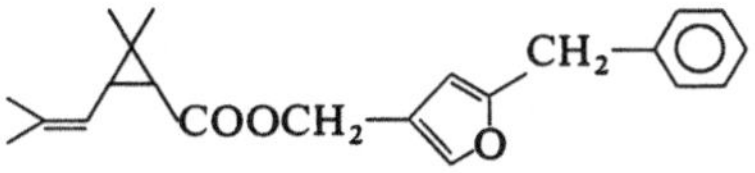	240	270	150	190	526
1R cis	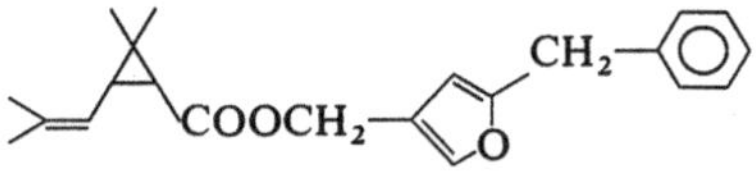	99	140	220	300	526
(±) cis/trans	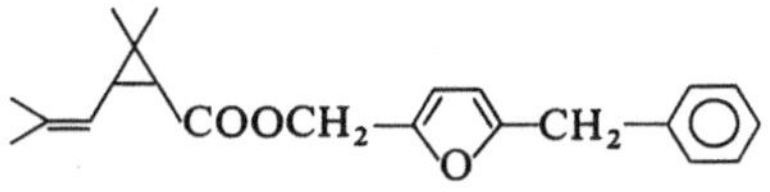	12	5			526
(±) cis/trans	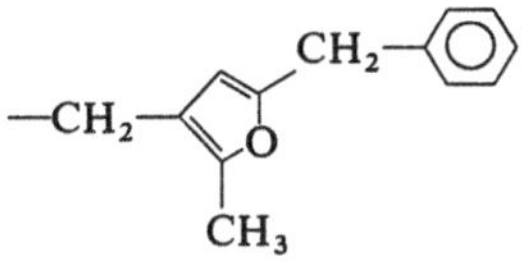	42	10			527
(±) cis/trans	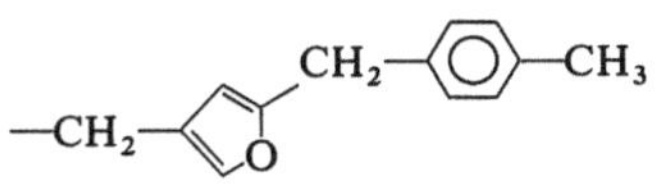	24	23			527
(±) cis/trans	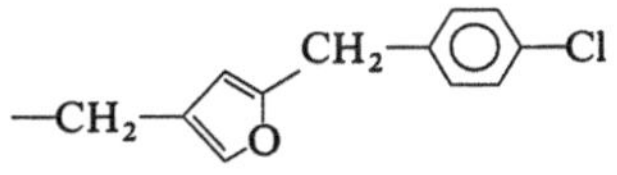	46	43			527
(±) cis/trans	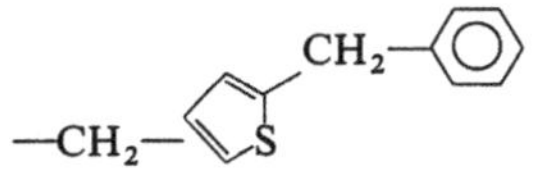	13	15			527
(±) cis/trans	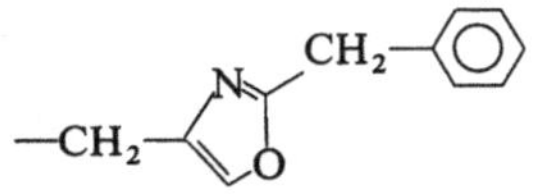	1				527
(±) cis/trans	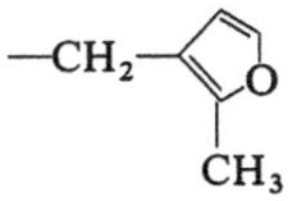	46				526
(±) cis/trans	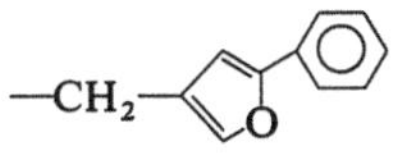	—				527

	musca dom.	phaedon cochl.	ano-pheles	aedes	Lit.
(±) cis/trans	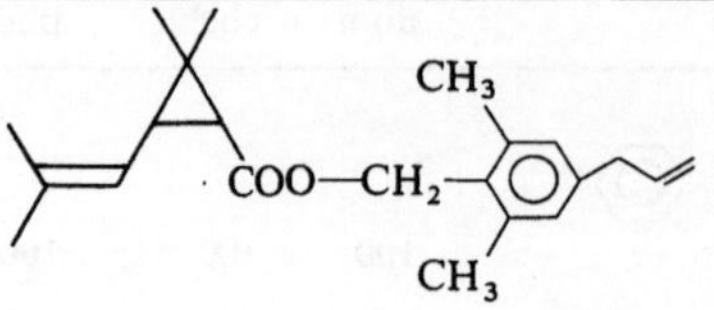 27	16			527
(±) cis/trans Allethrin	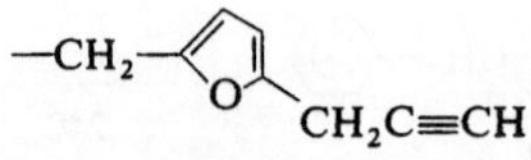 7	5			82
	12	24			82
Tetramethrin	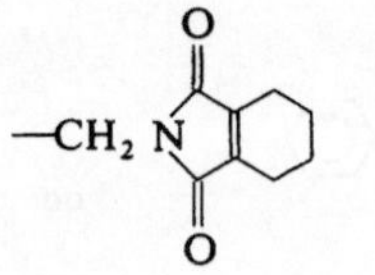 6	6			526
Pyrethrin I	3	420			527
1R trans	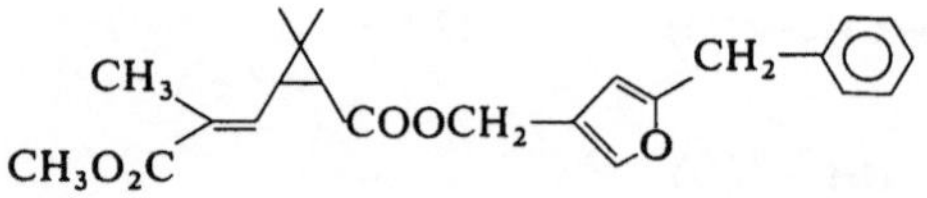 31	120			526
1R trans	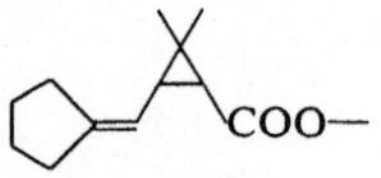 330	460	250	310	526
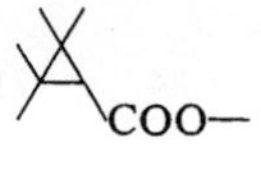	190	90	130	110	526
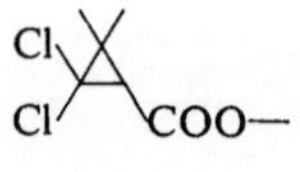	7	52			526
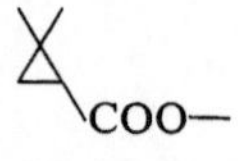 (−)	5	22	51	64	526
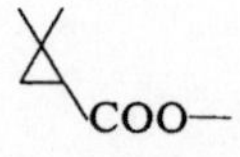 (+)	4	12	30	29	526

Relative Toxizität von synthetischen Pyrethroiden gegen Hausfliege Musca und Senfkäfer Phaedon im Vergleich zu Bioresmethrin

Pyrethroid	rel. Tox.	musca	phaedon	Lit.
1R trans = Bioresmethrin $(LC_{50}\ 2\cdot10^{-4}\ M)$	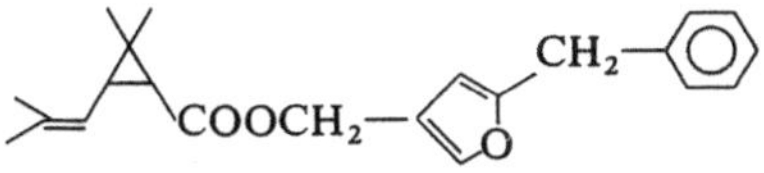	100	100	541
1R cis	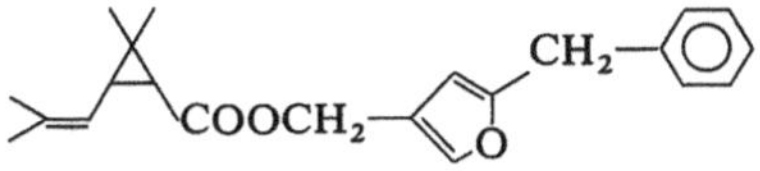	41	30–64	531
1R trans	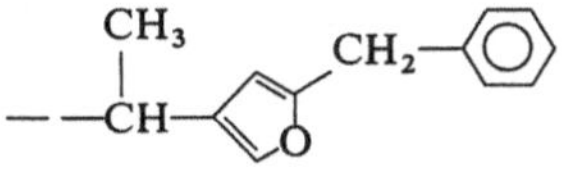	1	1	530
1R trans	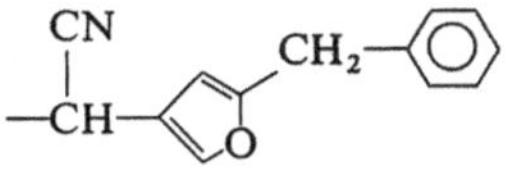	16	13	530
1R trans	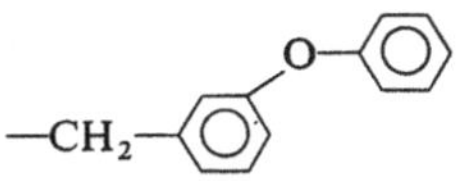	30	70	530
1R trans	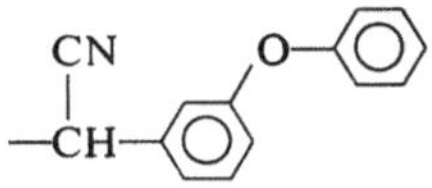	150	96	530
1R trans, S Bioallethrin	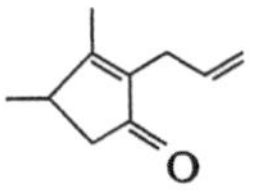	10	4	532
1R trans, S Pyrethrin I	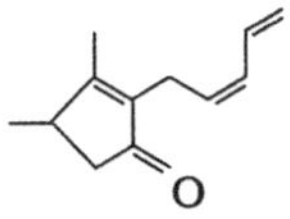	2	160	532
	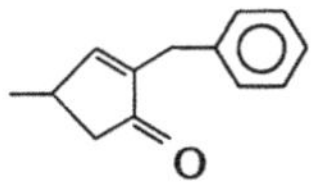	10	~30	532
($\pm$) cis/trans	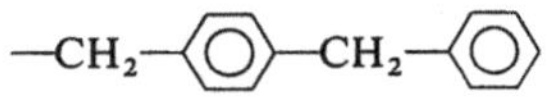	15	53	85
	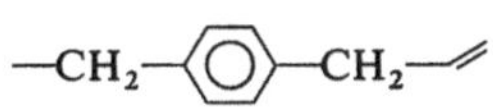	7	1	85

Pyrethroid	rel. Tox.	musca	phaedon	Lit.
1R trans	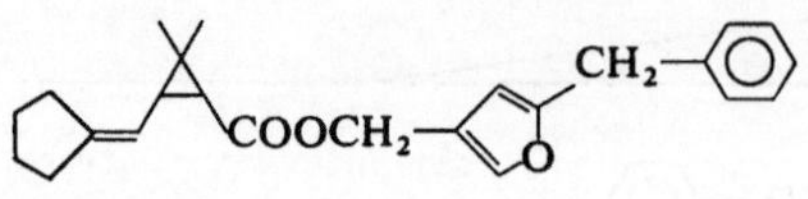	150	160	532
1R trans, E	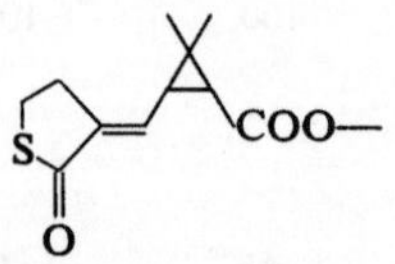	39	52	85
	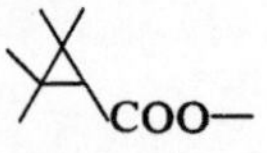	74	30	85
1R trans	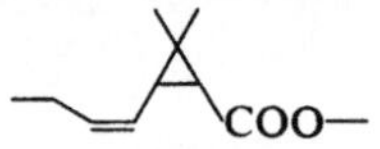	160	160	532
1R trans	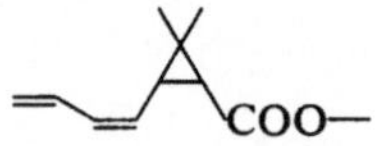	300	390	532
1R trans	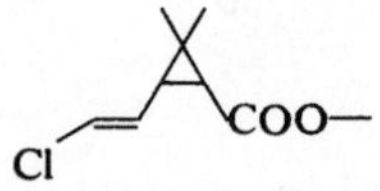	130	130	532
1R trans	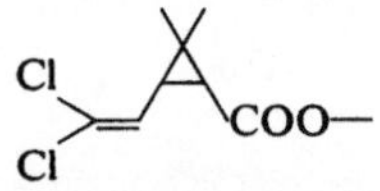	86–250	240–250	531 85 534
1R cis	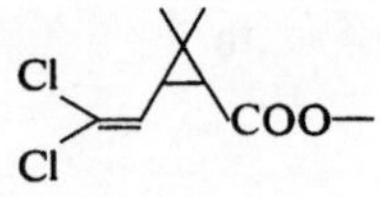	200–280	220–290	531 532
1S trans	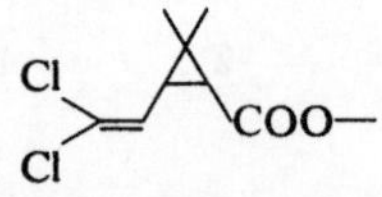	5		85
1S cis	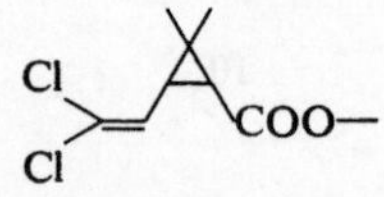	14	13	531
1R trans	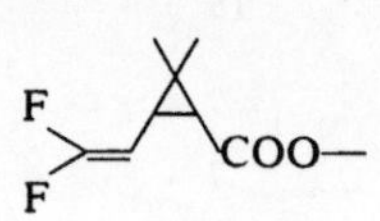	390	180	85 534

Pyrethroid		rel. Tox.		Lit.
		musca	phaedon	
1R cis	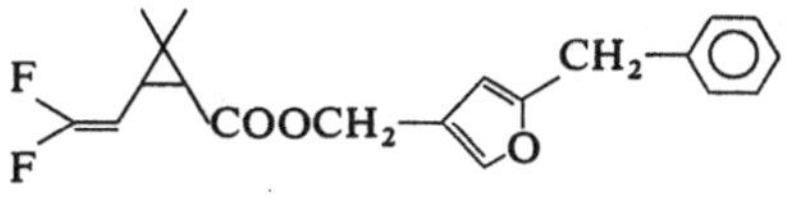	260	200	534
1R trans	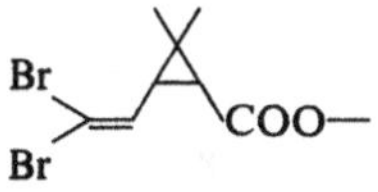	210	270	534
1R cis	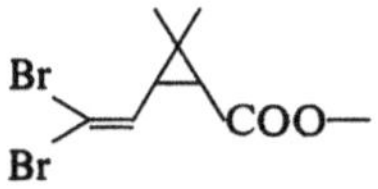	360	250	534
1R trans	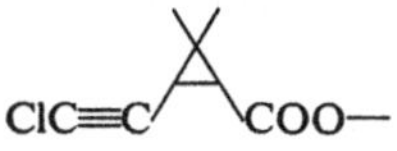	32	18	534
(±) cis/trans	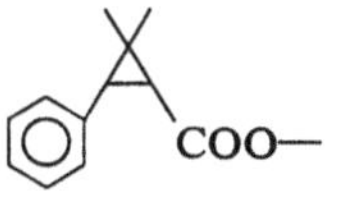	2	1	535
(±) cis/trans	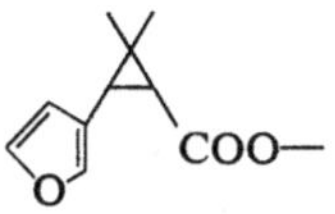	8	1	535
(±)	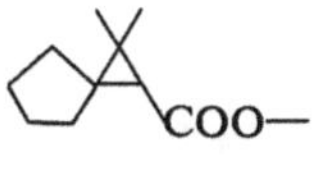	10	1	535
(±) cis/trans	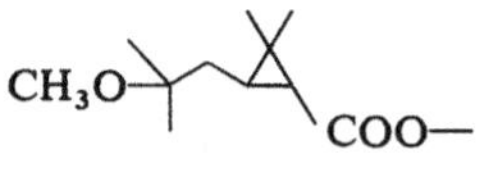	23	50	535
(±) cis/trans	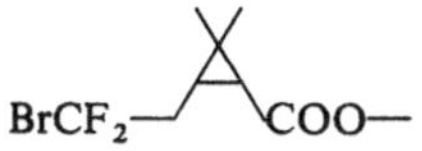	70	60	535
(±) cis/trans	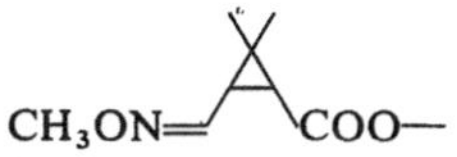	100	190	535
(±) cis/trans	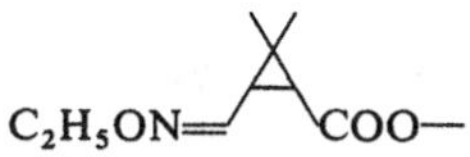	54	85	535

Pyrethroid	rel. Tox.		musca	phaedon	Lit.
(±) cis/trans	Cl₂C=CH–C(CH₃)₂–cyclopropane–COOCH₂–(3-phenoxyphenyl)		60	100	
1S cis	Cl₂C=CH–cyclopropane–COO–		8	11	
1R cis	Cl₂C=CH–cyclopropane–COO–		160–320	140	
1S trans	Cl₂C=CH–cyclopropane–COO–		1	12	85
1R trans	Cl₂C=CH–cyclopropane–COO–		74–88	210–630	534 531 536 539 540
1R cis	F₂C=CH–cyclopropane–COO–		170	120	
1R trans	F₂C=CH–cyclopropane–COO–		94	42	
1R cis	Br₂C=CH–cyclopropane–COO–		180	360	
1R trans	Br₂C=CH–cyclopropane–COO–		78	290	

II. Zusammenstellung biologischer Daten von synthetischen Pyrethroid-Insektiziden

Pyrethroid	rel. Tox.	musca	phaedon	Lit.
Bioresmethrin		100	100	85
1R cis, S	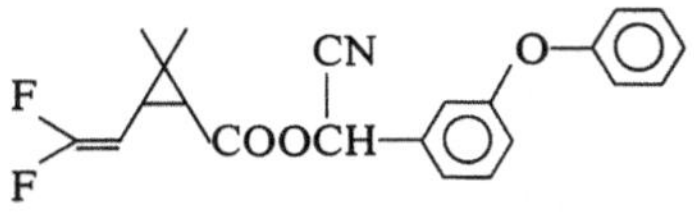	350	2000	536, 539
1R trans, S	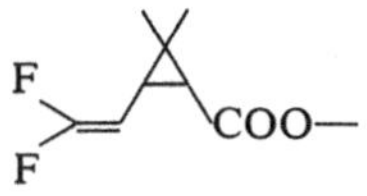	150–170	290–330	536, 539
1R cis, S	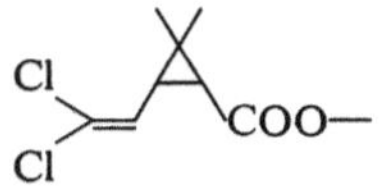	1900–2400	3400–5500	536, 539
1R trans, S	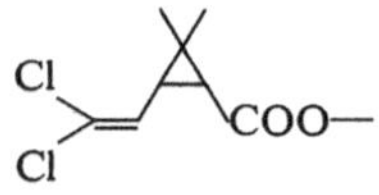	1400	2200	536, 539
1R cis, S	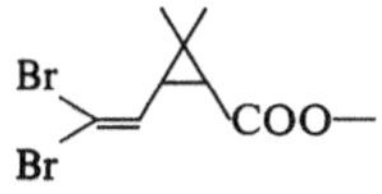	1900–2800	1700–5500	536, 539
1R cis, R	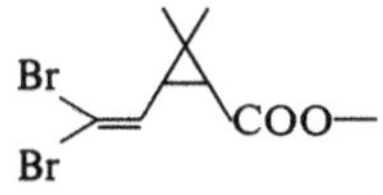	350	380	536, 539
1R trans, S	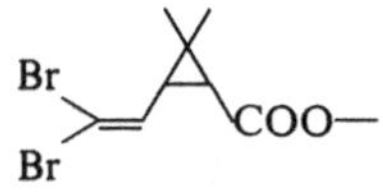	1140	2400	536, 539
		31–41	41–100	536, 539
(±)	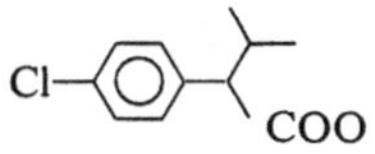	37	100–160	536, 539
S, S	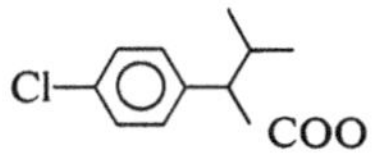	150	300	536, 539
(±)	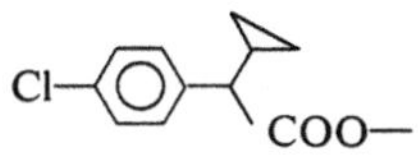	48	57	537

Pyrethroid	rel. Tox.	musca	phaedon	Lit.
Standard: Permethrin				
(±) cis/trans		100		542
(LD$_{50}$ 5ng/*musca dom.*)				
(±)		3		
(+)		5		
(−)		3		
(±)		26		
LD$_{50}$ 76ng/*musca dom.* 20ng/blowfly				
(+)		3		
LD$_{50}$ 76ng/*musca dom.* 20ng/blowfly				
(−)		66		
(±)		23		
(±)		14		

II. Zusammenstellung biologischer Daten von synthetischen Pyrethroid-Insektiziden

Absolute Toxizitäten LD_{50} von synthetischen Pyrethroiden gegen Hausfliege und Heuschrecke und Heliothislarven nach topikaler Aplikation

	LD_{50} ng/Fliege	LD_{50} Heuschrecke µg/g	Lit.
(±)cis/trans; RS	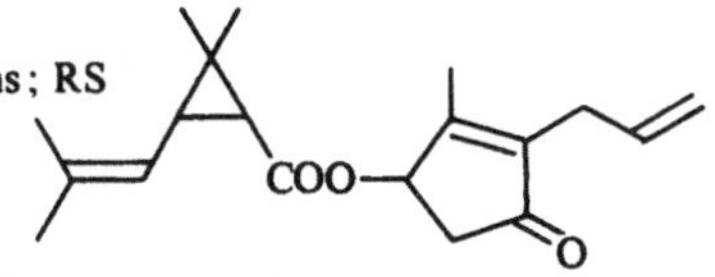 990		543
(±)trans; S	1200		
1-R-trans; RS	670		
1-R-trans, S (Bioallethrin)	110	11	
(±)cis/trans [—COOCH₂—⟨⟩—CH₂—C≡CH] 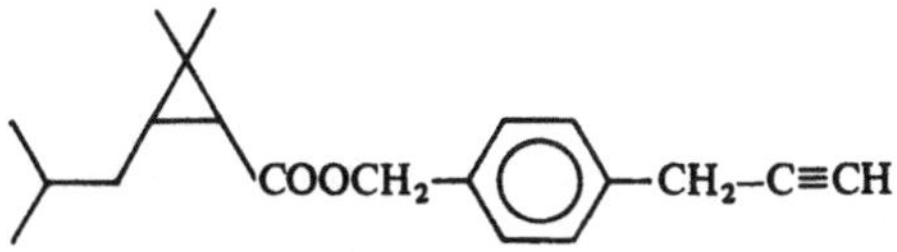	100		
—CH₂—[Furan]—CH₂C≡CH	150		
—CH₂—[Furan]—CH₂—⟨⟩ (Resmethrin)	340		
1-R-Trans (Bioresmethrin)	25		
Pyrethrin I	140	11	
(±)cis/trans —CH₂—N[Imid] 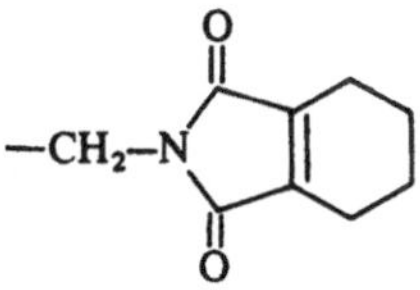	800	37	
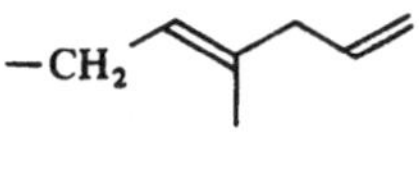 —CH₂—[Dien]	9000		
—CH₂—[Dien]	—		
—CH₂—[Phenoxyphenyl]	85	8	
—CH(CN)—[Phenoxyphenyl]	48		

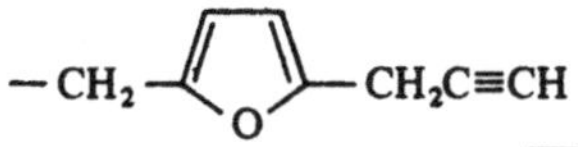

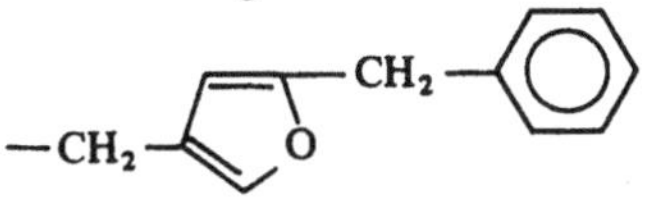

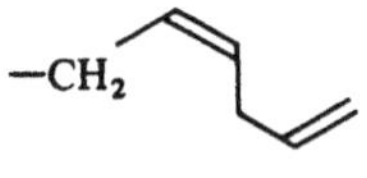

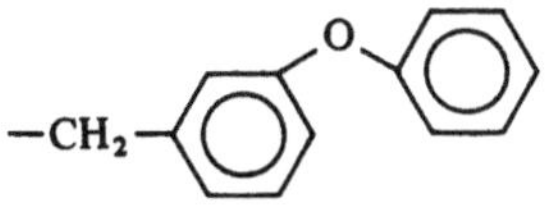

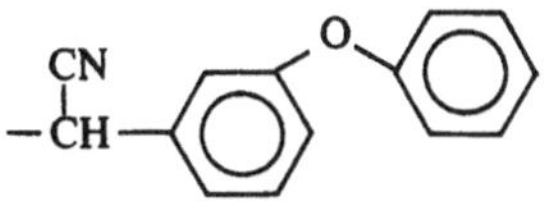

C. Faktensammlung

	LD$_{50}$ ng/Fliege	LD$_{50}$ Heliothislarven µg/g	Lit.
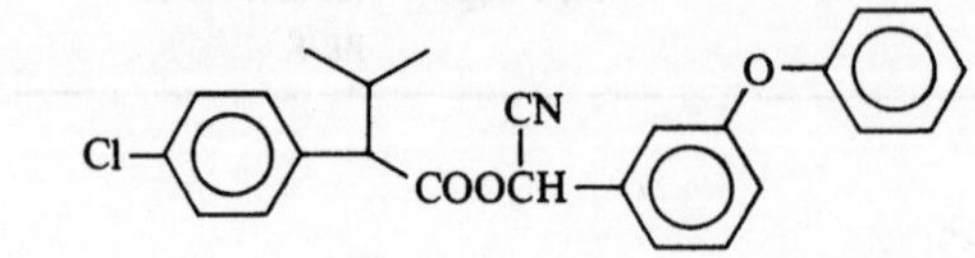	42	12	545
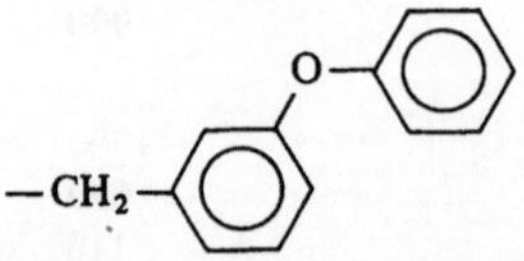 —CH$_2$—	91	90	
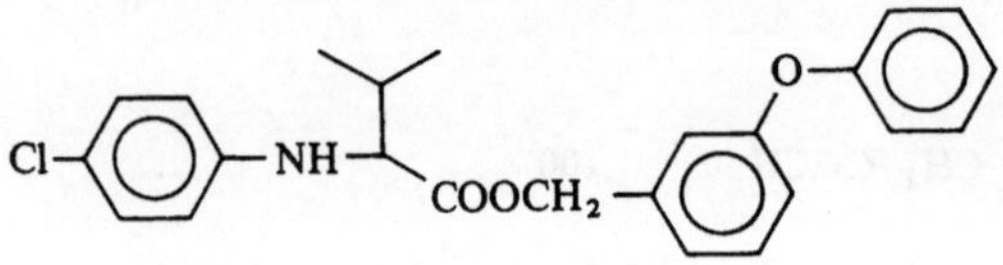	210	55	
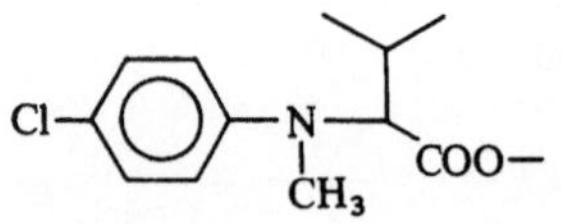	360	500	
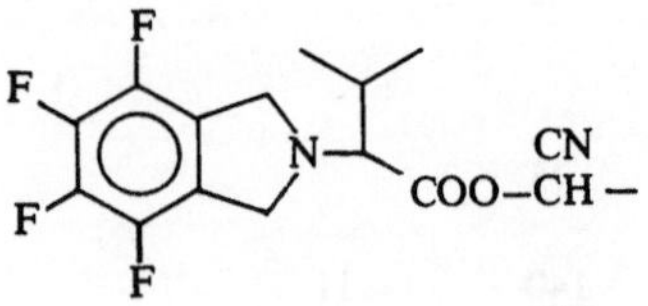	63	28	
— CH$_2$ —	49	140	
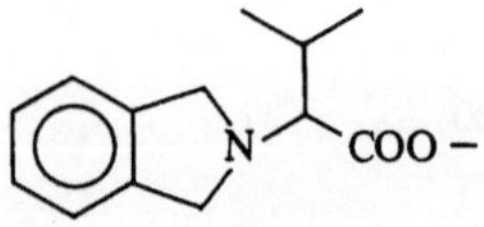	180	150	
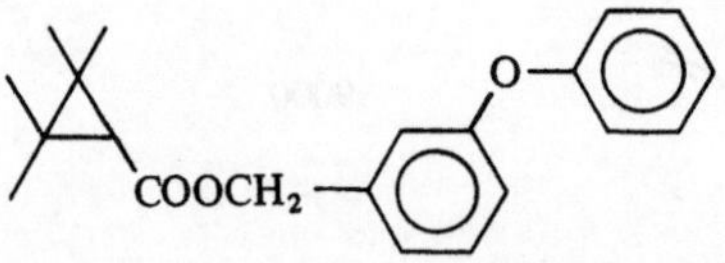	74		543
($\pm$) cis/trans		Heuschrecke	
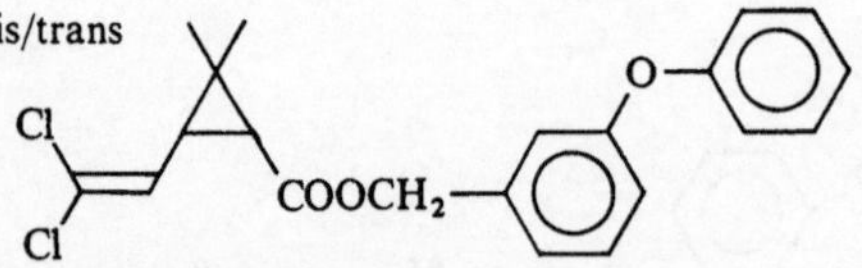	800	130	543
—CH— (CN)	210	100	
1–R	5	25	
1–R–trans, S	3		
1–R–trans, R	72		

192

II. Zusammenstellung biologischer Daten von synthetischen Pyrethroid-Insektiziden

	LD_{50} ng/Fliege	LD_{50} Heuschrecke µg/g	Lit.
(±)		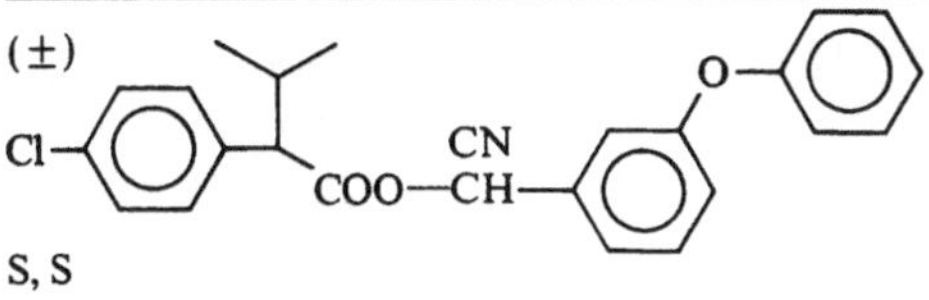 10	543
S, S	11		
SR	400		544
(±) cis/trans	50		
1–R–cis	40		
1–S–cis	4000		
1–R–trans	13		
1–S–trans	1770		

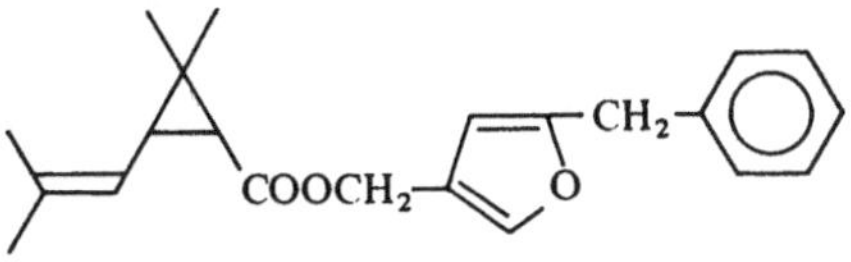

Relative Wirkungsgeschwindigkeit (knock-down) synthetischer Pyrethroide gegen Haushaltsungeziefer im Vergleich zu Tetramethrin

	musca	culex	blatella	Lit.
Standard, Tetramethrin				
(±) cis/trans	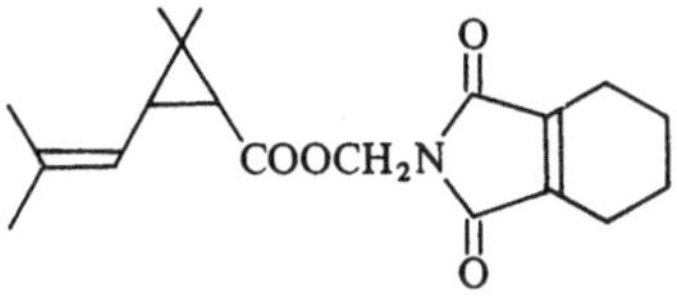 1[a]	1[b]	1[c]	546
Bioallethrin	0.9	0.35	1.1	
1–R–trans	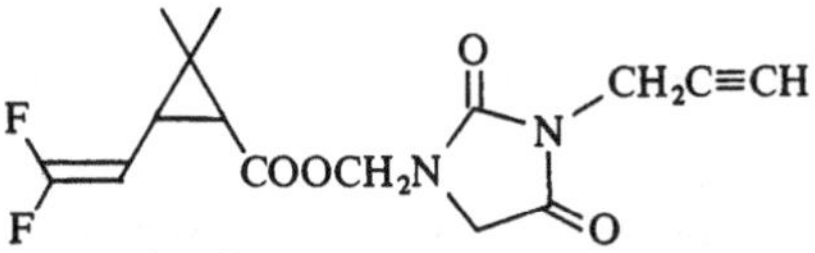 1.2		4.3	
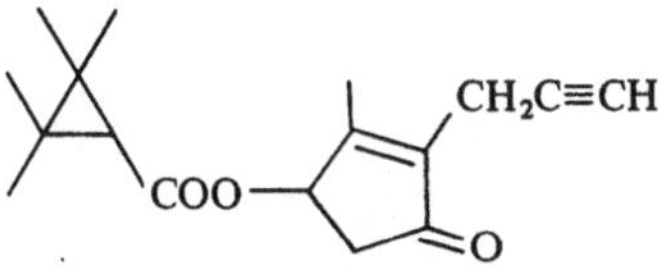	1.8	1.9	4.8	
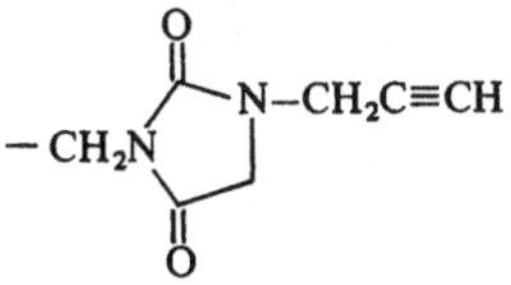	2.5			

KT_{50}(min): Zeit nach der 50 % der Tiere bei einer Konzentration von 6.25 mg/l paralysiert sind a) KT_{50} 8,9 min b) 2.7 min c) 5.3 min.

C. Faktensammlung

	musca	culex	blatella	Lit.
(±) cis/trans, RS	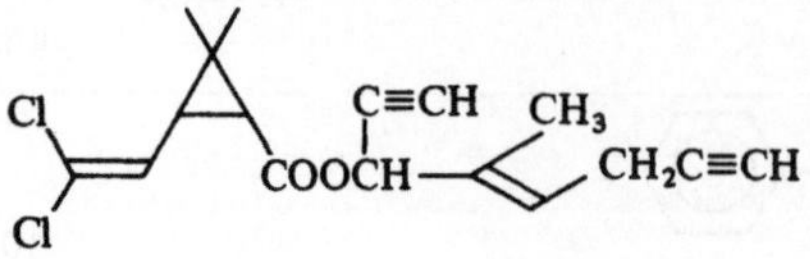 2.2		2.7	546
1–R–trans	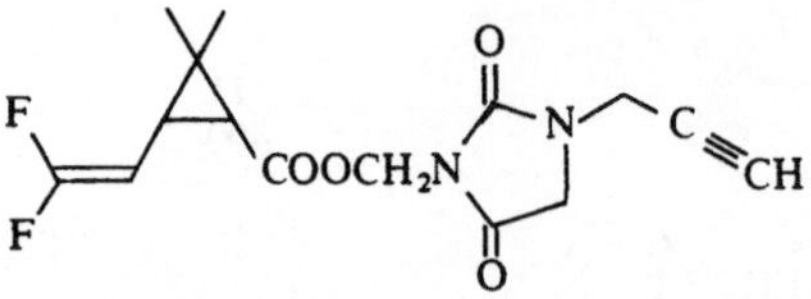 3.9		4.3	
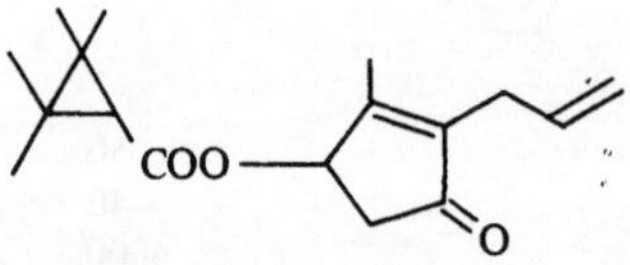	4.1		2.5	
1–R–trans S	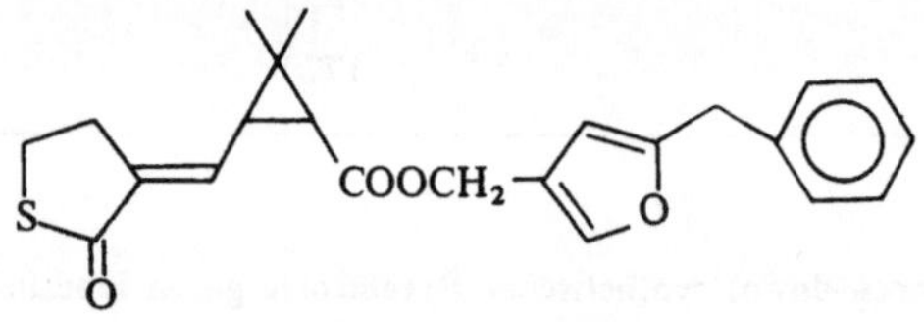 5.6		2.8	
(±) cis/trans	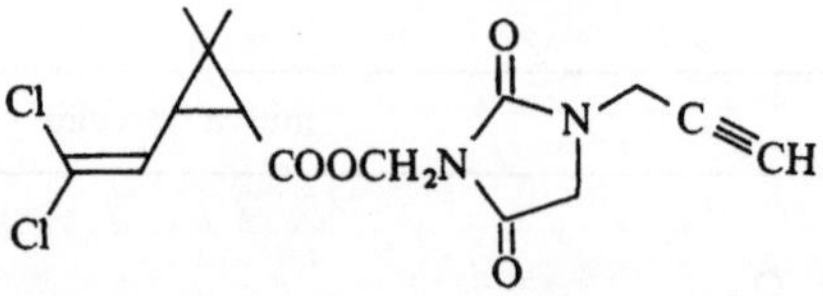 3.9		2.3	
1–R–trans	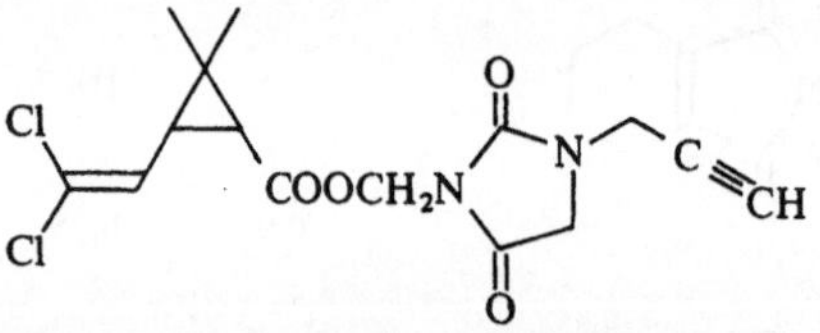 6.2		4.5	

Relative Wirkungsgeschwindigkeit (KT) und relative lethale Toxizität von synthetischen Pyrethroiden gegen Heuschrecken

	lg rel. KT	rel. Tox.	Lit.
1–R–cis, S	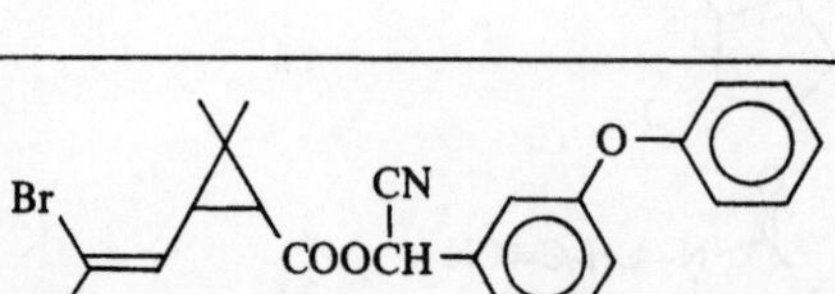 0.43	3200	547
1–R–trans	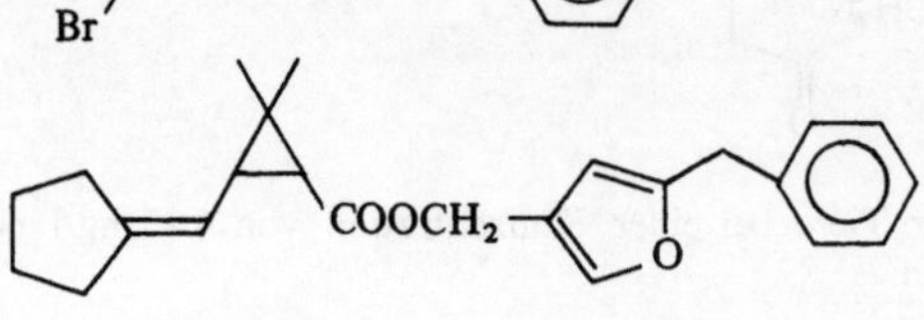 0.4	190	

II. Zusammenstellung biologischer Daten von synthetischen Pyrethroid-Insektiziden

	lg rel. KT	rel. Tox.	Lit.
1–R–trans, S	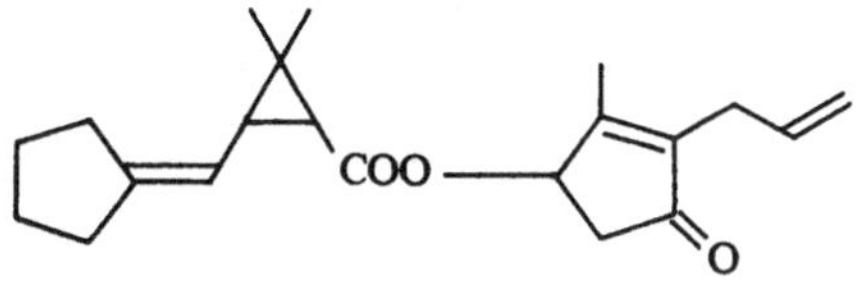 0.37	100	547
(±) cis/trans	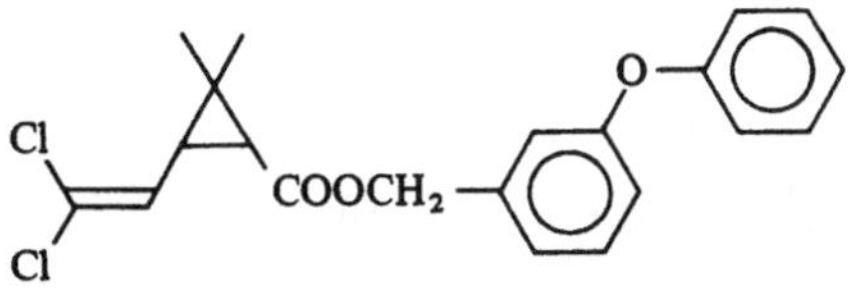 0.36	260	
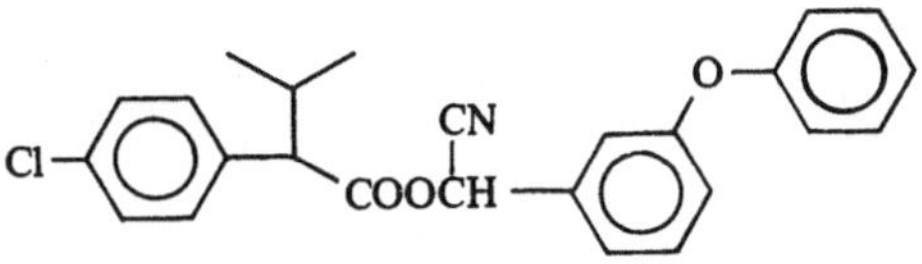 (±)	0.32		
1–R–trans S	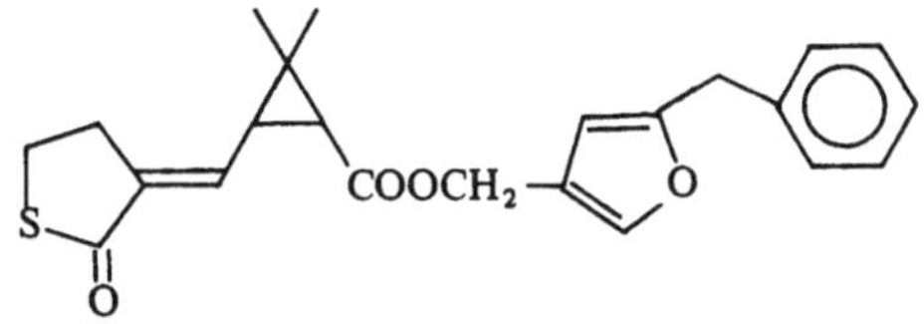 0.06	98	
1–R–trans	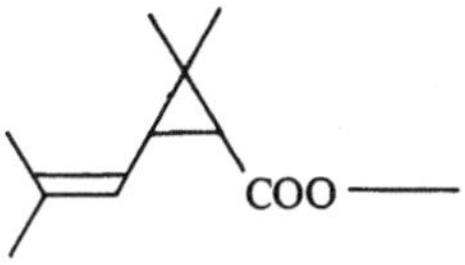 0	100	
1–R–cis	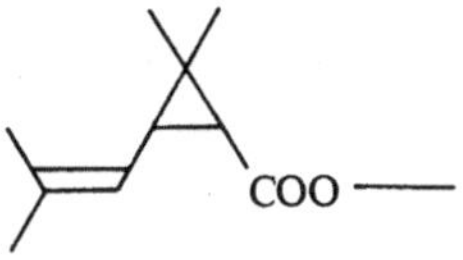	96	
1–R–cis	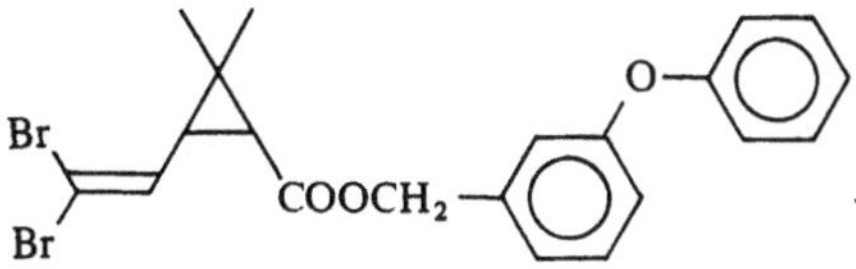 −0.075	760	
(±) cis/trans	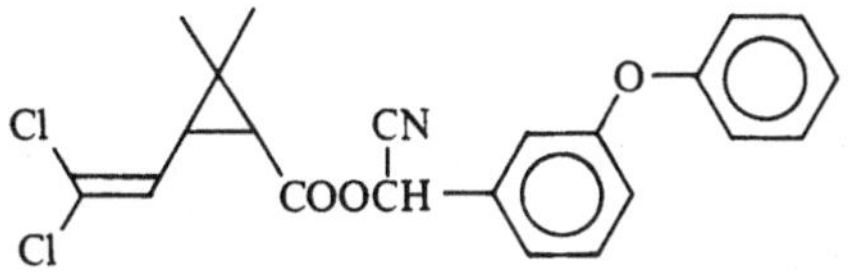 0.025		

Absolute Toxizität hochwirksamer Pyrethroide gegen verschiedene Insekten (LD$_{50}$)

	Anopheles stephensi ng/Insekt	Glossina aust. ng/Insekt	boophilus		musca dom. mg/kg	blatella mg/kg
			Adulte ♀ µg/g	Larven µg/l		
1−R−cis, S · Dekamethrin	0.036	0.08	0.3	29	0.03	0.05
(±) cis/trans, RS · Cypermethrin	0.2	0.75	2.0	120		
(±) · Fenpropathrin	0.72	2	3.0	200		
(±) · Fenvalerat	1.5	8.5	5.2	380	1.6	0.74
(±) cis/trans · Permethrin	1.8	2.3	2.1	230	1.0	0.5
(±) cis/trans · Phenothrin	7.0	10				
Literatur	550		551		17	

Temperaturabhängigkeit der Toxizität (LD$_{50}$ ng/Raupe) einiger Pyrethroide gegen Heliothis [121]

	7 °C	27 °C	38 °C
1–R–cis, S	1,4	3,6	3,1
(±) cis/trans	14	31	108
(±)	13	20	31
S, SR	7	13	15,2

Toxizität einiger Isomeren von synthetischen Pyrethroiden gegen verschiedene Insekten

	musca domestica rel. Tox.	Mücken- larven rel. Tox.	Spodoptera litoralis rel. Tox.	Zum Vergleich: LD_{50} mg/kg Maus	Lit.
(±) RS, R'S' *[Strukturformel]*	= 100	100	100	245	553 554 555
S, S'	350–440 (LD_{50} 11 ng/ Fliege)	270	430	50	
S, R'	2–5	29		> 600	
S, R'S'	200	190		81	
R, R'S'	—	—		> 5000	
(±) RS, R'S' *[Strukturformel]*	89				
S, S' *[Strukturformel]*	440		290		
S S' *[Strukturformel]*	340		70		

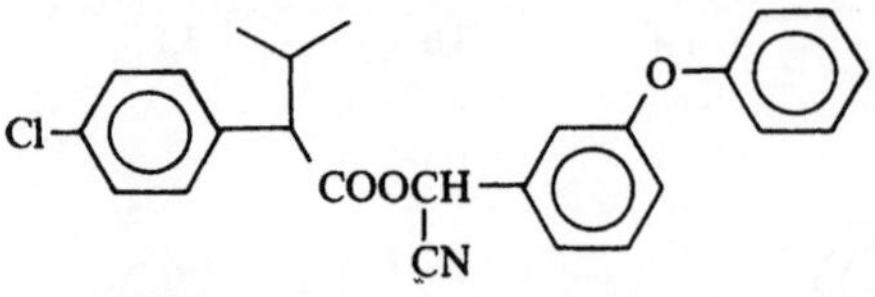

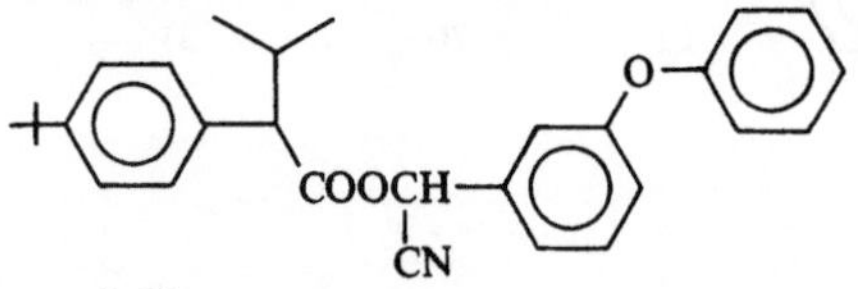

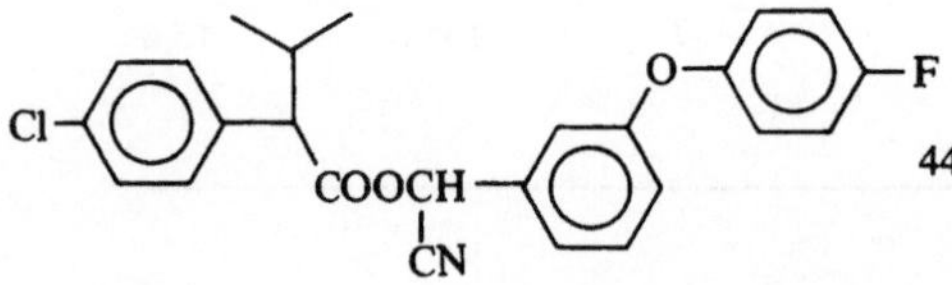

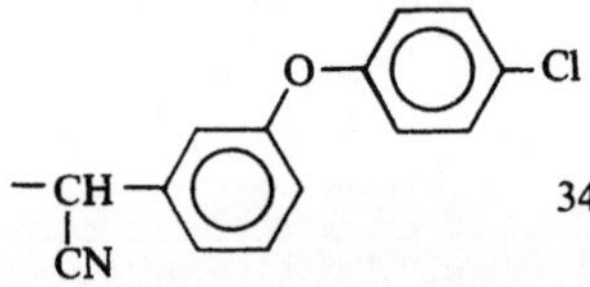

LC_{50} (ppm)	Southern army worm	Mücken- larven	Bohnen- blattlaus	Tobacco- budworm	Lit.
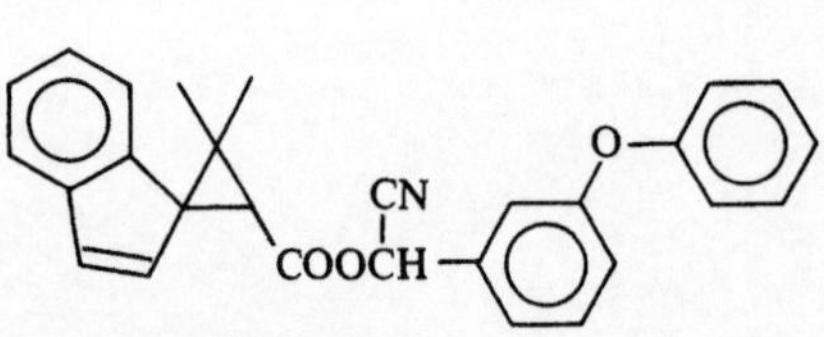 *[Strukturformel]*					549
(±) cis/trans, R'S'	6	0.002	0.5	46	
(±) cis, R'S'	9	0.01	1	92	
(−) cis, R'S'	2	0.002	0.3	39	
(±) trans, R'S'				51	

Literatur

1. Eine erste Übersicht zum Thema s. Band I dieses Handbuches von U. Claussen (1967)
2. Pyrethrum Post 7, 3 (1964)
3. Dainippon: JA 9597, 9.9.56
4. Pyrethrum Post 7, 41 (1964)
5. Mitchel, W.: Chem. and Ind. 1960, 356
6. FMC: US 3087854, 31.1.62/30.4.63
7. Levy, L.W.: US 3083136, 26.2.62/26.3.63
8. Mitchel Cotts Pyrh. Ltd.: GB 1031688, 7.11.63/2.6.66
9. Pennick: US 3042706, 22.1.60/3.7.62
10. Dainippon: JA 351044630, 8.10.74/16.4.76
11. Staudinger, H., Ruzicka, L.: Helv. Chim Acta 1924, 201
12. Yamamoto, R.: J. Chem. Soc. Jap. 44, 311 (1923)
13. LaForge, F.B., Soloway, S.B.: J. Am. Chem. Soc. 69, 2932 (1947)
14. Crombie, L., Harper, S.H.: J. Chem. Soc. 1954, 470
15. Diese Nomenklatur nach Elliott [295] ist für den praktischen Chemiker einfacher, weil bildhafter
16. Begley, M.J. et al.: J. Chem. Soc., Chem. Commun. 1972, 1276
17. Elliott, M.: Environ. Health Perspectives 14, 3 (1976)
18. Sawicki, R.M.: J. Sci. Food Agric. 13, 172 (1962)
19. Sawicki, R.M., Thain, E.M.: J. Sci. Food Agric. 13, 202 (1962)
20. Pyrethrum Post 4, 13 (1957)
21. Elliott, M.: J. Chem. Soc. 1964, 888
22. Godin, P.: J. Sci. Food Agric. 16, 186 (1965)
23. Crombie, L.: Pestic. Sci. 1976, 228
24. Bell, A., Kido, G.: J. Agr. Food Chem. 4, 340 (1956)
25. Pyrethrum Post 2, 11 (1950)
26. SCM Corp.: US 3839561, 26.7.67/1.10.74
27. Katsuda: JA 703827, 16.11.67/3.11.70
28. Sumitomo: JA 734780, 15.4.70/10.2.73
29. Sumitomo: JA 7446059, 29.6.70/7.12.74
30. Sumitomo: JA 4920325, 23.6.72/22.2.74
31. Sumitomo: DOS 2425285, 25.5.73/12.12.74
32. Sumitomo: DOS 2462193, 25.5.73/1.4.76
33. Yoshitomi: JA 7218665, 1.2.68/9.5.72
34. Sumitomo: JA 4899327, 7.4.72/15.12.72
35. Sumitomo: JA 4926420, 4.7.72/8.3.74
36. Takeda: JA 4912027, 19.5.72/2.2.74
37. Maciver, D.: Pyrethrum Post 8, 23 (1966)
38. Brooke, J.P.: Pyrethrum Post 9, 18 (1967)
39. Ratner, L., Bruce, W.N.: US 2967798, 31.1.58/10.1.61
40. Yamamoto, J., Katsuda, Y.: Internat. Symp. Chem. Pyrethroides, Oxford 16/19.7.1979, Pestic Sci. 1980, 134
41. Dainippon: JA 53107419, 26.2.77/19.9.78
42. Lurik, B.B.: Pharm. Chem. Ind. 5, 462 (1971)
43. Atal, C.K.: Indian. J. Exp. Biol. 15, 1230 (1977)

44. ICI: BE 858254, 6.9.76/28.2.78
45. Vaidynathaswami, R.: J. Agric. Food Chem. *25*, 1401 (1977)
46. Saxena, B.: Pyrethrum Post *14*, 41 (1977)
47. Tomar, S.S.: J. Agric. Food Chem. *27*, 547 (1979)
47a. Farm Chemical Handbook 1980, Farmchemicals Willoughby, Ohio
48. Sumitomo: US 3864388, 29.12.70/4.2.75
48a. Farm Chemical Handbook 1980, D 290
49. Ciba-Geigy: DOS 2235005, 20.7.71/22.2.73
50. Hennessy, D.J.: US 4020111, 28.5.75/26.4.77
51. Montgommery, R.E., Incho, H.H.: US Anm. T 370016, 3.4.69/20.1.70; T 871002, 24.4.69/10.2.70; T 871017, 25.4.69/20.1.70;
    Bowers, W.S.: Science *161*, 895 (1968)
52. Johnson and Son: NE 715782, 30.4.70/2.11.71
53. Pyrethrum Post *7*, 37 (1963)
54. Disinfect: SU 578935, 29.9.75/28.11.77
55. Matsubara, H., Akeyama, N.: Botyn Kagaku. Sci. Pestcontrol *38*, 6 (1973)
56. Hayashi, A.: Botyn Kagaku *37*, 3 (1972)
57. Farm Chemicals *135*, 46 (1972)
57a. Yamamoto, I.: in "Pyrethrum" Academic Press New York 1973, 195–210
58. Stauffer: US 4035490, 18.8.75/12.7.77
59. Sumitomo: JA 54147927, 11.5.78/19.11.79
60. BASF: DOS 2833193, 28.7.78/14.2.80
61. Sankyo: JA 673514, 28.1.65/14.2.67
62. Grouyellec, A.: DOS 2755386, 16.12.76/29.6.78
63. Yoshitomi: JA 7421068, 29.12.70/29.5.74
64. Sumitomo: JA 4899337, 5.4.72/15.12.73
65. Shell: EP 926, 10.8.77/7.3.79
65a. Farm Chemicals Handbook 1980, D 202, Farm Chemicals, Willoughby, Ohio
66. Sumitomo: GB 2025771, 19.7.78/30.1.80
67. Sumitomo: JA 5064422, 16.10.73/31.5.75
68. Sumitomo: NE 679854, 14.7.67/16.1.69
    Dainippon: JA 4839625, 25.9.71/11.6.73; JA 4839626, 25.9.71/11.6.73;
    Wellcome Found.: EP 5826, 30.5.78/12.12.79
69. Sumitomo: BE 805442, 29.9.72/16.1.74
    Sumitomo: JA 5077529, 16.11.73/24.6.75
70. Wickham, J.C.: Pestic. Sci. *1976*, 273
71. Pattenden, G., Store, R.: Tetrahedron Lett. *1973*, 3473
72. Tamelen, E.E.v., Schwartz, M.A.: J. Am. Chem. Soc. *93*, 1780 (1971)
73. Godin, P.J.: J. Chem. Soc. *1963*, 5878
74. Epstein, W.W., Gaudioso, L.A.: J. Org. Chem. *44*, 3113 (1979)
75. Alexander, K., Epstein, W.W.: J. Org. Chem. *40*, 2576 (1975)
76. Chem. Ind. *1978*, 3087
77. Nissan: JA 5381625, 25.12.65/19.7.78
78. Gammon, D.W.: Pestic. Sci. *1978*, 79
    Whitney, W.K.: Proc. BCPC Brighton Conf. *1979*, 387
    Narahashi, T. et al.: Pestic. Sci. *1976*, 267
79. Narahashi, T. et al.: ACS Symp. Ser. *42* (1977): Synthetic Pyrethroides
80. Burt, P.E. et al.: Entomologia Exp. Appl. *1971*, 255; *1977*, 179
81. Clement, A., Mai, T.: Pestic Sci. *1977*, 661;
    Leake, L.D.: Pestic. Sci. *1977*, 713
82. Ford, M.G.: Pestic. Sci. *1979*, 39
83. Elliott, M.: ACS Symp. Ser. *42* (1977), Synthetic Pyrethroides
84. Barlowe, F.: Pestic. Sci. *1971*, 115
85. Elliott, M.: Chem. Rev. *7*, 473 (1978)
86. Elliott, M., Briggs, J.: Pestic. Sci. *1976*, 326
87. Hung Hee L. Lee: Pestic. Sci. *1976*, 258
88. Staudinger, H., Ruzicka, L.: Helv. Chim. Acta *1924*, 177, 201, 212, 236, 245, 390, 406

89. Staudinger, H., Ruzicka, L.: Helv. Chim. Acta *1924*, 456
90. Harville, E.K.: Contrib. Boyce-Thomson-Inst. *10*, 143 (1939)
91. Schechter, M.S., LaForge, R.B., Greene. N.: J. Am. Chem. Soc. *71*, 3165 (1940)
92. Boyce-Thomson-Inst.: US 2486579, 13.4.49/1.11.49
93. Boyce-Thomson-Inst.: US 2886485, 12.9.57/12.5.59
94. Farkaš, J., Šorm, F., Kouřim, P.: Coll. Czech, Chem. Commun. *24*, 2230 (1959)
95. Elliott, M. et al.: Nature *248*, 710 (1974)
97. Scharf, H.D., Kalkoff, K., Janus, J.: Tetrahedron *35*, 2513 (1979)
98. Katsuda, Y., Chikamoto, T., Nagasawa, N.: Bull. Agr. Chem. Soc. Jap. *1958*, 393
99. Elliott, M.: Bull. WHO *44*, 315 (1970);
    Elliott, M.: Chem. Ind. (London) *1969*, 776;
    Elliott, M. et al.: Mechanism and Pestic. Action, ACS Symp. Ser. *2*, 80 (1974)
101. FMC Corp.: US 4178381, 22.3.76/11.12.79
102. Roussel-Uclaf: US 4181735, 24.4.79/1.1.80
103. Roussel-Uclaf: DOS 2742547, 21.9.76/30.3.79
104. Ciba-Geigy: GB 1551852, 31.7.76/5.9.79
105. Sumitomo: DOS 2737297, 18.8.76/23.2.78
106. Wild, A., Oberweis, A.L., Ruhe, W.: Z. Pflanzenphysiol. *82*, 161 (1977)
107. BASF: DOS 2704962, 7.2.77/10.8.78
108. ICI Ldt.: GB 1537499, 21.7.75/29.12.78
109. Mader, E.O., Udey, E.C.: Phytopathology *27*, 112 (1937)
110. Searl, G.B.: US 3098857, 13.4.61/23.7.63
111. Ray, D.E., Cremer, J.E.: Pestic. Biochem. Physiol. *10*, 333 (1979); Verschoyle, R.D., Aldridge,
     W.N.: Arch. Toxicol. *45*, 325 (1980)
112. Elliott, M. et al.: Nature *244*, 456 (1973)
113. Cassida, J.E., Unai, T.: J. Agric. Food Chem. *25*, 979 (1977)
114. Cassida, J.E., Soderlund, D.M.: Pestic. Biochem. Physiol. *8*, 391 (1977)
115. Cassida, J.E. et al.: J. Agric. Food Chem. *26*, 590 (1978), *27*, 572 (1979),
     Cassida, J.E. et al.: Tetrahedron Lett. *1976*, 3045
116. Cassida, J.E. et al.: J. Agric. Food Chem. *25*, 9 (1977); *26*, 613 (1978); *27*, 316 (1979)
116a. Leakey, J.D.: Outlook on Agriculture *10*, 135 (1979)
117. Roberts, T.R., Standen, M.E.: Pestic. Sci. *1977*, 305
118. Wing, F.D., Hammock, B.D.: Experientia *35*, 1619 (1979)
119. Elliott, M., Janes, N.F.: Adv. Pestic. Sci. IUPAC Conf. *1978*
     Elliott, M., Janes, N.F.: Zürich, II, 166
120. Elliott, M., Janes, N.F.: Chem. Ind. (London) *1979*, 756
121. Whitney, W.K.: Proc. BCPC Brighton Conf. *1979*, 387
122. Elliott, M., Janes, N.F.: Chem. Rev. *7*, 473 (1978)
123. Kenaja, E.E., End, C.C.: Commerical and Exper. Organ. Insecticides, Entomol. Soc. Amer. 1974
124. Elliott, M. et al.: Nature *246*, 169 (1973)
125. Katsuda, Y.: Proc. 2nd Intern. IUPAC Congr. on Pestic. Chem. *1*, 443 (1972)
126. Barnes, J.M., Verschoyle, R.P.: Nature *248*, 711 (1974)
127. Staudinger, H. et al.: Helv. Chim. Acta *1924*, 390
128. Sanders, H.J., Taff, A.E.: Ind. Eng. Chem. *46*, 414 (1954)
129. Sanders, H.J., Taff, A.W.: Chem. Ind. (London) *1977*, 707
130. Campbell, I.G.M., Harper, S.H.: J. Chem. Soc. *1945*, 283; Sci. Food Agric. *1952*, 189
131. Stauffer: BE 767471, 31.5.74/17.7.75
132. BASF: DOS 2400188, 3.1.74/17.7.75
133. Paulissen, R., Hubert, A.J., Teyssie, Ph.: Tetrahedron Lett. *1972*, 1465;
     Radüchel, B. et al.: Tetrahedron Lett. *1975*, 633
134. Domnin, J. et al.: Zh. Org. Khim. *14*, 2323 (1978)
135. Matsumoto, T. et al.: Bull. Chem. Soc. Jap. *36*, 481 (1963);
     Yoshitomi: JA 6710220, 27.8.64/1.6.67
136. Harper, S.H.: J. Sci. Food Agric. *6*, 116 (1955)
137. Shionogi: JA 7025686, 15.9.67/25.8.70
138. Julia, S., Julia, M., Linstrumentelle, G.: Bull. Chim. Soc. France *1966*, 3499, 3507
140. Scharff, H.D., Matthei, J.: Chem. Ber. *111*, 2206 (1978)

141. Frank-Neumann, M., Lohmann, J.J.: Tetrahedron Lett. *1979*, 2075
142. Casay, C.P.: Adv. Pestic. Sci. IUPAC Conf. *1978*, Zürich II, 156
143. Nat. Res. Develop. Corp. (NRDC): DOS 2166727, 24.12.70/12.6.75
144. Büchel, K.H., Korte, F.: Z. Naturforsch. *17b*, 349 (1962)
145. Roussel-Uclaf: FR 975870, 26.5.64/17.5.67;
     Martel, J., Nomine, G.: C.R. Acad. Sci. Paris *1969*, 2199;
     Martel, J., Huynh, C.: Bull. Soc. Chim. France *1967*, 985
146. Rhone-Poulenc: FR 1506425, 12.10.66/22.12.67;
     Julia, M. et al.: Bull. Soc. Chim. France *1967*, 1411
147. Roussel-Uclaf: BE 702662, 26.8.66/14.2.68
148. Correy, E., Jautelat, M.: J. Am. Chem. Soc. *89*, 3912 (1967)
149. Sevrin, M., Hevesy, L., Krief, A.: Tetrahedron Lett. *1976*, 3915
150. Johnson, C.R., Janiga, E.R., Haake, M.: J. Am. Chem. Soc. *90*, 3890 (1968)
151. Roussel-Uclaf: BE 827651, 7.4.75/7.10.75;
     Roussel-Uclaf: BE 827665, 7.4.75/7.10.75;
     Krief, A., Devos, M.J.: Tetrahedron Lett. *1979*, 1511
152. Roussel-Uclaf: GB 2022585, 6.6.78/16.12.79
153. Sumitomo: JA 7533050, 29.12.70/27.10.75
154. Sumitomo: JA 32772, 29.12.70/16.10.79
155. Roussel-Uclaf: CAN 855736, 21.5.69/10.11.70
156. Krief, A., Devos, M.J.: Tetrahedron Lett. *1978*, 1847
157. Perkin, W.H., Thorpe, J.F.: J. Chem. Soc. *75*, 48 (1899)
159. Torii, S., Tannaka, H.M., Lagai, Y.: Bull. Chem. Soc. Jap. *50*, 2825 (1977)
160. Takeda, A. et al.: Bull. Chem. Soc. Jap. *50*, 1133 (1977)
161. Nagase, M., Matsui, M.: Agric. Chem. Soc. Jap. *20*, 249 (1944)
162. Sugiyama, T., Kobayashi, A., Yamashita, K.: Agric. Bull. Chem. *38*, 979 (1974)
163. Shell, NE: 742879, 15.3.73/9.9.74
164. Nesmejanov, O.A. et al.: Ivz. Akad. Nauk. *1979*, 669
165. Studienges. Kohle: EP 925, 18.8.77/7.3.79
166. Lehmkuhl, M. et al.: Liebigs Ann. Chem. *1978*, 1841
167. Sumitomo: JA 4981348, 12.12.72/6.8.74
168. Rhone-Poulenc: FR 1356954, 21.12.72/24.2.64
169. Julia, M.: Compt. Rend. *248*, 242 (1959)
170. Matsui, M., Uchiyama, M.: Agric. Biol. Chem. *26*, 532 (1962)
171. Sucrow, W., Richter, B.: Tetrahedron Lett. *1970*, 3675
172. Kondo, K., Mori, F.: Chem. Lett. *1974*, 741
173. Kuraray und Sagami: DOS 2509676, 19.3.74/25.9.75
174. Ficini, J., Angelo, I.D.: Tetrahedron Lett. *1976*, 2441
175. Devos, M.J., Krief, A.: Tetrahedron Lett. *1978*, 1845
176. Procter and Gamble: US 3959324, 20.8.73/25.5.76; US 4085273, 26.4.72/18.4.78
177. Shell: DOS 2539048, 4.9.74/2.3.76
178. Welch, S.C., Waldes, T.A.: J. Org. Chem. *42*, 2108 (1977)
179. Paquette, L.A., Eisember, R.F., Cox, O.: J. Am. Chem. Soc. *90*, 5133 (1968)
180. Schuster, D., Eriksen, J.: J. Org. Chem. *44*, 4279 (1979)
181. Ohkata, K., Sako, T.I., Hanafusa, T.: Proc. IUPAC Congr. Tokyo, *1977*, 1077;
     Ohkata, K. et al.: J. Chem. Soc. Chem. Commun. *1974*, 581
182. Rhone-Poulenc: NE 6713507, 12.10.66/24.2.67
183. Backström, P.: Tetrahedron *34*, 3331 (1978)
184. Julia, S., Julia, M., Linstrumentelle, G.: Bull. Soc. Chim. France *1964*, 2693
185. Grimaldi, J., Malacia, M., Bertrand, M.: Bull. Soc. Chim. France *1975*, 1725
186. Sumitomo: DOS 2348930, 29.9.72/11.4.74
187. Roussel-Uclaf: FR 1536458,
188. Horiuchi, F., Matsui, M.: Agric. Biol. Chem. *37*, 1713 (1973);
     Sumitomo: JA 4992049, 9.1.73/3.9.74
189. Sumitomo: JA 49109344, 27.2.73/17.10.74
190. Sumitomo: JA 5141344, 7.10.74/7.4.76

191. Roussel-Uclaf: DOS 2010821, 4. 3. 69/24. 9. 70
     Sumitomo: GB 1178423, 27. 4. 66/21. 1. 70
192. Sumitomo: JA 7534019, 4. 6. 77
192a. Sumitomo: JA 7534019, 6. 6. 70/5. 11. 75
193. Sumitomo: JA 49707949, 9. 4. 73/30. 11. 74
194. Sumitomo: JA 49125342, 9. 4. 73/30. 11. 74
195. Roussel-Uclaf: DOS 2010181, 4. 3. 69/24. 9. 70
196. Osaka Univ.: JA 6918849, 27. 12. 67/16. 8. 69
     Sumitomo: JA 5060247, 11. 10. 73/31. 5. 75
197. Taisho Pharm.: JA 49126665, 17. 4. 73/4. 12. 74
198. Sumitomo: DOS 2723383, 24. 5. 76/8. 12. 77
199. Sumitomo: JA 5088055, 1. 12. 73/11. 7. 75
200. Sumitomo: US 3906026, 1. 5. 73/16. 9. 75
201. Sumitomo: DOS 2861611, 18. 12. 71/20. 6. 73
202. Roussel-Uclaf: BE 746726, 4. 3. 69/2. 9. 70
202a. Roussel-Uclaf: DOS 1935321, 12. 7. 68/15. 1. 70
203. Sumitomo: DOS 2356702, 13. 11. 72/13. 11. 73
204. Sumitomo: BE 747726, 22. 3. 69/31. 8. 70
205. Bayer: DOS 2713538, 26. 3. 77/28. 9. 78
206. Yoshitomi: JA 6710220, 27. 8. 64/1. 6. 67
207. Sumitomo: JA 4966660, 26. 10. 72/27. 6. 74; BE 810959, 14. 2. 73/29. 5. 74; JA 50160241, 31. 5. 74/25. 12. 75; BE 844631, 1. 8. 75/16. 11. 75; JA 5473758, 27. 10. 77/13. 6. 79;
     Aratani, T., Yoneyoshi, Y., Nagase, T.: Tetrahedron Lett. *1975*, 1707; *1977*, 2599
208. Simmonsen, J.L., Rau, M.: J. Chem. Soc. *123*, 552 (1923)
209. Simmonsen, J.L., Rau, M.: J. Chem. Soc. *123*, 549 (1923)
210. Sumitomo: JA 683311, 22. 6. 65
211. Sumitomo: JA 683295, 31. 5. 65/6. 2. 68
212. Matsui, M. et al.: Agr. Biol. Chem. *29*, 784 (1965); *31*, 33 (1967)
213. Khan, A.S., Mitra, R.B.: Indian. J. Chem. B *14*, 716 (1976)
214. Mitra, R.B., Khan, A.S.: Synth. Commun. *7*, 245 (1977)
215. Matsui, T., Mori, K., Matsui, M.: Tetrahedron Lett. *1976*, 1979
216. Fitzsimmons, B.J., Fraser-Reid, B.: J. Am. Chem. Soc. *101*, 6123 (1979)
217. Sumitomo: JA 49751, 1. 7. 74; JA 5119747, 9. 8. 74/17. 2. 76
218. Wellcome Found.: GB 1533381, 30. 7. 74/31. 11. 78
219. ICI Ltd.: DOS 2554380, 3. 12. 74/10.6. 76
220. ICI Ltd.: DOS 2810098, 11. 3. 77/8. 3. 78
221. Salomon, R.G., Kochi, J.K.: J. Am. Chem. Soc. *95*, 3300 (1973)
222. Kuraray: JA 51146441, 10. 6. 75/16. 12. 76
223. FMC: EP 3666, 6. 2. 78/22. 8. 79
224. ICI Ldt.: DOS 2730755, 7. 7. 77/12. 1. 78
225. ICI Ltd.: EP 7154, 28. 4. 78/24. 1. 80
226. Normant, H., Ficini, J.: Bull. Soc. Chem. France *1956*, 1441;
     Cologne, J., Perrot, A.: Compt. Rend. *239*, 541 (1954)
227. Kuraray: DOS 2542377, 3. 10. 74/15. 4. 76
228. ICI: DOS 2657148, 14. 2. 75/23. 6. 77
229. ICI: DOS 2616681, 17. 4. 75/28. 10. 76
230. Shell: BE 942180, 2. 6. 75/25. 11. 76;
     FMC: US 4070404, 26. 3. 76/24. 1. 78
231a. Stauffer: DOS 2751435, 18. 11. 76/24. 5. 78
231b. Sumitomo: JA 5384904, 6. 1. 77/26. 7. 78
232. Kuraray: NE 763935, 14. 4. 75/18. 10. 76
233. Holland, D., Millner, D.J., Reed, H.W.: J. Organomet. Chem. *136*, 111 (1977)
234. ICI: BE 843460, 2. 7. 75/27. 12. 76
235. Soulen, R.L. et al.: J. Org. Chem. *32*, 2661 (1976)
236. Bayer: BE 845209, 16. 1. 75/6. 2. 77
237. FMC: DOS 2658283, 22. 12. 76/7. 7. 77
     Bayer: DOS 2642006, 17. 9. 76/23. 3. 78

238. Bayer: DOS 2536504, 16. 8. 75/24. 2. 77
240. Sumitomo: JA 5323915, 17. 8. 76/6. 3. 78;
     Sumitomo: JA 5323912, 18. 8. 76/6. 3. 78
241. Bayer: DOS 2765271, 16. 12. 77/21. 6. 79
242. Wellcome Found.: DOS 2639777, 5. 9. 75/10. 3. 77
243. Sumitomo: JA 5273842, 18. 12. 75/21. 6. 77
244. Sumitomo: JA 5122041, 15. 4. 75/25. 10. 76
245. ICI: DOS 2630981, 11. 7. 75/27. 1. 77;
     Kuraray: JA 5257163, 31. 10. 75/10. 5. 77
246. Sagami: DOS 2538895, 10. 9. 74/8. 9. 75;
     Sagami: BE 847864, 3. 10. 75/29. 4. 77
246a. Norton, N.R. et al.: J. Org. Chem. *27*, 3602 (1962)
247. Sankyo: DOS 2547510, 23. 10. 74/29. 4. 76
248. Sagami und FMC: EP 3683, 10. 2. 78/22. 8. 79
249. Sumitomo: DOS 2605398, 12. 2. 75/26. 8. 76
250. ICI: DOS 2621833, 16. 5. 75/21. 11. 76
251. Dynamit Nobel: DOS 2740479, 8. 9. 77/23. 3. 79
252. Sagami: JA 5198213, 19. 2. 75/30. 8. 76
253. Sumitomo: JA 5257143, 31. 10. 75/10. 5. 77
254. ICI: DOS 2621830, 16. 5. 75/25. 11. 76
255. Bayer: DOS 2606635, 19. 2. 76/25. 8. 77
256. ICI: DOS 2621831, 16. 5. 75/12. 2. 76;
     DOS 2621832, 16. 5. 75/12. 2. 76
257. Shell: US 4174348, 30. 5. 78/13. 11. 79
258. Shell: EP 2077, 27. 10. 77/30. 5. 79
259. ICI: GB 2025947, 18. 7. 78/30. 1. 80
260. ICI: GB 1515050, 22. 10. 76/21. 6. 78;
     DOS 2650584, 4. 11. 76/24. 5. 78
261. Bayer: DOS 2732213, 16. 7. 77/25. 1. 79
262. Berteau, P.E., Cassida, J.E.: J. Agric. Food Chem. *17*, 931 (1969)
263. Kuraray: JA 5283412, 29. 12. 75/12. 7. 77
264. Shell: DOS 2640711, 31. 10. 75/5. 5. 77; EP 1847, 19. 9. 77/16. 5. 79
265. Bayer: DOS 2732075, 15. 7. 77/1. 2. 79
266. Bayer: DOS 2752366, 24. 11. 77/31. 5. 79
267. Bayer: EP 4070, 15. 3. 78/19. 9. 78
268. Kuraray und Sagami: DOS 2552615, 30. 11. 74/16. 6. 76
     Ciba-Geigy: DOS 2731483, 15. 7. 76/19. 1. 78;
     Sumitomo: JA 51149221, 9. 6. 75/22. 12. 76;
     Sumitomo: JA 5340741, 24. 6. 75/13. 4. 78
269. Bayer: DOS 2821115, 13. 5. 78/15. 11. 79
270. Sumitomo: DOS 2707104, 19. 2. 76/1. 9. 77
271. Kuraray: JA 5283734, 1. 1. 76/12. 7. 77
272. Cheminova: DOS 2732455, 19. 7. 76/26. 1. 78;
     Cheminova: DOS 2732456, 19. 7. 76/26. 1. 78
273. Bayer: DOS 2710151, 9. 3. 77/14. 9. 78; DOS 2710174, 9. 3. 77/14. 9. 78
274. ICI Ltd.: BE 832278, 14. 8. 74/9. 2. 76
275. ICI Ltd.: GB 2025948, 18. 7. 78/30. 1. 80
276. Bayer: DOS 2623848, 28. 5. 76/8. 12. 77
277. ICI: DOS 2751610, 18. 11. 76/24. 5. 78
278. Bayer: BE 851524, 19. 2. 76/17. 8. 77
279. Ray, J., Vessiere, R.: Bull. Chim. Soc. France *1967*, 269
280. Ciba-Geigy: DOS 2813336, 31. 3. 77/5. 10. 78
281. Bayer: DOS 2740849, 10. 9. 77/22. 3. 79
282. Bayer: DOS 2747824, 26. 10. 77/3. 5. 79
283. Bayer: DOS 2638356, 26. 8. 76/2. 3. 78
284. Bayer: DOS 2655007, 4. 12. 76/8. 6. 78
285. Ciba-Geigy: DOS 2813337, 31. 3. 77/5. 10. 78

285. Ciba-Geigy: BE 870995, 3. 10. 78/3. 4. 79
287. Ciba-Geigy: EP 2207, 24. 11. 77/13. 5. 79; EP 2206, 24. 11. 77/13. 6. 79
288. Bellus, D., Martin, P., Greuter, M.: J. Am. Chem. Soc. *101*, 5853 (1979)
289. Dynamit-Nobel: DOS 2740479, 8. 9. 77/23. 3. 79; DOS 2812672, DOS 2812673, 23. 3. 78; DOS 2825363, 9. 6. 78/13. 12. 79
290. Ohkata, K., Isako, T., Hanafusa, T.: Chem. Ind. (London) *1978*, 274
291. ICI Ltd.: DOS 2623777, 27. 5. 75/9. 12. 76
292. NRDC: DOS 2326066, 25. 2. 72/3. 1. 74
293. NRDC: GB 1446304, 25. 5. 72/18. 8. 76
294. Brown, D.G., Bodenstein, O.F., Norton, S.J.: J. Agric. Food Chem. *21*, 767 (1973)
296. Shell: EP 2849, 16. 12. 77/11. 7. 79
297. Roussel-Uclaf: BE 862461, 30. 12. 76/29. 6. 78; DOS 2827627, 23. 6. 77/23. 6. 78
298. Roussel-Uclaf: BE 862461, 30. 12. 76/29. 6. 78
299. Shell: EP 5280, 13. 3. 78/14. 11. 79
300. Sumitomo: JA 83434, 29. 12. 75/12. 7. 77
301. Roussel-Uclaf: BE 827652, 7. 4. 75/1. 3. 68
302. Bayer: DOS 2716898, 16. 4. 77/19. 10. 78
303. Bayer: DOS 2800922, 10. 1. 78/19. 7. 79
304. Bayer: DOS 2713538, 26. 3. 77/28. 9. 78
305. Sumitomo: JA 5473758, 27. 10. 77/13. 6. 79
306. Kondo, K., et al.: Intern. Symp. Chem. Pyrethroides, Oxford 16.–19. 7. 79, Pestic Sci. *1980*, 180; FMC: GB 2013677, 6. 2. 78/15. 8. 79
307. Shell: US 4156692, 8. 7. 77/16. 10. 78
308. Shell: US 4132717, 9. 8. 77/2. 1. 79
309. Tenneco: US 3708528, 3. 2. 70/2. 1. 73; Shell: DOS 2907730, 2. 3. 78/6. 9. 79; US 3708528, 3. 2. 70/ 2. 1. 73; DOS 2917508, 2. 5. 78/8. 11. 79
310. Shell: DOS 2917508, 2. 5. 78/8. 11. 79
311. Shell: DOS 2917591, 2. 5. 78/8. 11. 79
312. Shell: BE 875911, 2. 5. 78/29. 10. 79
313. Shell: EP 2850, 16. 12. 77/11. 7. 79
314. Shell: EP 2851, 16. 12. 77/11. 7. 79
315. Shell: EP 2852, 16. 12. 77/11. 7. 79
316. Shell: DOS 2928835, 19. 7. 78/7. 2. 80
317. Shell: DOS 2928836, 19. 7. 78/7. 2. 80
317a. Shell: GB 2026483, 19. 7. 78/6. 2. 80
318. Rozniki Chemii *50*, 1709 (1976); Tetrahedron Lett. *1976*, 3861
319. Shell: DOS 2828840, 19. 7. 78/31. 1. 80
320. Shell: DOS 2928833, 19. 7. 78/31. 1. 80
321. Shell: DOS 2928839, 19. 7. 78/31. 1. 80
322. Shell: DOS 2928834, 19. 7. 78/31. 1. 80
323. Shell: DOS 2928835, 19. 7. 78/31. 1. 80
324. Sumitomo: JA 5011953, 9. 4. 74/18. 10. 75
325. NRDC: DOS 2439177, 15. 8. 73/27. 2. 75
326. Sumitomo: JA 51143647, 6. 6. 75/10. 12. 76
327. Sumitomo: JA 5136441, 20. 9. 74/27. 3. 76
328. Bayer: DOS 2826952, 20. 6. 78/10. 1. 80
329. Shell: GB 2008589, 23. 11. 77/6. 9. 79
329a. Roussel-Uclaf: FR 2427321, 23. 8. 77/1. 2. 80
330. Sumitomo: DOS 2628477, 27. 6. 75/30. 12. 76
331. Sumitomo: NE 757007, 15. 6. 74/17. 12. 75
332. Elliott, M. et al.: J. Agric. Food Chem. *24*, 270 (1976)
333. Roussel-Uclaf: FR 2097244, 12. 6. 70/3. 3. 72
334. Roussel-Uclaf: NE 727764, 8. 6. 71/12. 2. 72
335. Roussel-Ucalf: NE 6917760, 26. 11. 68/25. 5. 70
338. Sumitomo: JA 9011854, 16. 5. 72/1. 2. 74
     Elliott, M., Janes, N.F., Pulman, D.A.: J. Chem. Soc. (London) *1974*, 2470

339. FMC: US 4157447, 27. 8. 76/5. 6. 79
     Bayer: DOS 2827101, 21. 6. 78/10. 1. 80
340. Shell: EP 229, 3. 6. 77/10. 1. 79
341. Sankyo: DOS 2132761, 29. 6. 70/20. 1. 72
342. Sumitomo: NE 713680, 19. 3. 70/21. 9. 71
343. American Cyanamid: DOS 2724734, 1. 6. 76/15. 12. 77
344. Annen, K. et al.: Chem. Ber. *111*, 3095 (1978)
345. Verhe, R. et al.: Bull. Soc. Chim. Belg. *86*, 55 (1977)
346. Johnson, C.R., Janiga, E.R., Haake, M.: J. Am. Chem. Soc. *90*, 3890 (1968)
347. Kristensen, J., Thomsen, J., Lawesson, S.O.: Bull. Soc. Chim. Belg. *87*, 721 (1978)
348. Kuraray: JA 51131821, 8. 5. 75/16. 11. 76
349. Kuraray: JA 5283718, 1. 1. 76/17. 7. 77
350. Sagami: JA 51131813, 22. 1. 75/16. 11. 76; JA 5182217, 16. 1. 75/19. 7. 76
351. Sagami: JA 52116440, 26. 3. 76/29. 9. 77
352. Kondo, K., Matsui, K., Takahatake, Y.: Tetrahedron Lett. *1976*, 4359
353. ICI: DOS 2802962, 24. 1. 77/27. 7. 78;
     Mondedison: BE 874515, 28. 2. 78/28. 8. 79
354. Mazzuchi, P.H., Tambouin, N.J.: J. Org. Chem. *38*, 2221 (1973)
356. Kitahara, T., Matsui, M.; Agric. Biol. Chem. *31*, 1143 (1967);
     Salomon, R.G., Kochi, J.K.: J. Am. Chem. Soc. *95*, 3300 (1973)
357. Dainippon: DOS 2851428, 1. 12. 77/13. 6. 79
358. Klosa, J.: Arch. Pharm. *287*, 129 (1954)
359. Bolton, R.G.: Pestic. Sci. *1976*, 251
360. ICI Ltd.: BE 863151, 24. 1. 77/20. 7. 78
361. CSIRO Australia: EP 3670, 6. 2. 78/22. 8. 79
362. Faroq, S.: Intern. Symp. Chem. Pyrethroides Oxford, 16.–19. 7. 79. Pestic. Sci. *1980*, 242
363. Kryshtal, G.V.: Ivz. Akad. Nauk SSSR, Ser. Khim. *1974*, 424
364. Shell: DOS 2539048, 4. 9. 74/25. 3. 76
365. Shell: BE 832980, 4. 9. 74/2. 3. 76
366. Shell: BE 813520, 16. 4. 73/10. 10. 74
367. Ciba-Geigy: EP 4316, 16. 3. 78/3. 10. 79
368. Shell: DOS 2447735, 8. 10. 73/21. 8. 75
369. Ciba-Geigy: DOS 2836719, 3. 1. 78/12. 7. 79
370. Bayer: DOS 2715931, 9. 4. 77/12. 10. 78
370a. Ledon, H., Linstrumentelle, G., Julia, S.: Inst. Chim. Soc. France *1973*, 2071
371. Shell: DOS 2422349, 10. 5. 73/21. 11. 74
372. Ohkada, K. et al.: Agric. Biol. Chem. *37*, 2235 (1973)
373. Shell: BE 821353, 2. 11. 73/23. 4. 75
374. Shell: DOS 2802967, 26. 1. 77/27. 7. 78
375. Shell: BE 842183, 2. 6. 75/25. 11. 76
376. Kuraray: JA 5214748, 22. 7. 75/3. 2. 77; JA 5459262, 1. 1. 76/12. 5. 79
377. Ciba-Geigy: DOS 2805761, 11. 2. 77/17. 8. 78
     Roussel-Uclaf: DOS 2903268, 17. 3. 78/27. 9. 79
378. Ciba-Geigy: DOS 2904460, 9. 2. 78/16. 8. 79
379. Roussel-Uclaf: DOS 2903268, 17. 3. 78/27. 9. 79
380. Sumitomo: DOS 2365555, 10. 7. 75/11. 7. 72; Shell: DOS 2630633, 9. 7. 75/27. 1. 77
381. American Cyanamid: US 4164415, 2. 4. 76/14. 8. 79; BE 862133, 11. 7. 77/21. 6. 78
382. Sumitomo: BE 857859, 18. 8. 76; DOS 2737297; JA 5025544, 5. 4. 73/18. 3. 75; JA 50106935,
     4. 2. 74/22. 8. 75
383. Tenneco: US 3517056, 12. 8. 65/23. 6. 78; Hooker US 4092369, 12. 7. 76/30. 5. 78
384. Henne, L. et al.: J. Am. Chem. Soc. *66*, 395 (1944)
386. Taylor, E.C. et al.: J. Am. Chem. Soc. *98*, 6750 (1976)
387. American Cyanamid: DOS 2757066, 11. 7. 77/1. 2. 79; DOS 2909794, 20. 3. 78/27. 9. 79
388a. American Cyanamid: US 3996244, 11. 7. 73/7. 12. 76; Sumitomo: JA 5025544, 5. 7. 73/18. 3. 75
388b. Sumitomo: JA 543035, 9. 6. 77/11. 1. 79
389. Ruzicka, L., Staudinger, H.: Helv. Chim. Acta. *1924*, 390
390. Shell: DOS 2622971, 23. 5. 75/1. 12. 76

391. Breese, M.H.: Pestic. Sci. *1977*, 264
392. Lock, G., Kempter, F.H.: Mh. Chem. *67*, 24 (1935)
393. Sumitomo: JA 4962432, 18.10.72
394. Nippon Soda: JA 53119840, 29.3.77/9.10.78
395. Croda Synth: NE 786111, 4.6.77/6.12.78
396. Shell: BE 874981, 31.3.78/21.9.79
397. ICI: DOS 2604473, 7.2.75/19.8.76
397a. Bayer: EP 8735, 1.9.78/19.3.80
398. Shell: BE 842178, BE 842177, 2.6.75/25.11.76
399. Shell: DOS 2624360, 2.6.75/16.12.76
400. P.C.A.S.: DOS 2853094, 28.7.78/7.2.80
401. Sumitomo: DOS 2402457, 19.1.73/22.8.74
402. ICI: DOS 2651371, 11.11.75/12.5.77
403. Shell: DOS 2612115, 24.3.75/14.10.76
404. Shell: DOS 2704512, 6.2.76/11.8.77
405. Ethyl Corp.: BE 870727, 26.9.77/26.3.79
406. American Cyanamid: DOS 2741764, 22.9.76/30.3.78
407. Shell: DOS 2744603, 6.10.76/13.6.78
408. Croda Synth.: DOS 2855230, 22.12.77/5.7.79
409. Bayer: DOS 2707232, 19.2.77/24.8.78
410. Bayer: DOS 2721185, 11.5.77/16.11.78
411. Roussel-Uclaf: DOS 2810305, 9.3.77/14.9.78
412. GAF: US 4173462, 16.12.77/6.11.79
413. Sumitomo: DOS 2737299, 20.8.76/18.8.77
414. ICI: DOS 2604473, 17.2.75/19.8.76; GB 1489325, 1.1.76/19.10.77
415. ICI: JA 5293729, 28.1.76/6.8.77
416. Kuraray: JA 52125137, 12.4.76/20.10.77
417. Sankyo: DOS 2605678, 18.2.75/2.9.76
418. Sankyo und Nippon Soda: DOS 2757031, 27.12.76/6.7.78
419. Ciba-Geigy: EP 6180, 8.6.78/9.1.80
420. Shell: US 4065505, 5.11.76/27.12.77
421. Shell: US 4048210, 11.6.75/13.9.77
422. Sumitomo: JA 5143740, 12.10.74/14.4.76
423. Shell: DOS 2619321, 2.5.75/11.11.76
424. Roussel-Uclaf: DOS 2738643, 27.8.76/2.3.78
425. Suntech Inc.: US 4091010, 28.10.76/23.5.78
426. Elliott, M. et al.: Pestic. Sci. *1978*, 105
427. ICI: DOS 2727326, 16.6.76/29.12.77
428. Roussel-Uclaf: DOS 2902466, 31.1.78/2.8.79
429. Roussel-Uclaf: DOS 2910471, 17.3.78/20.9.79
430. Ciba-Geigy: DOS 2750844, 16.11.76/18.5.78
431. Elliott, M. et al.: Nature *213*, 493 (1967)
432. Elliott, M., Janes, N.F., Pearson, B.C.: J. Chem. Soc. (C) *1971*, 2551
433. BASF: DOS 2122823, 8.5.71/23.11.72
434. Belenki, L.J., Gromova, G.P., Goldfarb, Y.L.: Khim. Geterosikl. *1978*, 306
435. Bailey, M.E., Armstutz, E.D.: J. Am. Chem. Soc. *78*, 3828 (1956)
436. Sumitomo: JA 6522658, 25.5.63
437. Sanders, H.J., Taff, A.W.: Ind. Eng. Chem. *46*, 414 (1954); US 2574500, 11.5.50/13.11.51; US 2603625, 8.2.49/1.12.53; US 2661374, 8.2.49/1.12.53
438. Hirano, M. et al.: Internat. Symp. Chem. Pyrethroides, Oxford, 16.–19.7.79, Pestic. Sci. *1980*, 202
439. Sumitomo: JA 51122021, 16.4.75/25.10.76
440. Sankyo: JA 5430138, 8.8.77/6.4.79
441. Hoffmann-La Roche: US 3978093, 29.6.71/31.8.76; US 4032577, 29.6.71/28.6.77
442. Sumitomo: JA 4976843, 2.12.72/24.7.76
443. Sumitomo: JA 5013365, 11.6.73/12.2.75
444. Roussel-Uclaf: DOS 2263880, 28.12.71/5.7.73
445. Takasayo: JA 5135490, 18.9.74/25.3.76

446. Sumitomo: DOS 2502895, 25.1.74/31.7.75
447. Roussel-Uclaf: DOS 2728328 23.6.76/5.1.78
448. Roussel-Uclaf: DOS 2738647, 26.8.76/2.3.78
449. Sasaki, N., Ohkada, K., Matsui, M.: Agric. Biol. Chem. *43*, 379 (1979)
450. Gaspar, M.L., Kovacz, G., Scekely, J.: Intern. Symp. Chem. Pyrethroides, Oxford, 16.–19.7.79, Pestic. Sci. *1980*, 129
451. Tömösközi, J. et al.: Tetrahedron Lett. *1976*, 4639
452. Chinoin: BE 874394, 23.2.78/18.6.79
453. Sumitomo: JA 5479252, 1.12.77/25.6.79
454. Nakanishi, N.: Botyn Kagaku. Sci. Pest Control *1970*, 87
     Yoshitomi: JA 7132262, 21.9.67/20.9.71
455. Katsuda: JA 7131221, 30.12.67/10.9.72
456. Yoshitomi: JA 7243544, 30.12.67/2.11.72
457. Elliott, M., Janes, N.F., Pearson, B.C.: J. Sci. Food Agric. *18*, 325 (1967)
458. NRDO: BE 660565, 3.3.65/3.9.65
459. Dainippon: JA 6810138, 13.12.65/12.7.67
     Dainippon: JA 6712251, 14.12.65/12.7.67
460. ICI: 2554883, 5.12.74/16.6.76
461. Nakada, I., Yura, Y.: Agric. Biol. Chem. *42*, 1767 (1978)
462. Sota, K.: Botyn Kagaku *38*, 181 (1973)
463. Bayer: EP 22972, 13.7.78/28.1.81
464. Taisho: JA 764985, 19.7.69/16.2.76
465. Sumitomo: US 3850977, 6.6.68/18.8.74
466. Sumitomo: BE 857859, 18.8.76/18.8.79
467. Sumitomo: DOS 2651341, 12.11.75/26.5.77
468. Shell: BE 814819, 15.5.73/12.11.74
469. Sumitomo: BE 818498, 6.8.73/2.12.74
470. Sumitomo: JA 516937, 8.7.74/20.1.76
471. Yoshitomi: JA 676903, 1.3.65/20.3.67
472. Bayer: EP 4022, 11.3.78/19.9.79
473. Elliott, M. et al.: Pestic. Sci. *1975*, 537
474. Shell: US 4153626, 14.12.76/8.5.79
475. Nissan: JA 5444633, 10.9.77
476. Roussel-Uclaf: EP 1944, 27.10.77/16.5.79
477. Beecham: GB 1122658, 21.10.65/7.8.68
478. Yoshitomo: JA 667576, 3.2.60
479. Dainippon: JA 6655930, 24.8.66/21.8.69
480. BASF: DOS 2122661, 7.5.71/30.11.72
481. ICI: NE 774072, 15.4.76/18.10.77
482. ICI: NE 774073, 15.4.76/18.10.77; NE 785736, 26.5.77/28.11.78
483. FMC: JA 5459265, 3.10.77/12.5.79
484. ICI: NE 774074, 15.4.76/18.10.77
485. ICI: DOS 2812365, 15.4.77/26.10.78
486. Elliott, M., Janes, N.F.: Intern. Symp. Chem. Pyrethroides, Oxford, 16.–19.7.79, Pestic. Sci. *1980*, 219
487. Shionogi: JA 7025686, 5.9.67/25.8.70
488. Bayer: BE 860408, 4.11.76/3.5.78
489. Bayer: DOS 2638356, 26.8.76/2.3.78
490. Shell: BE 857985,   26.7.76/22.2.78;   NE 778961,   15.8.77/19.2.79;   DOS 2736258, 11.8.77/22.2.79
491. Sumitomo: JA 755710, 31.10.70/6.3.75
492. Roussel-Uclaf: BE 858555, 10.9.76/9.3.78
493. BASF: DOS 2122822, 8.5.71/23.11.72
494. Inoue, Y.: 172th Nat. Meet. A.C.S., *1976*, San Francisco
495. Matsui, M.: Botyn Kagaku *15*, 1 (1950)
496. Roussel-Uclaf: DOS 2718038,   23.4.76/17.11.77;   DOS 2718039,   23.4.76/17.11.77; FR 2375161, 23.4.76/25.8.78; FR 2382422, 23.4.76/3.11.78; FR 2383147, 23.4.76/10.11.78

497. Shell: BE 868034, 13. 6. 77/12. 12. 78
498. Sumitomo: JA 5414944, 6. 7. 77/3. 2. 79
499. Roussel-Uclaf: DOS 2902478, 31. 1. 78/2. 8. 79
500. Sumitomo: DOS 2903057, 21. 1. 78/9. 8. 79
501. ICI: DOS 2727326, 16. 6. 76/16. 6. 77
502. Sumitomo: JA 5398938, 4. 2. 77/29. 8. 78; JA 5398939, 4. 2. 77/29. 8. 78; JA 5398840, 4. 2. 77/29. 8. 78
503. Highwood, D.P.: Proc. BCPC, Brighton Conf. 1979, S. 361
504. Black, I.A., Hewson, R.T.: Proc. BCPC, Brighton, Conf. 1979, S. 377
505. Gewolt, P.: Pestic. Sci. *1976*, 604
506. Sanwa Kagaku: JA 5484543, 16. 2. 77/5. 7. 79
     Breese, M.: Pestic. Sci. *1977*, 264
507. Davis, J.H.: Internat. Symp. Chem. Pyrethroides, Oxford, 16.–19. 7. 79, Pestic. Sci. *1980*, 249
508. Elliott, M. et al.: J. Sci. Food Agric. *18*, 325 (1967)
509. Ohno, M., Fujimoto, K. et al.: Agric. Biol. Chem. *40*, 247 (1976)
510. Ohno, N. et al.: Pestic. Sci. *1976*, 241
511. Hirano, M.: Jap. J. Sanit. Zool. *29*, 219 (1978)
512. Okada, K. et al.: Agric. Biol. Chem. *37*, 2205 (1973)
513. Katsuda, Y.: Bull. Agric. Chem. Coc. Jap. *22*, 393 (1958); Matsui, M., Kitahara, T.: Agric. Biol. Chem. *31*, 2143 (1967)
514. Katsuda, Y. et al.: Bull. Agric. Chem. Soc. Jap. *31*, 259 (1967)
515. Sugiyama, T.: Bull. Agric. Chem. Soc. Jap. *38*, 979 (1974)
516. Katsuda, Y.: J. Pesticide Sci. *3*, 431 (1978)
517. Nakanishi, M. et al.: Botyn Kagaku *35*, 77 (1970)
518. Sota, K.: Agric. Biol. Chem. *35*, 968 (1971)
519. Fujimoto, K.: Agric. Biol. Chem. *37*, 2681 (1973)
520. Kitahara, T.: Agric. Biol. Chen. *38*, 1511 (1974)
521. Katsuda, Y.: J. Pesticide Sci. *3*, 437 (1978); Sota, K.: Agric. Biol. Chem. *37*, 1019 (1973), *36*, 2287 (1972)
522. Gersdorff, W.A., Piquette, P.G.: J. Econ. Entom. *51*, 675 (1958)
523. Inoue, Y.: Proc. Nat. ACS-Meet. 1976, S. Francisco
524. Yura, Y.: Agric. Biol. Chem. *42*, 1767 (1978)
525. Sota, K.: Botyn Kagaku *38*, 106 (1973); Inamasu, S.: Chem. Abstr. *87*, 128841 (1977)
526. Elliott, M. et al.: Nature *213*, 493 (1967)
527. Elliott, M. et al.: Pestic. Sci. *1971*, 115
528. Mitsui Toatsu: JA 5484539
530. Kohn, G.M.: ACS Symp. Ser. 1974, Mechanism of Pestic. Action, Graham-Bryce, J.J., Rothamsted Rep. *1976*, I, 159
531. Elliott, M. et al.: Pestic. Sci. *1974*, 796
532. Elliott, M. et al.: Phytiatrie-Phytopharmacie *27*, 99 (1978)
534. Elliott, M. et al.: Pestic. Sci. *1975*, 537
535. Elliott, M. et al.: Pestic. Sci. *1976*, 491
536. Elliott, M. et al.: Pestic. Sci. *1978*, 112
537. Elliott, M. et al.: Ad. Pestic. Sci. IUPAC Conf. 1978, Zürich, II, 166
539. Elliott, M. et al.: Nature *244*, 456 (1973); *246*, 169 (1973); *248*, 710 (1974)
540. Nishimura, K., Narahashi, T.: Pestic. Biochem. Physiol. *8*, 53 (1978)
542. Nature *272*, 73 (1978)
543. Clements, A.N., Mai, T.E.: Pestic. Sci. *1977*, 661
544. Wickham, J.: Pestic. Sci. *1976*, 273
545. Henrick, C.A.: Internat. Symp. Chem. Pyrethroides 16.–19. 7. 79, Oxford, Pestic Sci. 1980, 224
546. Hirano, M. et al.: Pestic. Sci. *1979*, 291
547. Leake, L.D., Lauckner, S.M., Ford, M.G.: Proc. Internat. Symp. Insect. Neurotox., York, 3.–7. 9. 1979, S. 423, Soc. Chem. Ind., London
548. Bercken, I.v.d.: Proc. Soc. of Chem. Ind. Symp. Neurotox. 1979, S. 391, York 3.–7. Sept. 1979
549. Brown, D.G.: Adv. Pestic. Sci. JUPAC Conf. 1978, Zürich, 190
550. Barlowe, et al.: Pestic. Sci. *1977*, 291
551. Nolan, J., Roulston, W., Warton, R.H.: Pestic. Sci. *1977*, 484

Literatur

553. Nakayama, J. et al.: Adv. Pestic. Sci., IUPAC Conf., 1978, Zürich, II, 174
554. Aketa, K. et al.: Agric. Biol. Chem. *42*, 845 (1978)
555. Aketa. K. et al.: Intern. Symp. Chem. Pyrethroides, Oxford, 16.–19.7.79
556. Sakiz, D.E.: Informations Chimie *174*, 201 (1978)
557. Gerolt, P.: Pestic Sci. *1976*, 604
558. Naturwissenschaftliche Rundschau *33*, 404 (1980)

Sachverzeichnis

Chemie der Pflanzenschutz- und Schädlings- bekämpfungsmittel

Herausgeber: R. Wegler

Band 1: Einführung, Insektizide, Chemosterilantien, Repellents, Lockstoffe, Akarizide, Nematizide, Vogel- bzw. Säugetierabschreckmittel, Rodentizide

1970. 23 Abbildungen, XXIX, 671 Seiten (31 Seiten in Englisch)
ISBN-13: 978-3-642-81556-0

Aus den Besprechungen:
„...Der Arbeitsumfang, den die 27 Autoren bewältigt haben, war außerordentlich groß, der Benutzer findet etwa 3000 Literaturangaben und außerdem noch eine größere Zahl bibliographischer Angaben. Die konzentrierte Darstellung des Stoffes und eine logische Gliederung gewährleistet in jedem Fall eine Information über die einzelnen Wirkstoffe, wie sie in dieser Form in der Literatur über Pflanzenschutzmittel bisher nicht vorhanden war..."
Biologisches Zentralblatt

Band 2: Fungizide, Herbizide, Natürliche Pflanzenwuchsstoffe, Rückstandsprobleme

1970. 24 zum Teil farbige Abbildungen.
XXIX, 550 Seiten
ISBN-13: 978-3-642-81556-0

Aus den Besprechungen:
„Der Band ist mit seiner Aufgliederung innerhalb der Unterabschnitte so angelegt, daß es dem Studenten wie dem jungen Industriechemiker die Einarbeitung in das vielseitige Gebiet des chemischen Pflanzenschutzes erleichtert. Auch der Fachmann wird ihn gern für spezielle Fragen zu Rate ziehen."
Naturwissenschaftliche Rundschau

Band 3: Geschichte – Ökologie – Forschung – Tropenkrankheiten. Textilschutz – Insektizid-Resistenz – Materialschutz

1976. 26 Abbildungen. XIII, 322 Seiten (160 Seiten in Englisch)
ISBN-13: 978-3-642-81556-0

Aus den Besprechungen:
„Mit dem 3. Band ... legt der Springer-Verlag ein besonders gelungenes Werk vor, das sich nicht nur an den Fachmann wendet, sondern auch von allgemeinem Interesse ist. In neun Beiträgen werden Probleme behandelt, die direkt oder indirekt mit dem chemischen Pflanzenschutz verbunden sind... Die sehr sachliche Darstellung der großen Bela-

stung und Verunsicherung, der sich die industrielle Pflanzenschutzforschung heute ausgesetzt sieht, wird manchen nachdenklich stimmen, der sich Gedanken über die heutige Forschungspolitik macht..."
Forstarchiv

Band 4: Pflanzenwachstumsregulatoren – Fungizide – Holzschutz

1977. 17 zum Teil farbige Abbildungen.
XVII, 308 Seiten (18 Seiten in Englisch)
ISBN-13: 978-3-642-81556-0

Aus den Besprechungen:
„...Der 4. Band ergänzt das umfangreiche Gebiet der chemischen Pflanzenschutzmittel und ist auf Grund seiner exakten und detaillierten Durchsetzung über die einzelnen Wirkstoffe eine außerordentlich wichtige Informationsquelle."
Biologische Rundschau

Band 5: Herbizide

1977. 6 Abbildungen. XXI, 752 Seiten
ISBN-13: 978-3-642-81556-0

Aus den Besprechungen:
„...Für den Forschungschemiker ist dieses Werk eine kaum zu übertreffende Hilfe, um rasch und zu jeder Zeit (unabhängig von der Computerinformation) eine Orientierungsmöglichkeit während seiner wissenschaftlichen Arbeit zu besitzen..."
Qualitas Plantarum

Band 6: Insektizide. Bakterizide. Oomyceten-Fungizide. Biochemische und biologische Methoden. Naturstoffe/Insecticides. Bactericides. Oomycete Fungicides. Biochemical and Biological Methods. Natural Products

1981. 105 figures, 92 schemes. XVI, 512 pages (191 pages in German)
ISBN-13: 978-3-642-81556-0

Die Aufklärung der Biologie und Chemie sowie die heutigen Möglichkeiten der Anwendung von Pheromonen stehen am Beginn dieses Bandes. Ganz neu ist die Erkenntnis, daß sich durch chemische Verbindungen die Ausbildung des Chitin-Panzers von Insekten verhindern läßt. Mikrobielle Pflanzenschutzmittel, nicht unumstritten, erlangen wachsende Bedeutung. Die bereits klassischen Phosphorsäureester-Präparate konnten doch noch verbessert werden.

Springer-Verlag
Berlin
Heidelberg
New York